この一冊があなたのビジネス力を育てる！

Word、Excel、PowerPointを、あなたは使いこなせていますか？
この3つのアプリは、いまやビジネスの現場では欠かせません。
FOM出版のテキストを使って、Word、Excel、PowerPointの基本機能をしっかり学んで、
ビジネスでいかせる本物のスキルを身に付けましょう。

第1章 さあ、はじめよう　Word

Word習得の第一歩
基本操作をマスターしよう

まずは基本が大切！
Wordの画面に慣れることから始めよう！

「リボン」と呼ばれる領域から
「ボタン」を使って、
さまざまな命令を実行！

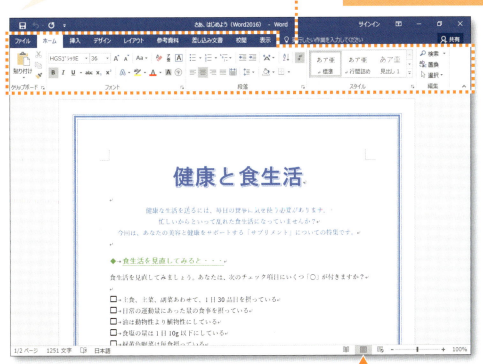

作業状況に応じて
「表示モード」を切り替え、
操作しやすい画面にできる！

Wordの画面周りや基本操作は、
Excel、PowerPointでもすべて共通。
まずはWordに慣れれば、ExcelやPowerPointも早く覚えられそうだね！

Wordの基礎知識については **8ページ** を **check!**

第2章 文書を作成しよう（Word）

文書作成の基本テクニックを習得
ビジネス文書を作って印刷しよう

お客様宛の案内状。どんなあいさつの言葉を入れたらいいのかな？
ビジネス文書の形式として合っているかな？
印刷したら見栄えが悪い。何度も印刷しなおして用紙を無駄にしてしまった…

- **文字の配置はボタンで簡単に変更できる！**
- **頭語や結語、季節に合わせたあいさつ文などを自動的に入力できる！**
- **文字の大きさや書体を変えてタイトルを強調！**
- **箇条書きの先頭に行頭文字を付けて、項目を見やすく整理！**
- **印刷前に、印刷イメージを確認！バランスが悪かったら、ページ設定で行数や余白を調整！**

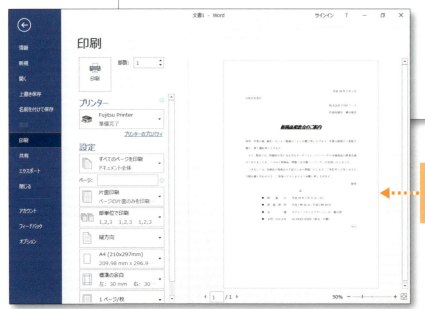

平成30年3月1日
お取引先各位
株式会社FOMフーズ
代表取締役　横田和吉

新商品発表会のご案内

拝啓　早春の候、貴社いよいよご隆盛のこととお慶び申し上げます。平素は格別のご高配を賜り、厚く御礼申し上げます。
　さて、弊社では、体脂肪が気になる方をターゲットに、ハンバーグの冷凍食品の開発を進めておりましたが、このほど新商品「特製！お豆腐ハンバーグ」が完成いたしました。
　つきましては、当商品の発表会を下記のとおり開催いたします。ご多忙中とは存じますが、万障お繰り合わせの上、ご参加くださいますようお願い申し上げます。

敬具

記

- 開催日　　平成30年3月15日（木）
- 開催時間　午後1時30分～午後2時30分
- 会　場　　ホテル「フロントラグーン」1F　椿の間
- お問い合わせ先　03-XXXX-XXXX（担当：大橋）

以上

Wordでの文書作成については 24ページ を check!

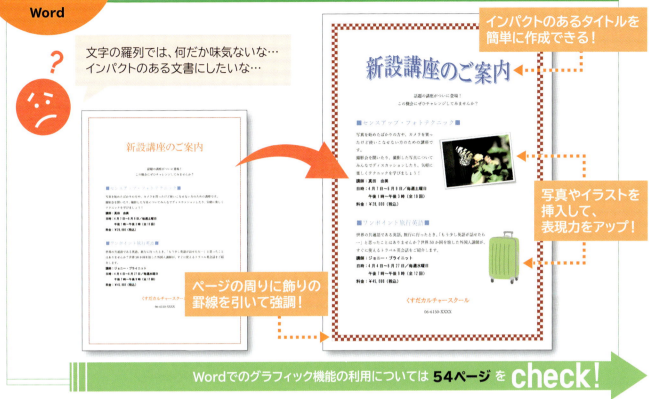

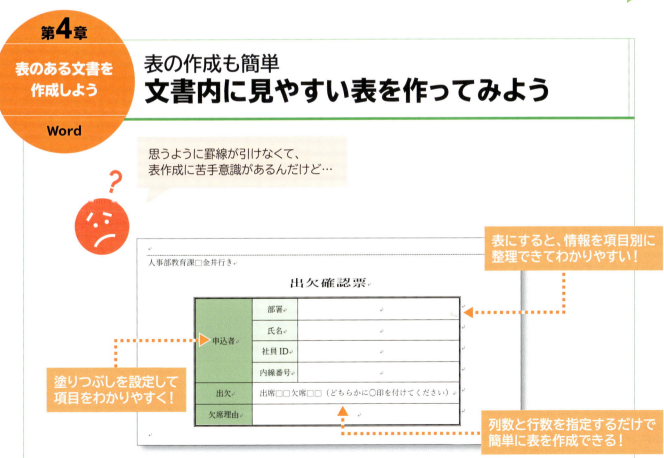

第5章 さあ、はじめよう Excel

Excel習得の第一歩
基本操作をマスターしよう

まずは基本が大切！
Excelの画面に慣れることから始めよう！

画面周りや基本操作は
Wordと共通！

Excelは複数の「ワークシート」が重なった特殊な構造。この作業領域に表を作成するよ。

Excelの基本は行と列。しくみを覚えれば、たくさんのセルも怖くない！

Excelの基礎知識については **100ページ** を **check!**

第6章 データを入力しよう Excel

どんな表も入力が必須
データ入力からはじめよう

Excelのシートはセルだらけで
見てると気が遠くなっちゃうよ。
データを入力するには
どうすればいいんだろう。

セルに入力するには、
目的のセルをクリックして、
キーボードから入力するだけ。
どんな表にするか
イメージしながら入力しよう！

Excelなら連続データもドラッグ操作で簡単入力！

セルを参照した数式を作成すると、自動的に再計算！

	A	B	C	D	E	F	G
1							
2		竹芝遊園地夏季来場者数					
3							
4			6月	7月	8月	合計	
5		大人	2800	3600	5600	12000	
6		子供	1200	2800	4300	8300	
7		合計	4000	6400	9900	20300	
8							

Excelでのデータ入力については **114ページ** を **check!**

第7章 表を作成しよう Excel

表計算の基本テクニックを習得
グラフィック機能を使ってみよう

データは入力したけど…
どうやってデータを計算したり、表の見栄えを整えたりするんだろう？

タイトルの大きさや書体を変えて目立たせる！

表に罫線や塗りつぶしを設定して、わかりやすく！

FOMブックストアー　下期売上表
単位：千円

	10月	11月	12月	1月	2月	3月	下期合計	売上構成比
和書	805	715	850	898	753	920	4,941	28.5%
洋書	306	255	281	395	207	293	1,737	10.0%
雑誌	593	502	609	567	545	587	3,403	19.7%
コミック	331	357	582	546	403	495	2,714	15.7%
DVD	116	201	98	105	113	198	831	4.8%
ソフトウェア	371	406	896	431	775	804	3,683	21.3%
合計	2,522	2,436	3,316	2,942	2,796	3,297	17,309	100.0%
平均	420	406	553	490	466	550	2,885	

関数を使うと、表の中の合計や平均も簡単に求められる！

3桁区切りカンマを付けたり、パーセント表示にしたりして、数字を読みやすく！

➡ Excelでの表の作成については **130ページ** を **check!**

第8章 グラフを作成しよう Excel

データを視覚化
グラフを作ってみよう

報告書や企画書は、数字ばかりじゃわかりづらい。グラフを使って、ひと目でわかるものにしたいんだけど…

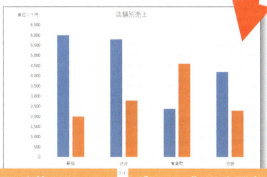

縦棒グラフを使って、データの大小関係を表現！

グラフに盛り込む要素も自在に変更！

円グラフを使って、データの内訳を表現！

グラフの見栄えをアップするスタイルも多彩！

➡ Excelでのグラフの作成については **156ページ** を **check!**

第9章 データを分析しよう（Excel）

大量のデータも簡単管理
データベースを使ってみよう

データベース機能を使うと、表を並べ替えたり表の中から目的のデータを探し出したりできるんだね！

テーブルに変換すると自動的に表の見栄えが整う！

「金額」が高い順に表を一気に並べ替え！

目的のデータをすばやく抽出！

Excelでのデータベースの利用については **182ページ** を **check!**

第10章 さあ、はじめよう（PowerPoint）

PowerPoint習得の第一歩
基本操作をマスターしよう

まずは基本が大切！
PowerPointの画面に慣れることから始めよう！

PowerPointの画面は、WordやExcelと共通！
ポイントは、3つの領域が持つそれぞれの役割を理解すること。

①プレゼン全体の流れを確認する領域

②伝えたい考えを具体的に表現する領域

③補足説明をメモ書きする領域

PowerPointの基礎知識については **202ページ** を **check!**

第11章 プレゼンテーションを作成しよう (PowerPoint)

プレゼンの基本テクニックを習得
訴求力のあるスライドを作ってみよう

センスがなくても大丈夫かな？
訴求力のあるスライドを作成するにはどうするんだろう？

好みのデザインやレイアウトを選んで、所定の枠内に文字を入力するだけ！

「SmartArtグラフィック」を使えば、簡単に図解を作成できる！

「図形」を使って、情報を強調！

PowerPointでのプレゼンテーションの作成については 214ページ を check!

第12章 スライドショーを実行しよう (PowerPoint)

プレゼンの最終仕上げ
スライドショーを実行しよう

スライドができたらスライドショーだね。
スライドに動きや変化を出して、
プレゼンテーションも
一気にグレードアップ！

スライドが切り替わるときに変化を付けることができる！

発表者用のメモも聞き手用の配布資料もらくらく印刷！

PowerPointでのスライドショーの実行については 244ページ を check!

第13章 アプリ間でデータを共有しよう

データの連携
異なるアプリのデータを利用しよう

Word・Excel・PowerPointとそれぞれ特長があって便利だけど…違うアプリのデータを利用することってできるのかな？

Wordの文書内にExcelの表を貼り付けることができる！

Excelの売上表を利用！

宛先にExcelのデータを挿入できる！

Excelの住所録を利用！

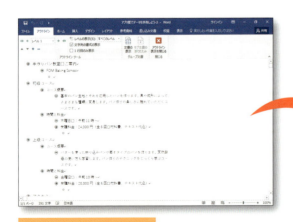

Wordの文書を利用！

Wordで作成した文書をもとにスライドが作成できる！

Word・Excel・PowerPointの連携については **266ページ** を **check!**

はじめに

Word 2016・Excel 2016・PowerPoint 2016は、やさしい操作性と優れた機能を兼ね備えたアプリです。Wordでビジネス文書を作成し、Excelで顧客データを管理し、PowerPointで発表用資料を作成するなど、日々のビジネスシーンにおいて欠かせない存在となっています。

本書は、Word・Excel・PowerPointの基本的な操作を習得し、アプリを連携してデータを共有させるなど、仕事で必要なスキルを1冊で効率よく学習できます。また、練習問題を豊富に用意しており、問題を解くことによって理解度を確認でき、着実に実力を身に付けられます。

本書は、経験豊富なインストラクターが、日頃のノウハウをもとに作成しており、講習会や授業の教材としてご利用いただくほか、自己学習の教材としても最適なテキストとなっております。

本書を通して、Word・Excel・PowerPointの知識を深め、実務にいかしていただければ幸いです。

本書を購入される前に必ずご一読ください

本書は、2017年11月現在のWindows 10（ビルド16299.19）、Word 2016・Excel 2016・PowerPoint 2016（16.0.8528.2126）に基づいて解説しています。Windows Updateによって機能が更新された場合には、本書の記載のとおりに操作できなくなる可能性があります。あらかじめご了承のうえ、ご購入・ご利用ください。

2018年2月4日
FOM出版

- ■Microsoft、Excel、PowerPoint、Windowsは、米国Microsoft Corporationの米国およびその他の国における登録商標または商標です。
- ■その他、記載されている会社および製品などの名称は、各社の登録商標または商標です。
- ■本文中では、TMや®は省略しています。
- ■本文中のスクリーンショットは、マイクロソフトの許可を得て使用しています。
- ■本文およびデータファイルで題材として使用している個人名、団体名、商品名、ロゴ、連絡先、メールアドレス、場所、出来事などは、すべて架空のものです。実在するものとは一切関係ありません。
- ■本書に掲載されているホームページは、2017年11月現在のもので、予告なく変更される可能性があります。

Contents 目次

■本書をご利用いただく前に ………………………………………………………………1

■第1章　Word 2016　さあ、はじめよう ……………………………… 8

Check	この章で学ぶこと	9
Step1	Wordの概要	10
	●1　Wordの概要	10
Step2	Wordを起動する	12
	●1　Wordの起動	12
	●2　Wordのスタート画面	13
	●3　文書を開く	14
Step3	Wordの画面構成	16
	●1　Wordの画面構成	16
	●2　Wordの表示モード	17
	●3　表示倍率の変更	19
Step4	Wordを終了する	21
	●1　文書を閉じる	21
	●2　Wordの終了	23

■第2章　Word 2016　文書を作成しよう …………………………… 24

Check	この章で学ぶこと	25
Step1	作成する文書を確認する	26
	●1　作成する文書の確認	26
Step2	新しい文書を作成する	27
	●1　文書の新規作成	27
	●2　ページ設定	27
Step3	文章を入力する	29
	●1　編集記号の表示	29
	●2　日付の挿入	29
	●3　頭語と結語の入力	31
	●4　あいさつ文の挿入	31
	●5　記書きの入力	33
Step4	文字を削除する・挿入する	34
	●1　削除	34
	●2　挿入	35
Step5	文字をコピーする・移動する	36
	●1　コピー	36
	●2　移動	38
Step6	文章の体裁を整える	40
	●1　中央揃え・右揃え	40
	●2　インデントの変更	41
	●3　フォント・フォントサイズの設定	42
	●4　太字・斜体・下線の設定	44
	●5　文字の均等割り付け	45
	●6　箇条書きの設定	46

	Step7	文書を印刷する	47
		●1　印刷の手順	47
		●2　印刷イメージの確認	47
		●3　印刷	48
	Step8	文書を保存する	49
		●1　名前を付けて保存	49
	練習問題		51

■第3章　Word 2016　グラフィック機能を使ってみよう ── 54

	Check	この章で学ぶこと	55
	Step1	作成する文書を確認する	56
		●1　作成する文書の確認	56
	Step2	ワードアートを挿入する	57
		●1　ワードアートの挿入	57
		●2　ワードアートのフォント・フォントサイズの設定	59
		●3　ワードアートの形状の変更	61
		●4　ワードアートの移動	62
	Step3	画像を挿入する	63
		●1　画像の挿入	63
		●2　文字列の折り返し	65
		●3　画像のサイズ変更と移動	67
		●4　アート効果の設定	69
		●5　図のスタイルの適用	70
		●6　画像の枠線の変更	71
	Step4	文字の効果を設定する	73
		●1　文字の効果の設定	73
	Step5	ページ罫線を設定する	74
		●1　ページ罫線の設定	74
	練習問題		76

■第4章　Word 2016　表のある文書を作成しよう ── 78

	Check	この章で学ぶこと	79
	Step1	作成する文書を確認する	80
		●1　作成する文書の確認	80
	Step2	表を作成する	81
		●1　表の作成	81
		●2　文字の入力	82
	Step3	表のレイアウトを変更する	83
		●1　行の挿入	83
		●2　表のサイズ変更	84
		●3　列幅の変更	86
		●4　セルの結合	88
	Step4	表に書式を設定する	90
		●1　セル内の配置の設定	90
		●2　表の配置の変更	92

Contents

	●3	セルの塗りつぶしの設定	93
	●4	罫線の種類と太さの変更	94
Step5	段落罫線を設定する		96
	●1	段落罫線の設定	96
練習問題			98

■第5章　Excel 2016　さあ、はじめよう … 100

Check	この章で学ぶこと		101
Step1	Excelの概要		102
	●1	Excelの概要	102
Step2	Excelを起動する		104
	●1	Excelの起動	104
	●2	Excelのスタート画面	105
	●3	ブックを開く	106
	●4	Excelの基本要素	108
Step3	Excelの画面構成		109
	●1	Excelの画面構成	109
	●2	Excelの表示モード	111
	●3	シートの挿入	112
	●4	シートの切り替え	113

■第6章　Excel 2016　データを入力しよう … 114

Check	この章で学ぶこと		115
Step1	作成するブックを確認する		116
	●1	作成するブックの確認	116
Step2	新しいブックを作成する		117
	●1	ブックの新規作成	117
Step3	データを入力する		118
	●1	データの種類	118
	●2	データの入力手順	118
	●3	文字列の入力	119
	●4	数値の入力	120
	●5	数式の入力	121
	●6	データの修正	123
	●7	データのクリア	124
Step4	オートフィルを利用する		126
	●1	連続データの入力	126
	●2	数式のコピー	127
練習問題			129

■第7章　Excel 2016　表を作成しよう … 130

Check	この章で学ぶこと		131
Step1	作成するブックを確認する		132
	●1	作成するブックの確認	132

	Step2	関数を入力する	133
		●1　関数	133
		●2　SUM関数	133
		●3　AVERAGE関数	136
	Step3	セルを参照する	138
		●1　絶対参照	138
	Step4	表の書式を設定する	140
		●1　罫線を引く	140
		●2　セルの塗りつぶしの設定	141
		●3　フォント・フォントサイズ・フォントの色の設定	142
		●4　表示形式の設定	143
		●5　セル内の配置の設定	146
	Step5	表の行や列を操作する	148
		●1　列幅の変更	148
		●2　列幅の自動調整	149
		●3　行の挿入	150
	Step6	表を印刷する	152
		●1　印刷の手順	152
		●2　印刷イメージの確認	152
		●3　ページ設定	153
		●4　印刷	154
	練習問題		155

■第8章　Excel 2016　グラフを作成しよう　156

	Check	この章で学ぶこと	157
	Step1	作成するグラフを確認する	158
		●1　作成するグラフの確認	158
	Step2	グラフ機能の概要	159
		●1　グラフ機能	159
		●2　グラフの作成手順	159
	Step3	円グラフを作成する	160
		●1　円グラフの作成	160
		●2　グラフタイトルの入力	163
		●3　グラフの移動とサイズ変更	164
		●4　グラフのスタイルの適用	166
		●5　切り離し円の作成	167
	Step4	縦棒グラフを作成する	170
		●1　縦棒グラフの作成	170
		●2　グラフの場所の変更	173
		●3　グラフ要素の表示	174
		●4　グラフ要素の書式設定	175
		●5　グラフフィルターの利用	179
	練習問題		181

Contents

■第9章　Excel 2016　データを分析しよう　　182

Check	この章で学ぶこと	183
Step1	データベース機能の概要	184
	●1　データベース機能	184
	●2　データベース用の表	184
Step2	表をテーブルに変換する	186
	●1　テーブル	186
	●2　テーブルへの変換	187
	●3　テーブルスタイルの適用	188
	●4　集計行の表示	190
Step3	データを並べ替える	191
	●1　並べ替え	191
	●2　ひとつのキーによる並べ替え	191
	●3　複数のキーによる並べ替え	192
Step4	データを抽出する	194
	●1　フィルターの実行	194
	●2　抽出結果の絞り込み	195
	●3　条件のクリア	195
	●4　数値フィルター	196
Step5	条件付き書式を設定する	197
	●1　条件付き書式	197
	●2　条件に合致するデータの強調	198
	●3　データバーの設定	199
	練習問題	201

■第10章　PowerPoint 2016　さあ、はじめよう　　202

Check	この章で学ぶこと	203
Step1	PowerPointの概要	204
	●1　PowerPointの概要	204
Step2	PowerPointを起動する	207
	●1　PowerPointの起動	207
	●2　PowerPointのスタート画面	208
	●3　プレゼンテーションを開く	209
	●4　PowerPointの基本要素	211
Step3	PowerPointの画面構成	212
	●1　PowerPointの画面構成	212
	●2　PowerPointの表示モード	213

■第11章　PowerPoint 2016　プレゼンテーションを作成しよう　　214

Check	この章で学ぶこと	215
Step1	作成するプレゼンテーションを確認する	216
	●1　作成するプレゼンテーションの確認	216
Step2	新しいプレゼンテーションを作成する	217
	●1　プレゼンテーションの新規作成	217
	●2　スライドのサイズ変更	218

Step3	テーマを適用する		219
	●1	テーマの適用	219
	●2	バリエーションによるアレンジ	220
Step4	プレースホルダーを操作する		221
	●1	プレースホルダー	221
	●2	タイトルとサブタイトルの入力	221
	●3	プレースホルダーの書式設定	223
Step5	新しいスライドを挿入する		225
	●1	新しいスライドの挿入	225
	●2	箇条書きテキストの入力	226
	●3	箇条書きテキストのレベル下げ	228
Step6	図形を作成する		229
	●1	図形	229
	●2	図形の作成	229
	●3	図形への文字の追加	231
	●4	図形のスタイルの適用	232
Step7	SmartArtグラフィックを作成する		234
	●1	SmartArtグラフィック	234
	●2	SmartArtグラフィックの作成	234
	●3	テキストウィンドウの利用	236
	●4	SmartArtグラフィックのスタイルの適用	238
	●5	SmartArtグラフィック内の文字の書式設定	239
練習問題			241

■第12章 PowerPoint 2016 スライドショーを実行しよう ------------244

Check	この章で学ぶこと		245
Step1	スライドショーを実行する		246
	●1	スライドショーの実行	246
Step2	画面切り替え効果を設定する		249
	●1	画面切り替え効果	249
	●2	画面切り替え効果の設定	249
Step3	アニメーションを設定する		252
	●1	アニメーション	252
	●2	アニメーションの設定	252
Step4	プレゼンテーションを印刷する		254
	●1	印刷のレイアウト	254
	●2	印刷の実行	255
Step5	発表者ビューを利用する		258
	●1	発表者ビュー	258
	●2	発表者ビューの表示	259
	●3	発表者ビューの画面構成	261
	●4	スライドショーの実行	262
	●5	目的のスライドへジャンプ	263
練習問題			265

Contents

■第13章　アプリ間でデータを共有しよう ---------- 266

- Check　この章で学ぶこと ………… 267
- Step1　Excelの表をWordの文書に貼り付ける ………… 268
  - ●1　作成する文書の確認 ………… 268
  - ●2　データの共有 ………… 269
  - ●3　複数アプリの起動 ………… 270
  - ●4　Excelの表の貼り付け ………… 272
  - ●5　Excelの表のリンク貼り付け ………… 273
  - ●6　表のデータの変更 ………… 275
- Step2　ExcelのデータをWordの文書に差し込んで印刷する ………… 277
  - ●1　作成する文書の確認 ………… 277
  - ●2　差し込み印刷 ………… 278
  - ●3　差し込み印刷の手順 ………… 279
  - ●4　差し込み印刷の実行 ………… 279
- Step3　Wordの文書をPowerPointのプレゼンテーションで利用する ………… 285
  - ●1　作成するプレゼンテーションの確認 ………… 285
  - ●2　Wordの文書をもとにしたスライドの作成 ………… 286
  - ●3　Wordによるアウトラインレベルの設定 ………… 287
  - ●4　PowerPointでWordの文書を開く ………… 290

■総合問題 ---------- 294

- 総合問題1 ………… 295
- 総合問題2 ………… 297
- 総合問題3 ………… 299
- 総合問題4 ………… 301
- 総合問題5 ………… 303
- 総合問題6 ………… 305
- 総合問題7 ………… 307
- 総合問題8 ………… 309
- 総合問題9 ………… 311
- 総合問題10 ………… 313

■索引 ---------- 316

■ローマ字・かな対応表 ---------- 325

ご購入者特典

本書をご購入された方には、次の小冊子（PDFファイル）をご用意しています。FOM出版のホームページからダウンロードして、ご利用ください。

特典1　Office 2016の基礎知識
- Step1　コマンドの実行方法 2
- Step2　タッチの基本操作 10
- Step3　タッチ操作の範囲選択 20
- Step4　タッチ操作の留意点 27

特典2　Office 2016の新機能
- Step1　新しくなった標準フォントを確認する 2
- Step2　操作アシストを使ってわからない機能を調べる 4
- Step3　スマート検索を使って用語の意味を調べる 7
- Step4　インク数式を使って数式を入力する 9
- Step5　予測シートを使って未来の数値を予測する 11
- Step6　新しいグラフを作成する 13
- Step7　3Dマップを使ってグラフを作成する 17

特典3　Windows 10の基礎知識
- Step1　Windowsの概要 2
- Step2　マウス操作とタッチ操作 3
- Step3　Windows 10の起動 5
- Step4　Windows 10の画面構成 6
- Step5　ウィンドウの基本操作 9
- Step6　ファイルの基本操作 18
- Step7　Windows 10の終了 24

【ダウンロード方法】
① 次のホームページにアクセスします。

ホームページ・アドレス

http://www.fom.fujitsu.com/goods/eb/

② 「Word 2016 & Excel 2016 & PowerPoint 2016 改訂版（FPT1721）」の《特典を入手する》を選択します。
③ 本書の内容に関する質問に回答し、《入力完了》を選択します。
④ ファイル名を選択して、ダウンロードします。

Introduction 本書をご利用いただく前に

本書で学習を進める前に、ご一読ください。

1 本書の記述について

操作の説明のために使用している記号には、次のような意味があります。

記述	意味	例
▢	キーボード上のキーを示します。	Ctrl　F4
▢＋▢	複数のキーを押す操作を示します。	Ctrl＋C （Ctrl を押しながら C を押す）
《　》	ダイアログボックス名やタブ名、項目名など画面の表示を示します。	《ページ設定》ダイアログボックスが表示されます。 《挿入》タブを選択します。
「　」	重要な語句や機能名、画面の表示、入力する文字列などを示します。	「スクロール」といいます。 「拝啓」と入力します。

 知っておくべき重要な内容　　 学習した内容の確認問題

 知っていると便利な内容　　 確認問題の答え

 学習の前に開くファイル　　 問題を解くためのヒント

※　補足的な内容や注意すべき内容

2 製品名の記載について

本書では、次の名称を使用しています。

正式名称	本書で使用している名称
Windows 10	Windows 10 または Windows
Microsoft Office 2016	Office 2016 または Office
Microsoft Word 2016	Word 2016 または Word
Microsoft Excel 2016	Excel 2016 または Excel
Microsoft PowerPoint 2016	PowerPoint 2016 または PowerPoint

3 効果的な学習の進め方について

本書の各章は、次のような流れで学習を進めると、効果的な構成になっています。

1 学習目標を確認

学習を始める前に、「この章で学ぶこと」で学習目標を確認しましょう。
学習目標を明確にすることによって、習得すべきポイントが整理できます。

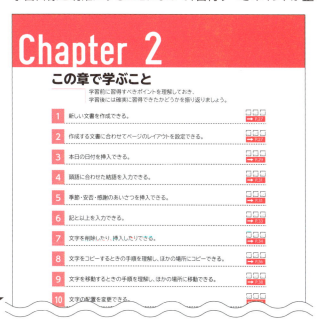

2 章の学習

学習目標を意識しながら、機能や操作を学習しましょう。

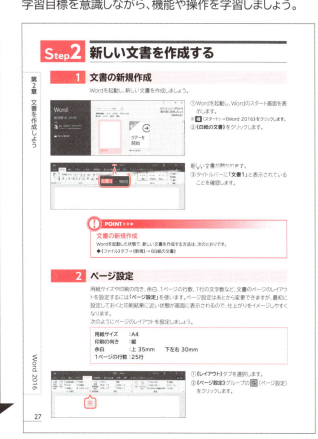

3 練習問題にチャレンジ

章の学習が終わったあと、「練習問題」にチャレンジしましょう。
章の内容がどれくらい理解できているかを把握できます。

4 学習成果をチェック

章の始めの「この章で学ぶこと」に戻って、学習目標を達成できたかどうかをチェックしましょう。
十分に習得できなかった内容については、該当ページを参照して復習するとよいでしょう。

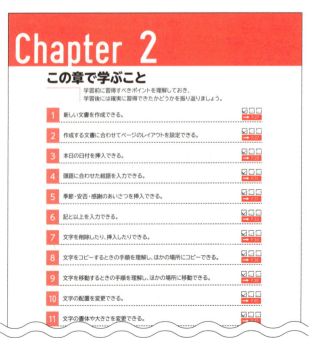

4 本書の最新情報について

本書に関する最新のQ＆A情報や訂正情報、重要なお知らせなどについては、FOM出版の
ホームページでご確認ください。

ホームページ・アドレス

http://www.fom.fujitsu.com/goods/

ホームページ検索用キーワード

FOM出版

5 学習環境について

本書を学習するには、次のソフトウェアが必要です。

●Word 2016
●Excel 2016
●PowerPoint 2016

本書を開発した環境は、次のとおりです。
・OS：Windows 10（ビルド16299.19）
・アプリケーションソフト：Microsoft Office Professional Plus（16.0.8528.2126）
・ディスプレイ：画面解像度　1024×768ピクセル
※インターネットに接続できる環境で学習することを前提に記述しています。
※環境によっては、画面の表示が異なる場合や記載の機能が操作できない場合があります。

◆画面解像度の設定

画面解像度を本書と同様に設定する方法は、次のとおりです。
①デスクトップの空き領域を右クリックします。
②《ディスプレイ設定》をクリックします。
③《解像度》の ∨ をクリックし、一覧から《1024×768》を選択します。
④ × （閉じる）をクリックします。
※確認メッセージが表示される場合は、《変更の維持》をクリックします。

◆ボタンの形状

ディスプレイの画面解像度やウィンドウのサイズなど、お使いの環境によって、ボタンの形状
やサイズが異なる場合があります。ボタンの操作は、ポップヒントに表示されるボタン名を確
認してください。
※本書に掲載しているボタンは、ディスプレイの画面解像度を「1024×768ピクセル」、ウィンドウを最大化した
　環境を基準にしています。

6 学習ファイルのダウンロードについて

本書で使用するファイルは、FOM出版のホームページに掲載しています。ダウンロードしてご利用ください。

ホームページ・アドレス

```
http://www.fom.fujitsu.com/goods/
```

ホームページ検索用キーワード

```
FOM出版
```

◆ダウンロード

学習ファイルをダウンロードする方法は、次のとおりです。
① ブラウザーを起動し、FOM出版のホームページを表示します。
※アドレスを直接入力するか、キーワードでホームページを検索します。
②《ダウンロード》をクリックします。
③《アプリケーション》の《Office全般》をクリックします。
④《Word 2016 & Excel 2016 & PowerPoint 2016 <改訂版>　FPT1721》をクリックします。
⑤「fpt1721.zip」をクリックします。
⑥ ダウンロードが完了したら、ブラウザーを終了します。
※ダウンロードしたファイルは、パソコン内のフォルダー「ダウンロード」に保存されます。

◆ダウンロードしたファイルの解凍

ダウンロードしたファイルは圧縮されているので、解凍（展開）します。
ダウンロードしたファイル「**fpt1721.zip**」を《ドキュメント》に解凍する方法は、次のとおりです。
① デスクトップ画面を表示します。
② タスクバーの ▭ （エクスプローラー）をクリックします。
③ 左側の一覧から《ダウンロード》をクリックします。
※《ダウンロード》が表示されていない場合は、《PC》をクリックします。
④ ファイル「**fpt1721**」を右クリックします。
⑤《すべて展開》をクリックします。
⑥《ファイルを下のフォルダーに展開する》の《参照》をクリックします。
⑦ 左側の一覧から《ドキュメント》をクリックします。
※《ドキュメント》が表示されていない場合は、《PC》をクリックします。
⑧《フォルダーの選択》をクリックします。
⑨《ファイルを下のフォルダーに展開する》が「**C:¥Users¥（ユーザー名）¥Documents**」に変更されます。
⑩《完了時に展開されたファイルを表示する》を ☑ にします。
⑪《展開》をクリックします。
⑫ ファイルが解凍され、《ドキュメント》が開かれます。
⑬ フォルダー「**Word2016&Excel2016&PowerPoint2016**」が表示されていることを確認します。
※すべてのウィンドウを閉じておきましょう。

本書をご利用いただく前に

◆学習ファイルの一覧

フォルダー「Word2016&Excel2016&PowerPoint2016」には、学習ファイルが入っています。タスクバーの ■ （エクスプローラー）→《PC》→《ドキュメント》をクリックし、一覧からフォルダーを開いて確認してください。

※フォルダー「第6章」は空の状態です。作成したファイルを保存する際に使用します。

◆学習ファイルの場所

本書では、学習ファイルの場所を《ドキュメント》内のフォルダー「Word2016&Excel2016&PowerPoint2016」としています。《ドキュメント》以外の場所に解凍した場合は、フォルダーを読み替えてください。

◆学習ファイル利用時の注意事項

ダウンロードした学習ファイルを開く際、そのファイルが安全かどうかを確認するメッセージが表示される場合があります。学習ファイルは安全なので、《編集を有効にする》をクリックして、編集可能な状態にしてください。

本書をご利用いただく前に

7 「FOM出版ムービー・ナビ」について

「FOM出版ムービー・ナビ」では、Word 2016、Excel 2016、PowerPoint 2016の機能を動画でご視聴いただけます。紙面ではわかりにくい画面上の動きをはっきり確認することができます。パソコン・タブレット・スマートフォンなどでご利用いただけます。
※「FOM出版ムービー・ナビ」は、2018年3月配信スタートです。

◆利用方法
①次のホームページにアクセスします。

ホームページ・アドレス

http://www.fom.fujitsu.com/goods/eb/office2016/

QRコード

②《Word基本操作》のタブを選択します。
③動画一覧から動画を選択します。

タブで見たい動画のアプリを切り替える

見たい動画をクリック

④動画が再生されます。

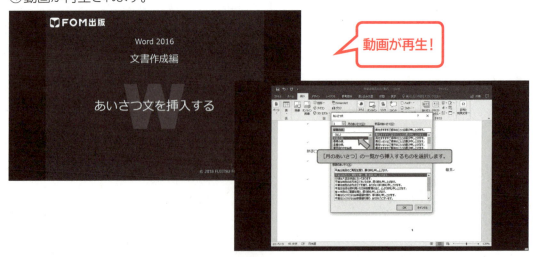

動画が再生！

※本ムービーは、2017年11月現在のWord 2016・Excel 2016・PowerPoint 2016（16.0.8528.2126）に基づいて作成したものです。
※本ムービーの公開期間は、2018年3月から2019年3月までを予定しています。
※本ムービーに関するご質問にはお答えできません。
※本ムービーは、予告なく終了することがございます。あらかじめご了承ください。

第1章　Chapter 1

Word 2016 さあ、はじめよう

Check	この章で学ぶこと	9
Step1	Wordの概要	10
Step2	Wordを起動する	12
Step3	Wordの画面構成	16
Step4	Wordを終了する	21

Chapter 1

この章で学ぶこと

学習前に習得すべきポイントを理解しておき、
学習後には確実に習得できたかどうかを振り返りましょう。

1	Wordで何ができるかを説明できる。	→ P.10
2	Wordを起動できる。	→ P.12
3	Wordのスタート画面の使い方を説明できる。	→ P.13
4	既存の文書を開くことができる。	→ P.14
5	Wordの画面の各部の名称や役割を説明できる。	→ P.16
6	表示モードの違いを説明できる。	→ P.17
7	文書の表示倍率を変更できる。	→ P.19
8	文書を閉じることができる。	→ P.21
9	Wordを終了できる。	→ P.23

Step 1 Wordの概要

1 Wordの概要

「Word」は、文書を作成するためのワープロソフトです。効率よく文字を入力したり、表やイラストなどを使って表現力豊かな文書を作成したりできます。
Wordには、主に次のような機能があります。

1 ビジネス文書の作成

定型のビジネス文書を効率的に作成できます。頭語と結語・あいさつ文・記書きなどの入力をサポートするための機能が充実しています。

2 表現力のある文書の作成

文字を装飾したタイトルや、デジタルカメラで撮影した写真、自分で描いたイラストなどを挿入して、表現力のある文書を作成できます。

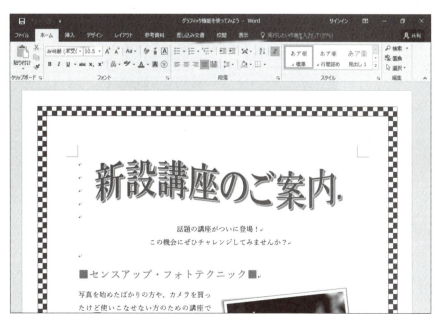

3 表の作成

行数や列数を指定するだけで簡単に「**表**」を作成できます。行や列を挿入・削除したり、列幅や行の高さを変更したりできます。また、罫線の種類や太さ、色などを変更することもできます。

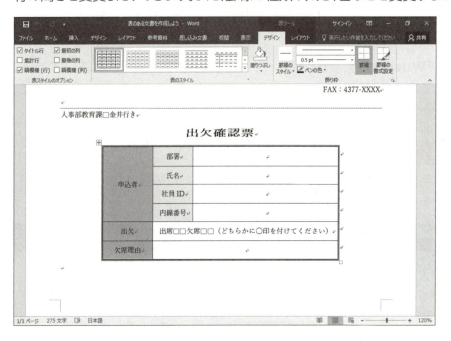

4 洗練されたデザインの利用

「**スタイル**」の機能を使って、表やイラスト、写真などの各要素に洗練されたデザインを瞬時に適用できます。スタイルの種類が豊富に用意されており、一覧から選択するだけで見栄えを整えることができます。

Step2 Wordを起動する

1 Wordの起動

Wordを起動しましょう。

①⊞（スタート）をクリックします。
スタートメニューが表示されます。
②《Word 2016》をクリックします。

Wordが起動し、Wordのスタート画面が表示されます。
③タスクバーに W が表示されていることを確認します。
※ウィンドウが最大化されていない場合は、□（最大化）をクリックしておきましょう。

2 Wordのスタート画面

Wordが起動すると、「**スタート画面**」が表示されます。スタート画面では、これから行う作業を選択します。
スタート画面を確認しましょう。

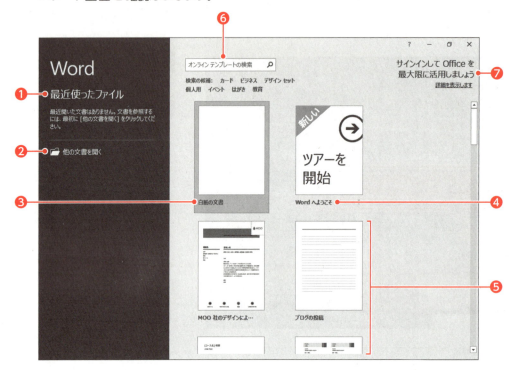

❶最近使ったファイル
最近開いた文書がある場合、その一覧が表示されます。
一覧から選択すると、文書が開かれます。

❷他の文書を開く
すでに保存済みの文書を開く場合に使います。

❸白紙の文書
新しい文書を作成します。
何も入力されていない白紙の文書が表示されます。

❹Wordへようこそ
Word 2016の新機能を紹介する文書が開かれます。

❺その他の文書
新しい文書を作成します。
あらかじめ書式が設定された文書が表示されます。

❻検索ボックス
あらかじめ書式が設定された文書をインターネット上から検索する場合に使います。

❼サインイン
複数のパソコンで文書を共有する場合や、インターネット上で文書を利用する場合に使います。

3 文書を開く

すでに保存済みの文書をWordのウィンドウに表示することを**「文書を開く」**といいます。
スタート画面から文書「**さあ、はじめよう（Word2016）**」を開きましょう。

①スタート画面が表示されていることを確認します。
②**《他の文書を開く》**をクリックします。

文書が保存されている場所を選択します。
③**《参照》**をクリックします。

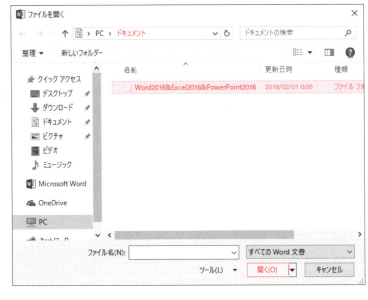

《ファイルを開く》ダイアログボックスが表示されます。
④**《ドキュメント》**が開かれていることを確認します。
※《ドキュメント》が開かれていない場合は、《PC》→《ドキュメント》をクリックします。
⑤一覧から「**Word2016＆Excel2016＆PowerPoint2016**」を選択します。
⑥**《開く》**をクリックします。

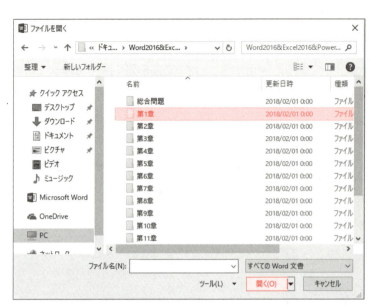

⑦一覧から「**第1章**」を選択します。
⑧《**開く**》をクリックします。

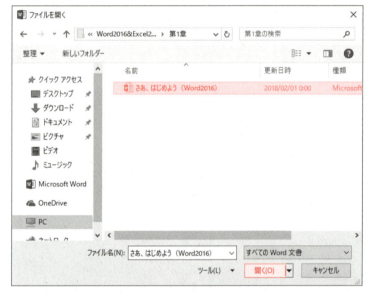

開く文書を選択します。
⑨一覧から「**さあ、はじめよう（Word2016）**」を選択します。
⑩《**開く**》をクリックします。

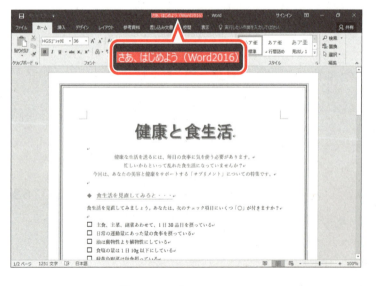

文書が開かれます。
⑪タイトルバーに文書の名前が表示されていることを確認します。

> **POINT ▶▶▶**
>
> **文書を開く**
> Wordを起動した状態で、既存の文書を開く方法は、次のとおりです。
> ◆《ファイル》タブ→《開く》

Step3 Wordの画面構成

1 Wordの画面構成

Wordの画面構成を確認しましょう。

❶タイトルバー
ファイル名やアプリ名が表示されます。

❷クイックアクセスツールバー
よく使うコマンド（作業を進めるための指示）を登録できます。初期の設定では、■（上書き保存）、■（元に戻す）、■（繰り返し）の3つのコマンドが登録されています。
※タッチ対応のパソコンでは、3つのコマンドのほかに■（タッチ/マウスモードの切り替え）が登録されています。

❸リボンの表示オプション
リボンの表示方法を変更するときに使います。

❹ウィンドウの操作ボタン
　■（最小化）
ウィンドウが一時的に非表示になり、タスクバーにアイコンで表示されます。
　■（元に戻す（縮小））
ウィンドウが元のサイズに戻ります。
※■（最大化）
　ウィンドウを元のサイズに戻すと、■（元に戻す（縮小））から■（最大化）に切り替わります。クリックすると、ウィンドウが最大化されて、画面全体に表示されます。
　■（閉じる）
Wordを終了します。

❺リボン
コマンドを実行するときに使います。関連する機能ごとに、タブに分類されています。
※タッチ対応のパソコンでは、《ファイル》タブと《ホーム》タブの間に、《タッチ》タブが表示される場合があります。

❻操作アシスト
機能や用語の意味を調べたり、リボンから探し出せないコマンドをダイレクトに実行したりするときに使います。

❼ステータスバー
文書のページ数や文字数、選択されている言語などが表示されます。また、コマンドを実行すると、作業状況や処理手順などが表示されます。

❽スクロールバー
文書の表示領域を移動するときに使います。
※スクロールバーは、マウスを文書内で動かすと表示されます。

❾表示選択ショートカット
表示モードを切り替えるときに使います。

❿ズーム
文書の表示倍率を変更するときに使います。

⓫選択領域
ページの左端にある領域です。行を選択するときなどに使います。

⓬カーソル
文字を入力する位置やコマンドを実行する位置を示します。

⓭マウスポインター
マウスの動きに合わせて移動します。画面の位置や選択するコマンドによって形が変わります。

16

POINT ▶▶▶

スクロール

画面に表示する範囲を移動することを「スクロール」といいます。画面をスクロールするには、スクロールバーを使います。

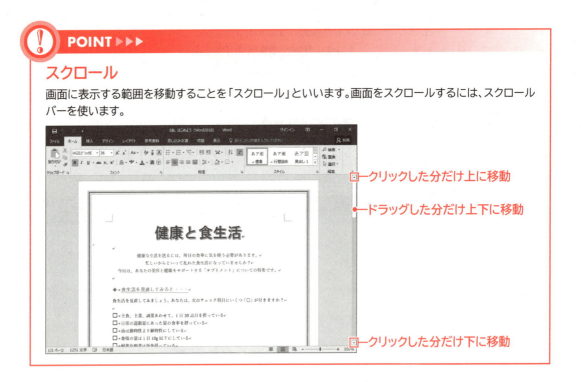

2 Wordの表示モード

Wordには、次のような表示モードが用意されています。
表示モードを切り替えるには、表示選択ショートカットのボタンをそれぞれクリックします。

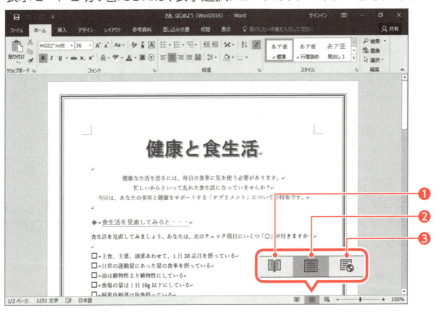

❶ 📖 **(閲覧モード)**
画面の幅に合わせて文章が折り返されて表示されます。クリック操作で文書をすばやくスクロールすることができるので、電子書籍のような感覚で文書を閲覧できます。画面上で文書を読む場合に便利です。

❷ 📄 **(印刷レイアウト)**
印刷結果とほぼ同じレイアウトで表示されます。余白や図形などがイメージどおりに表示されるので、全体のレイアウトを確認しながら編集する場合に便利です。通常、この表示モードで文書を作成します。

❸ 📄 **(Webレイアウト)**
ブラウザーで文書を開いたときと同じイメージで表示されます。文書をWebページとして保存する前に、イメージを確認する場合に便利です。

POINT ▶▶▶

閲覧モード

閲覧モードに切り替えると、すばやくスクロールしたり、文書中の表やワードアート、画像などのオブジェクトを拡大したりできます。

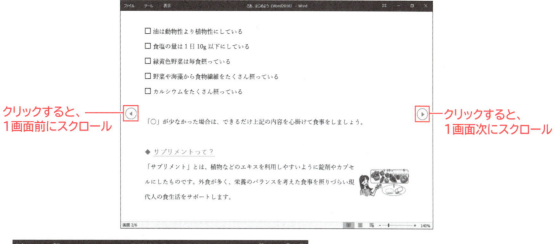

クリックすると、1画面前にスクロール

クリックすると、1画面次にスクロール

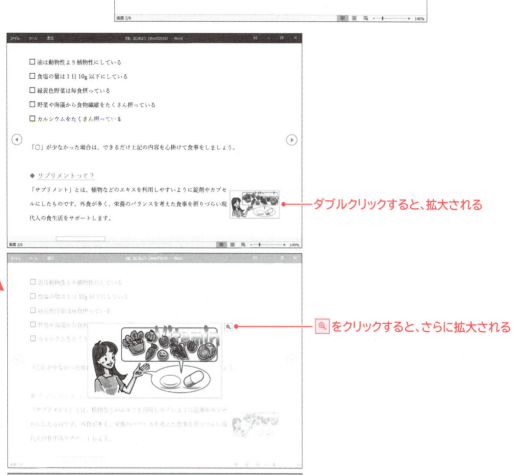

ダブルクリックすると、拡大される

をクリックすると、さらに拡大される

空白の領域をクリックすると、もとの表示に戻る

3 表示倍率の変更

画面の表示倍率は10～500%の範囲で自由に変更できます。表示倍率を変更するには、ステータスバーのズーム機能を使うと便利です。
画面の表示倍率を変更しましょう。

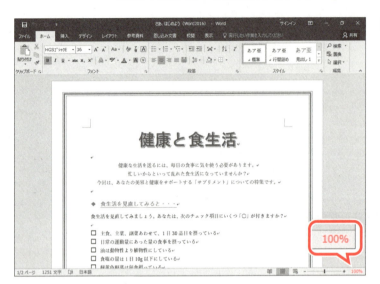

①表示倍率が「100%」になっていることを確認します。

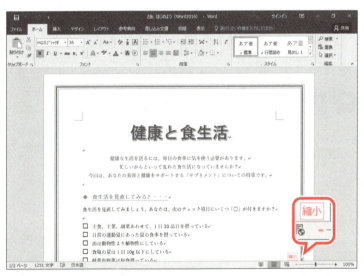

② ―（縮小）を2回クリックします。
※クリックするごとに、10%ずつ縮小されます。

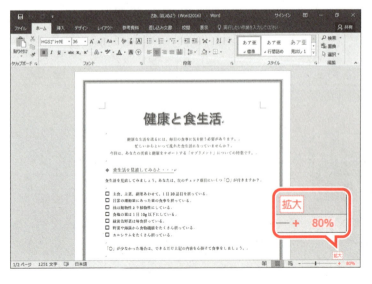

表示倍率が「80%」になります。
③ ＋（拡大）を2回クリックします。
※クリックするごとに、10%ずつ拡大されます。

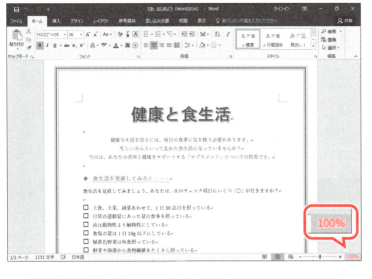

表示倍率が「100%」になります。

④ 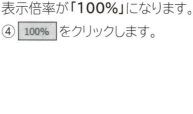 をクリックします。

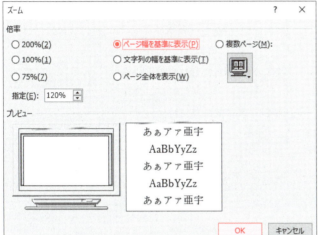

《ズーム》ダイアログボックスが表示されます。
⑤《ページ幅を基準に表示》を◉にします。
⑥《OK》をクリックします。

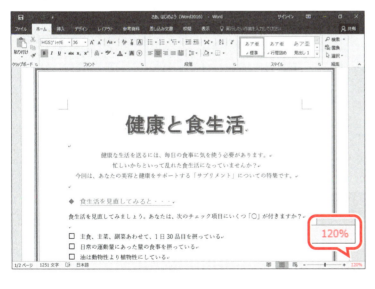

表示倍率が自動的に調整されます。
※お使いの環境によって、表示倍率は異なります。

 その他の方法（表示倍率の変更）

◆《表示》タブ→《ズーム》グループの (ズーム)→《倍率》を指定
◆ - (縮小)と + (拡大)の間にある をドラッグ

Step 4 Wordを終了する

1 文書を閉じる

開いている文書の作業を終了することを「**文書を閉じる**」といいます。
文書「さあ、はじめよう（Word2016）」を閉じましょう。

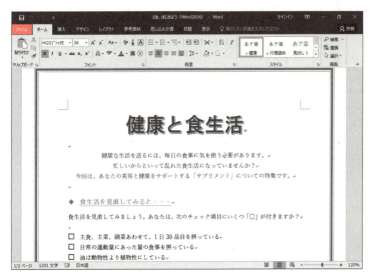

①《ファイル》タブを選択します。

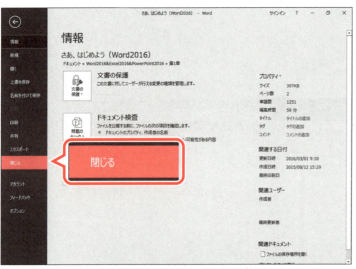

②《閉じる》をクリックします。

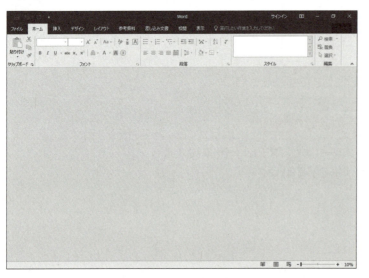

文書が閉じられます。

その他の方法（文書を閉じる）
◆ Ctrl + W

文書を変更して保存せずに閉じた場合

文書の内容を変更して保存せずに閉じようとすると、保存するかどうかを確認するメッセージが表示されます。保存する場合は《保存》、保存しない場合は《保存しない》を選択します。

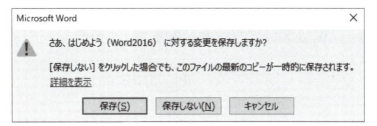

閲覧の再開

文書を閉じたときに表示していた位置は自動的に記憶されます。次に文書を開くと、その位置に移動するかどうかのメッセージが表示されます。メッセージをクリックすると、その位置からすぐに作業を始められます。

※スクロールするとメッセージは消えます。

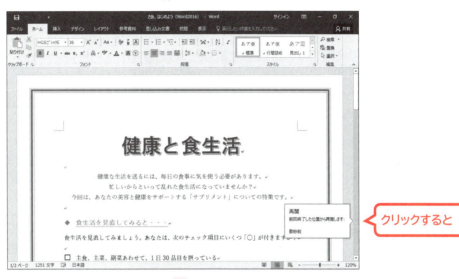

クリックすると

前回、文書を閉じたときに表示していた位置にジャンプ

2 Wordの終了

Wordを終了しましょう。

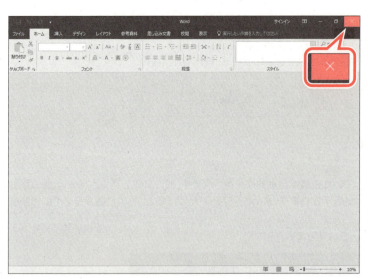

① ✕ (閉じる) をクリックします。

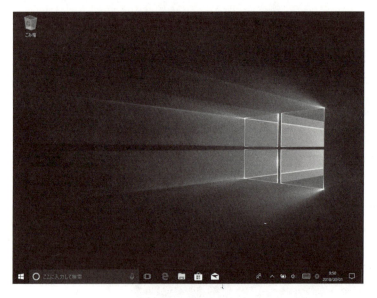

Wordのウィンドウが閉じられ、デスクトップが表示されます。
② タスクバーから が消えていることを確認します。

その他の方法 (Wordの終了)
◆ [Alt] + [F4]

第2章 | # Chapter 2

Word 2016 文書を作成しよう

Check	この章で学ぶこと	25
Step1	作成する文書を確認する	26
Step2	新しい文書を作成する	27
Step3	文章を入力する	29
Step4	文字を削除する・挿入する	34
Step5	文字をコピーする・移動する	36
Step6	文章の体裁を整える	40
Step7	文書を印刷する	47
Step8	文書を保存する	49
練習問題		51

Chapter 2

この章で学ぶこと

学習前に習得すべきポイントを理解しておき、
学習後には確実に習得できたかどうかを振り返りましょう。

1	新しい文書を作成できる。	☑☑☑ → P.27
2	作成する文書に合わせてページのレイアウトを設定できる。	☑☑☑ → P.27
3	本日の日付を挿入できる。	☑☑☑ → P.29
4	頭語に合わせた結語を入力できる。	☑☑☑ → P.31
5	季節・安否・感謝のあいさつを挿入できる。	☑☑☑ → P.31
6	記と以上を入力できる。	☑☑☑ → P.33
7	文字を削除したり、挿入したりできる。	☑☑☑ → P.34
8	文字をコピーするときの手順を理解し、ほかの場所にコピーできる。	☑☑☑ → P.36
9	文字を移動するときの手順を理解し、ほかの場所に移動できる。	☑☑☑ → P.38
10	文字の配置を変更できる。	☑☑☑ → P.40
11	文字の書体や大きさを変更できる。	☑☑☑ → P.42
12	文字に太字・斜体・下線を設定できる。	☑☑☑ → P.44
13	段落の先頭に「■」などの行頭文字を付けることができる。	☑☑☑ → P.46
14	印刷イメージを確認し、印刷を実行できる。	☑☑☑ → P.47
15	作成した文書に名前を付けて保存できる。	☑☑☑ → P.49

Step 1 作成する文書を確認する

1 作成する文書の確認

次のような文書を作成しましょう。

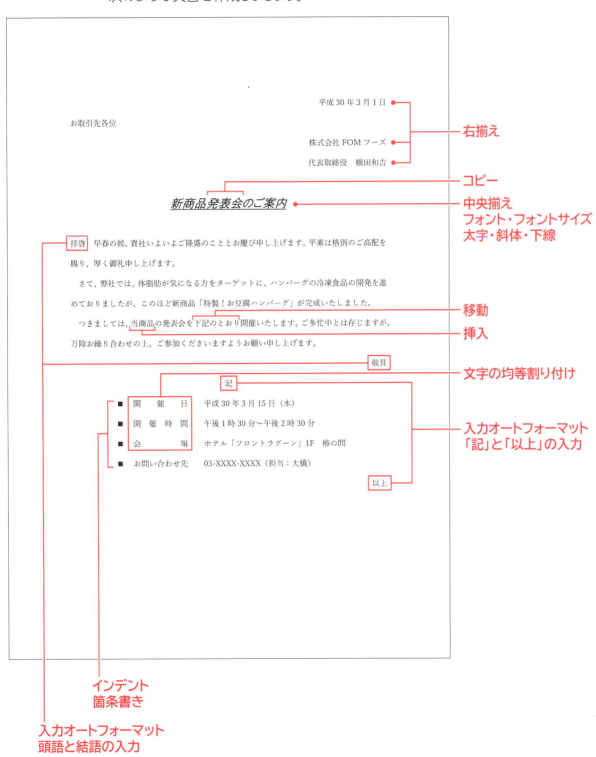

Step 2 新しい文書を作成する

1 文書の新規作成

Wordを起動し、新しい文書を作成しましょう。

①Wordを起動し、Wordのスタート画面を表示します。
※ ⊞（スタート）→《Word 2016》をクリックします。
②《白紙の文書》をクリックします。

新しい文書が開かれます。
③タイトルバーに「**文書1**」と表示されていることを確認します。

> **POINT ▶▶▶**
>
> **文書の新規作成**
> Wordを起動した状態で、新しい文書を作成する方法は、次のとおりです。
> ◆《ファイル》タブ→《新規》→《白紙の文書》

2 ページ設定

用紙サイズや印刷の向き、余白、1ページの行数、1行の文字数など、文書のページのレイアウトを設定するには「**ページ設定**」を使います。ページ設定はあとから変更できますが、最初に設定しておくと印刷結果に近い状態が画面に表示されるので、仕上がりをイメージしやすくなります。
次のようにページのレイアウトを設定しましょう。

用紙サイズ	：A4
印刷の向き	：縦
余白	：上 35mm　下左右 30mm
1ページの行数	：25行

①《レイアウト》タブを選択します。
②《ページ設定》グループの 🗔 （ページ設定）をクリックします。

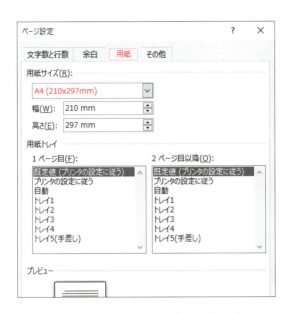

《ページ設定》ダイアログボックスが表示されます。

③《用紙》タブを選択します。
④《用紙サイズ》が《A4》になっていることを確認します。

⑤《余白》タブを選択します。
⑥《印刷の向き》の《縦》をクリックします。
⑦《余白》の《上》を「35mm」、《下》《左》《右》を「30mm」に設定します。

⑧《文字数と行数》タブを選択します。
⑨《行数だけを指定する》を◉にします。
⑩《行数》を「25」に設定します。
⑪《OK》をクリックします。

その他の方法（用紙サイズの設定）

◆《レイアウト》タブ→《ページ設定》グループの （ページサイズの選択）

その他の方法（印刷の向きの設定）

◆《レイアウト》タブ→《ページ設定》グループの （ページの向きを変更）

その他の方法（余白の設定）

◆《レイアウト》タブ→《ページ設定》グループの （余白の調整）

Step3 文章を入力する

1 編集記号の表示

↵（段落記号）や□（全角空白）などの記号を**「編集記号」**といいます。初期の設定で、↵（段落記号）は表示されていますが、空白などの編集記号は表示されていません。文章を入力・編集するとき、そのほかの編集記号も表示するように設定すると、空白を入力した位置などをひと目で確認できるので便利です。編集記号は印刷されません。
編集記号を表示しましょう。

①《ホーム》タブを選択します。
②《段落》グループの ↵（編集記号の表示/非表示）をクリックします。
※ボタンが濃い灰色になります。

2 日付の挿入

「**日付と時刻**」を使うと、本日の日付を挿入できます。西暦や和暦を選択したり、自動的に日付が更新されるように設定したりできます。
発信日付からタイトルまでの文章を入力しましょう。

※入力を省略する場合は、フォルダー「第2章」の文書「文書を作成しよう」を開き、P.34「Step4 文字を削除する・挿入する」に進みましょう。

①1行目にカーソルがあることを確認します。
②《挿入》タブを選択します。
③《テキスト》グループの （日付と時刻）をクリックします。

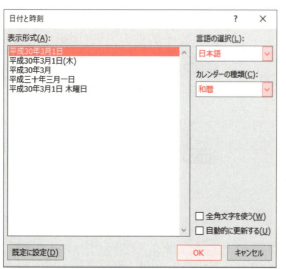

《日付と時刻》ダイアログボックスが表示されます。
④《言語の選択》の をクリックし、一覧から《日本語》を選択します。
⑤《カレンダーの種類》の をクリックし、一覧から《和暦》を選択します。
⑥《表示形式》の一覧から《平成〇年〇月〇日》の形式を選択します。
※一覧には、本日の日付が表示されます。ここでは、本日の日付を「平成30年3月1日」として実習しています。
⑦《OK》をクリックします。

日付が挿入されます。

⑧ Enter を押します。

改行されます。

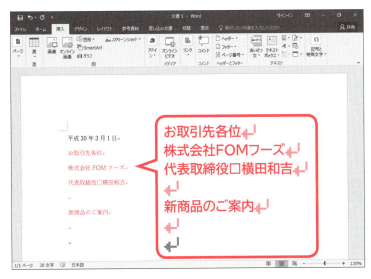

⑨文章を入力します。

※ ↵ で Enter を押して改行します。

※ □は全角空白を表します。

> **! POINT ▶▶▶**
>
> ### ボタンの形状
>
> ディスプレイの画面解像度や《Word》ウィンドウのサイズなど、お使いの環境によって、ボタンの形状やサイズが異なる場合があります。
> ボタンの操作は、ポップヒントに表示されるボタン名を確認してください。
>
> 例：日付と時刻　　　　日付と時刻

その他の方法（日付の挿入）

日付の先頭を入力・確定すると、カーソルの上に本日の日付が表示されます。 Enter を押すと、本日の日付をカーソルの位置に挿入できます。

```
平成30年3月1日　(Enter を押すと挿入します)
　　　平成↵
```

3 頭語と結語の入力

「入力オートフォーマット」を使うと、頭語に対応する結語や「記」に対応する「以上」が自動的に入力されたり、かっこの組み合わせが正しくなるよう自動的に修正されたりするなど、文字の入力に合わせて自動的に書式が設定されます。

頭語と結語の場合は、「**拝啓**」や「**謹啓**」などの頭語を入力して改行したり空白を入力したりすると、対応する「**敬具**」や「**謹白**」などの結語が自動的に右揃えで入力されます。

入力オートフォーマットを使って、頭語「**拝啓**」に対応する結語「**敬具**」を入力しましょう。

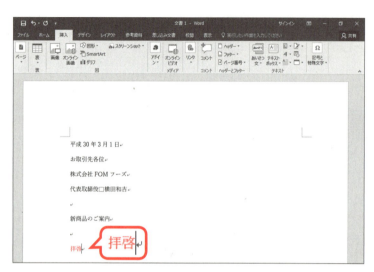

①文末にカーソルがあることを確認します。
②「**拝啓**」と入力します。

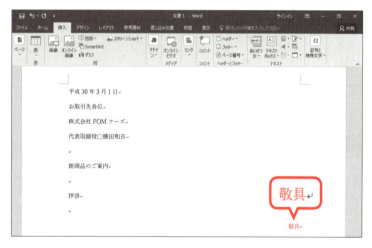

改行します。
③ Enter を押します。
「**敬具**」が右揃えで入力されます。

4 あいさつ文の挿入

「あいさつ文の挿入」を使うと、季節のあいさつ・安否のあいさつ・感謝のあいさつを一覧から選択して、簡単に挿入できます。

「**拝啓**」に続けて、3月に適したあいさつ文を挿入しましょう。

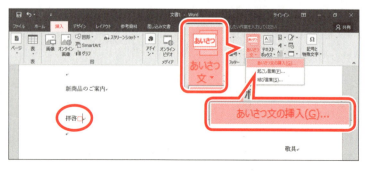

①「**拝啓**」の後ろにカーソルを移動します。
全角空白を入力します。
② □ (スペース)を押します。
③《**挿入**》タブを選択します。
④《**テキスト**》グループの (あいさつ文の挿入)をクリックします。
⑤《**あいさつ文の挿入**》をクリックします。

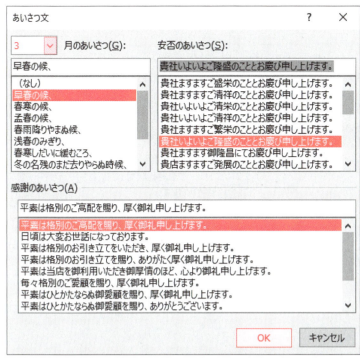

《あいさつ文》ダイアログボックスが表示されます。

⑥《月のあいさつ》の をクリックし、一覧から《3》を選択します。

《月のあいさつ》の一覧に3月のあいさつが表示されます。

⑦《月のあいさつ》の一覧から《早春の候、》を選択します。

※一覧にない文章は直接入力できます。

⑧《安否のあいさつ》の一覧から《貴社いよいよご隆盛のこととお慶び申し上げます。》を選択します。

⑨《感謝のあいさつ》の一覧から《平素は格別のご高配を賜り、厚く御礼申し上げます。》を選択します。

⑩《OK》をクリックします。

あいさつ文が挿入されます。

⑪「…御礼申し上げます。」の下の行にカーソルを移動します。

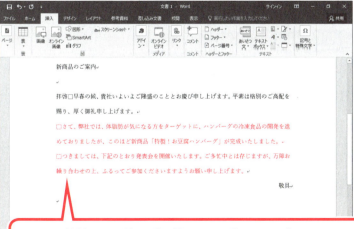

⑫文章を入力します。
※□は全角空白を表します。
※ ⏎ で Enter を押して改行します。

□さて、弊社では、体脂肪が気になる方をターゲットに、ハンバーグの冷凍食品の開発を進めておりましたが、このほど新商品「特製！お豆腐ハンバーグ」が完成いたしました。⏎
□つきましては、下記のとおり発表会を開催いたします。ご多忙中とは存じますが、万障お繰り合わせの上、ふるってご参加くださいますようお願い申し上げます。

5 記書きの入力

「記」と入力して改行すると、「記」が中央揃えされ、「以上」が右揃えで入力されます。
入力オートフォーマットを使って、記書きを入力しましょう。次に、記書きの文章を入力しましょう。

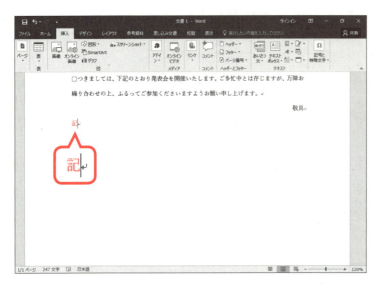

文末にカーソルを移動します。
① Ctrl + End を押します。
※文末にカーソルを移動するには、Ctrl を押しながら End を押します。
②「記」と入力します。

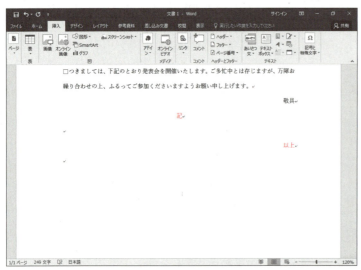

改行します。
③ Enter を押します。
「記」が中央揃えされ、「以上」が右揃えで入力されます。

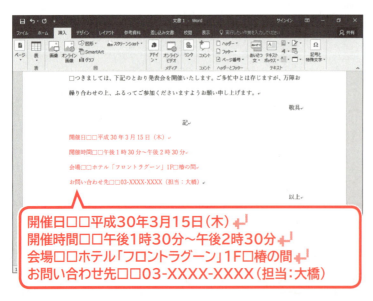

④文章を入力します。
※□は全角空白を表します。
※↵で Enter を押して改行します。
※「～」は「から」と入力して変換します。

開催日□□平成30年3月15日（木）↵
開催時間□□午後1時30分～午後2時30分↵
会場□□ホテル「フロントラグーン」1F□椿の間↵
お問い合わせ先□□03-XXXX-XXXX（担当：大橋）

Step 4 文字を削除する・挿入する

1 削除

文字を削除するには、文字を選択して Delete を押します。
「**ふるって**」を削除しましょう。

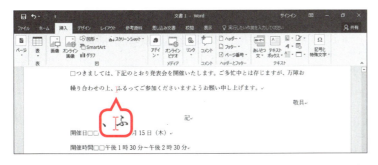

削除する文字を選択します。
①「**ふるって**」の左側をポイントします。
②マウスポインターの形が I に変わります。

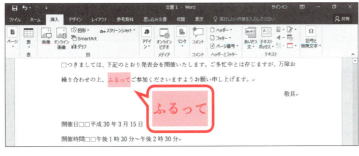

③「**ふるって**」の右側までドラッグします。
文字が選択されます。

④ Delete を押します。
文字が削除され、後ろの文字が字詰めされます。

その他の方法（削除）
◆削除する文字の前にカーソルを移動
→ Delete
◆削除する文字の後ろにカーソルを移動
→ Back Space

POINT ▶▶▶

範囲選択

「範囲選択」とは、操作する対象を指定することです。「選択」ともいいます。
コマンドを実行する前に、操作する対象に応じて適切に範囲選択します。

対象	操作
文字（文字列の任意の範囲）	選択する文字をドラッグ
行（1行単位）	行の左端をクリック（マウスポインターの形が ⒜ の状態）
複数の行（連続する複数の行）	行の左端をドラッグ（マウスポインターの形が ⒜ の状態）
段落（↵（段落記号）の次の行から、次の↵まで）	段落の左端をダブルクリック（マウスポインターの形が ⒜ の状態）
複数の段落（連続する複数の段落）	段落の左端をダブルクリックし、そのままドラッグ（マウスポインターの形が ⒜ の状態）
複数の範囲（離れた場所にある複数の範囲）	Ctrl を押しながら、範囲選択

34

> ! **POINT ▶▶▶**
>
> **段落**
> 「段落」とは、↵（段落記号）の次の行から次の↵までの範囲のことです。1行の文章でもひとつの段落と認識されます。改行すると、段落を改めることができます。

> ! **POINT ▶▶▶**
>
> **元に戻す**
> クイックアクセスツールバーの （元に戻す）をクリックすると、直前に行った操作を取り消して、もとの状態に戻すことができます。誤って文字を削除した場合などに便利です。
> （元に戻す）を繰り返しクリックすると、過去の操作が順番に取り消されます。

2 挿入

文字を挿入するには、挿入する位置にカーソルを移動して文字を入力します。
「下記のとおり」の後ろに「当商品の」を挿入しましょう。

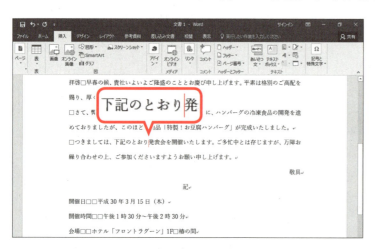

文字を挿入する位置にカーソルを移動します。
①「下記のとおり」の後ろにカーソルを移動します。

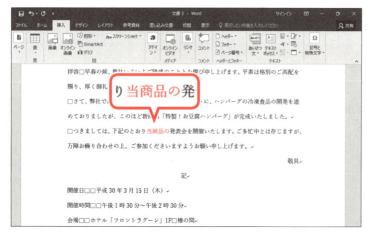

文字を入力します。
②「当商品の」と入力します。
文字が挿入され、後ろの文字が字送りされます。

> **上書き**
> 文字を選択した状態で新しく文字を入力すると、新しい文字に上書きできます。

> ! **POINT ▶▶▶**
>
> **字詰め・字送りの範囲**
> 文字を削除したり挿入したりすると、↵（段落記号）までの段落内で字詰め、字送りされます。

Step 5 文字をコピーする・移動する

1 コピー

「コピー」を使うと、すでに入力されている文字や文章を別の場所で利用できます。何度も同じ文字を入力する場合に、コピーを使うと入力の手間が省けて便利です。
文字をコピーする手順は次のとおりです。

1 コピー元を選択

コピーする範囲を選択します。

2 コピー

（コピー）をクリックすると、選択している範囲が「クリップボード」と呼ばれる領域に一時的に記憶されます。

3 コピー先にカーソルを移動

コピーする開始位置にカーソルを移動します。

4 貼り付け

（貼り付け）をクリックすると、クリップボードに記憶されている内容がカーソルのある位置にコピーされます。

「**発表会**」をタイトルの「**新商品**」の後ろにコピーしましょう。

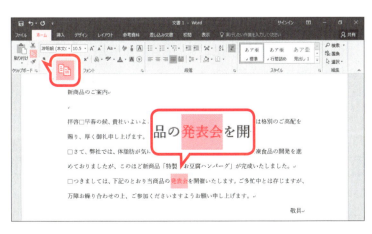

コピー元の文字を選択します。
①「発表会」を選択します。
②《**ホーム**》タブを選択します。
③《**クリップボード**》グループの （コピー）をクリックします。

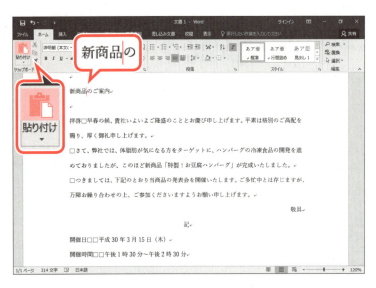

コピー先を指定します。

④「**新商品**」の後ろにカーソルを移動します。

⑤《**クリップボード**》グループの (貼り付け) をクリックします。

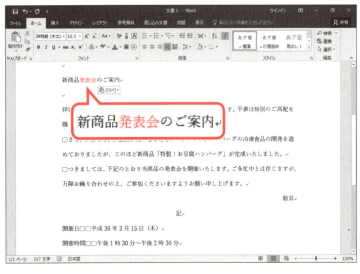

文字がコピーされます。

その他の方法（コピー）

◆コピー元を選択→範囲内を右クリック→《コピー》→コピー先を右クリック→《貼り付けのオプション》から選択

◆コピー元を選択→ Ctrl + C →コピー先をクリック→ Ctrl + V

◆コピー元を選択→範囲内をポイントし、マウスポインターの形が に変わったら Ctrl を押しながらコピー先へドラッグ

※ドラッグ中、マウスポインターの形が に変わります。

POINT ▶▶▶

貼り付けのオプション

貼り付けを実行した直後に表示される を「貼り付けのオプション」といいます。 (貼り付けのオプション) をクリックするか、または Ctrl を押すと、もとの書式のままコピーするか、文字だけをコピーするかなどを選択できます。

 (貼り付けのオプション) を使わない場合は、 Esc を押します。

貼り付けのプレビュー

 (貼り付け) の をクリックすると、もとの書式のままコピーするか、文字だけをコピーするかなどを選択できます。貼り付けを実行する前に、一覧のボタンをポイントすると、コピー結果を文書内で確認できます。一覧に表示されるボタンはコピー元のデータにより異なります。

2 移動

「**移動**」を使うと、すでに入力されている文字や文章を別の場所に移動できます。入力しなおす手間が省けて便利です。
文字を移動する手順は次のとおりです。

 移動元を選択

移動する範囲を選択します。

 切り取り

✂ (切り取り) をクリックすると、選択している範囲が「クリップボード」と呼ばれる領域に一時的に記憶されます。

 移動先にカーソルを移動

移動する開始位置にカーソルを移動します。

4 貼り付け

📋 (貼り付け) をクリックすると、クリップボードに記憶されている内容がカーソルのある位置に移動します。

「**下記のとおり**」を「**開催いたします。**」の前に移動しましょう。

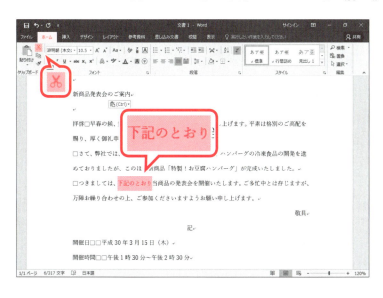

移動元の文字を選択します。
①「**下記のとおり**」を選択します。
②《**ホーム**》タブを選択します。
③《**クリップボード**》グループの ✂ (切り取り) をクリックします。

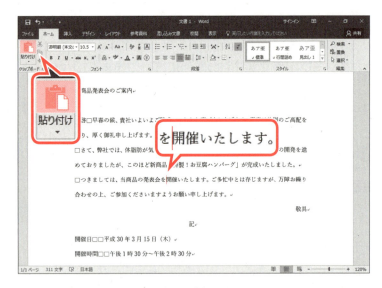

移動先を指定します。

④「**開催いたします。**」の前にカーソルを移動します。

⑤《**クリップボード**》グループの （貼り付け）をクリックします。

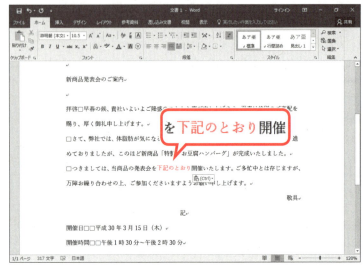

文字が移動します。

その他の方法（移動）

◆移動元を選択→範囲内を右クリック→《切り取り》→移動先を右クリック→《貼り付けのオプション》から選択

◆移動元を選択→ Ctrl + X →移動先をクリック→ Ctrl + V

◆移動元を選択→範囲内をポイントし、マウスポインターの形が に変わったら移動先へドラッグ

※ドラッグ中、マウスポインターの形が に変わります。

Step 6 文章の体裁を整える

1 中央揃え・右揃え

行内の文字の配置は変更できます。文字を中央に配置するときは ≡ (中央揃え)、右端に配置するときは ≡ (右揃え) を使います。中央揃えや右揃えは段落単位で設定されます。
タイトルを中央揃え、発信日付と発信者名を右揃えにしましょう。

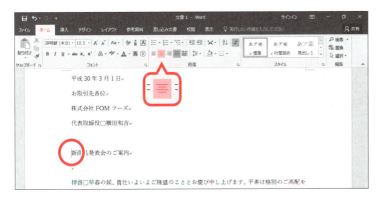

①「**新商品発表会のご案内**」の行にカーソルを移動します。
※段落内であれば、どこでもかまいません。
②《**ホーム**》タブを選択します。
③《**段落**》グループの ≡ (中央揃え) をクリックします。

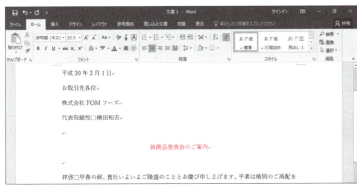

文字が中央揃えで配置されます。
※ボタンが濃い灰色になります。

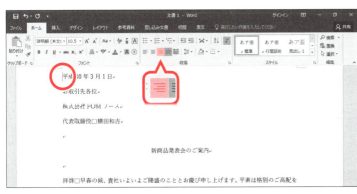

④「**平成30年3月1日**」の行にカーソルを移動します。
※段落内であれば、どこでもかまいません。
⑤《**段落**》グループの ≡ (右揃え) をクリックします。

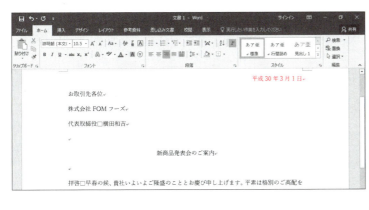

文字が右揃えで配置されます。
※ボタンが濃い灰色になります。

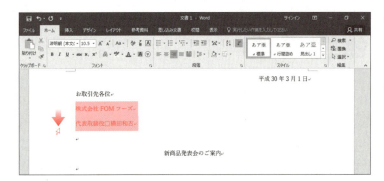

⑥「**株式会社FOMフーズ**」の行の左端をポイントします。
マウスポインターの形が に変わります。
⑦「**代表取締役　横田和吉**」の行までドラッグします。

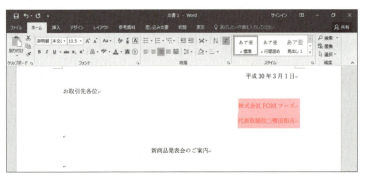

⑧ F4 を押します。
直前の書式が繰り返し設定されます。
※選択を解除しておきましょう。

📖 操作の繰り返し
F4 を押すと、直前に実行したコマンドを繰り返すことができます。
ただし、F4 を押してもコマンドが繰り返し実行できない場合もあります。

📖 その他の方法（中央揃え）
◆段落内にカーソルを移動→ Ctrl + E

📖 その他の方法（右揃え）
◆段落内にカーソルを移動→ Ctrl + R

❗ POINT ▶▶▶
段落単位の配置の設定
右揃えや中央揃えなどの配置の設定は段落単位で設定されるので、段落内にカーソルを移動するだけで設定できます。

2 インデントの変更

段落単位で字下げするには「**左インデント**」を設定します。
（インデントを増やす）を1回クリックするごとに、1文字ずつ字下げされます。逆に、（インデントを減らす）を1回クリックするごとに、1文字ずつもとの位置に戻ります。
記書きの左インデントを変更しましょう。

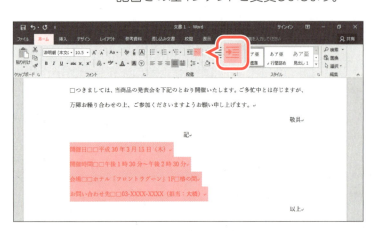

①「**開催日…**」で始まる行から「**お問い合わせ先…**」で始まる行までを選択します。
②《**ホーム**》タブを選択します。
③《**段落**》グループの （インデントを増やす）を6回クリックします。

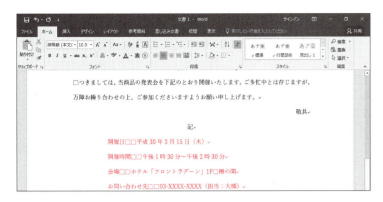

左インデントが変更されます。
※選択を解除しておきましょう。

その他の方法（左インデント）

◆段落内にカーソルを移動→《ホーム》タブ→《段落》グループの （段落の設定）→《インデントと行間隔》タブ→《インデント》の《左》を設定
◆段落内にカーソルを移動→《レイアウト》タブ→《段落》グループの《インデント》の《左インデント》
◆段落内にカーソルを移動→《レイアウト》タブ→《段落》グループの （段落の設定）→《インデントと行間隔》タブ→《インデント》の《左》を設定

3 フォント・フォントサイズの設定

文字の書体のことを「**フォント**」といいます。初期の設定は「**游明朝**」です。フォントを変更するには 游明朝 (本文(▼)（フォント）を使います。

また、文字の大きさのことを「**フォントサイズ**」といい、「**ポイント(pt)**」という単位で表します。初期の設定は「**10.5**」ポイントです。フォントサイズを変更するには 10.5 ▼（フォントサイズ）を使います。

タイトル「**新商品発表会のご案内**」に次の書式を設定しましょう。

> フォント　　　　：HGPゴシックM
> フォントサイズ：16ポイント

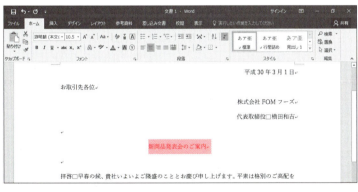

①「**新商品発表会のご案内**」の行を選択します。
※行の左端をクリックします。

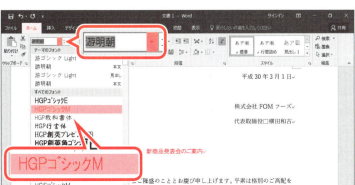

②《ホーム》タブを選択します。
③《フォント》グループの 游明朝 (本文(▼)（フォント）の ▼ をクリックし、《**HGPゴシックM**》をポイントします。
設定後のフォントを画面上で確認できます。
④《**HGPゴシックM**》をクリックします。

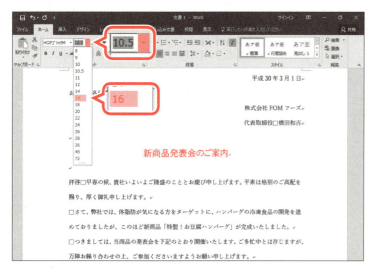

フォントが変更されます。

⑤《フォント》グループの 10.5 ▼ （フォントサイズ）の ▼ をクリックし、《16》をポイントします。

設定後のフォントサイズを画面上で確認できます。

⑥《16》をクリックします。

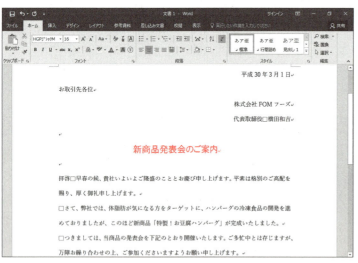

フォントサイズが変更されます。
※選択を解除しておきましょう。

 POINT ▶▶▶

リアルタイムプレビュー

「リアルタイムプレビュー」とは、一覧の選択肢をポイントして、設定後の結果を確認できる機能です。
設定前に確認できるため、繰り返し設定しなおす手間を省くことができます。

 POINT ▶▶▶

フォントの色の設定

文字に色を付けて、強調できます。
◆文字を選択→《ホーム》タブ→《フォント》グループの A▼ （フォントの色）の ▼ →一覧から選択

 ### ミニツールバー

選択した範囲の近くに表示されるボタンの集まりを「ミニツールバー」といいます。ミニツールバーには、よく使う書式設定に関するボタンが登録されています。マウスをリボンまで動かさずにコマンドを実行できるので、効率的に作業が行えます。
ミニツールバーを使わない場合は、Esc を押します。

4 太字・斜体・下線の設定

文字を太くしたり、斜めに傾けたり、下線を付けたりして強調できます。
タイトル「**新商品発表会のご案内**」に太字・斜体・下線を設定し、強調しましょう。

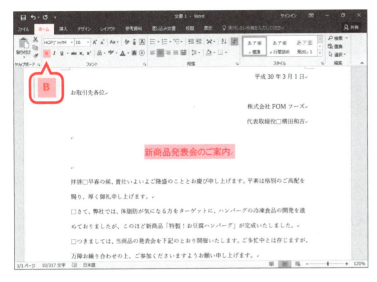

①「**新商品発表会のご案内**」の行を選択します。
②《ホーム》タブを選択します。
③《フォント》グループの B （太字）をクリックします。

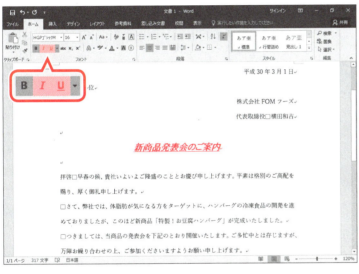

文字が太字になります。
※ボタンが濃い灰色になります。

④《フォント》グループの I （斜体）をクリックします。

文字が斜体になります。
※ボタンが濃い灰色になります。

⑤《フォント》グループの U （下線）をクリックします。

文字に下線が付きます。
※ボタンが濃い灰色になります。
※選択を解除しておきましょう。

太字・斜体・下線の解除
太字・斜体・下線を解除するには、解除する範囲を選択して、B （太字）、I （斜体）、U （下線）を再度クリックします。設定が解除されると、ボタンが濃い灰色から標準の色に戻ります。

下線
U （下線）の をクリックして表示される一覧から、ほかの線の種類や色を選択できます。
線の種類を指定せずに《下線の色》を選択すると、選択した色で一重線の下線が付きます。また、線の種類や色を選択して実行したあとに U （下線）をクリックすると、直前に設定した種類と色の下線が付きます。

囲み線
文字の周りを線で囲んで強調できます。
◆文字を選択→《ホーム》タブ→《フォント》グループの A （囲み線）

5 文字の均等割り付け

文章中の文字に対して、均等割り付けを設定すると、指定した幅で均等に割り付けられます。
また、入力した文字数よりも狭い幅に設定することもできます。
記書きの各項目名を7文字分の幅に均等に割り付けましょう。

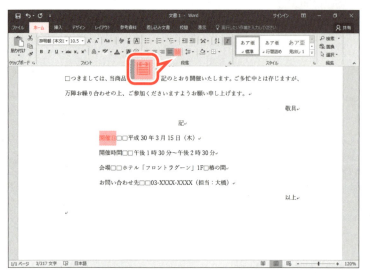

①「**開催日**」を選択します。
②《**ホーム**》タブを選択します。
③《**段落**》グループの (均等割り付け) をクリックします。

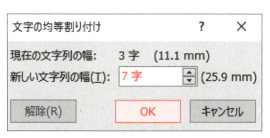

《**文字の均等割り付け**》ダイアログボックスが表示されます。
④《**新しい文字列の幅**》を「**7字**」に設定します。
⑤《**OK**》をクリックします。

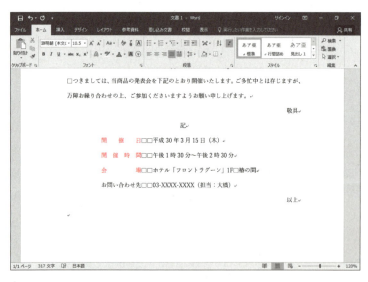

文字が7文字分の幅に均等に割り付けられます。
※均等割り付けされた文字を選択すると、水色の下線が表示されます。
⑥同様に、「**開催時間**」「**会場**」を7文字分の幅に均等に割り付けます。

> **STEP UP** その他の方法（文字の均等割り付け）
> ◆文字を選択→《ホーム》タブ→《段落》グループの (拡張書式)→《文字の均等割り付け》

> **STEP UP** 均等割り付けの解除
> 設定した均等割り付けを解除する方法は、次のとおりです。
> ◆文字を選択→《ホーム》タブ→《段落》グループの (均等割り付け)→《解除》

6 箇条書きの設定

「箇条書き」を使うと、段落の先頭に「●」「■」「◆」などの行頭文字を設定できます。
記書きに「■」の行頭文字を設定しましょう。

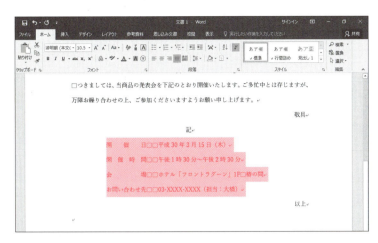

①「**開催日**」で始まる行から「**お問い合わせ先**」で始まる行までを選択します。

②《**ホーム**》タブを選択します。
③《**段落**》グループの (箇条書き)の をクリックします。
④《**■**》をクリックします。
※一覧の行頭文字をポイントすると、設定後の結果を確認できます。

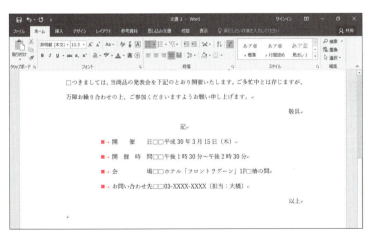

行頭文字が設定されます。
※ボタンが濃い灰色になります。
※選択を解除しておきましょう。

箇条書きの解除

設定した箇条書きを解除する方法は、次のとおりです。
◆段落を選択→《**ホーム**》タブ→《**段落**》グループの (箇条書き)
※ボタンが標準の色に戻ります。

段落番号

「段落番号」を使うと、段落の先頭に「1.2.3.」や「①②③」などの番号を付けることができます。
◆段落を選択→《**ホーム**》タブ→《**段落**》グループの (段落番号)の →一覧から選択

Step 7 文書を印刷する

1 印刷の手順

作成した文書を印刷する手順は、次のとおりです。

2 印刷イメージの確認

画面で印刷イメージを確認することができます。
印刷の向きや余白のバランスは適当か、レイアウトは整っているかなどを確認します。

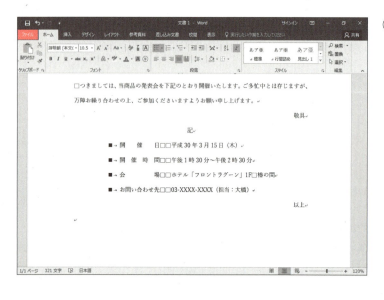

①《ファイル》タブを選択します。

②《印刷》をクリックします。
③印刷イメージを確認します。

3 印刷

文書を1部印刷しましょう。

①《部数》が「1」になっていることを確認します。
②《プリンター》に出力するプリンターの名前が表示されていることを確認します。
※表示されていない場合は、をクリックし一覧から選択します。
③《印刷》をクリックします。

その他の方法（印刷）

◆ Ctrl + P

Step 8 文書を保存する

1 名前を付けて保存

作成した文書を残しておくには、文書に名前を付けて保存します。
作成した文書に**「文書を作成しよう完成」**と名前を付けて、フォルダー**「第2章」**に保存しましょう。

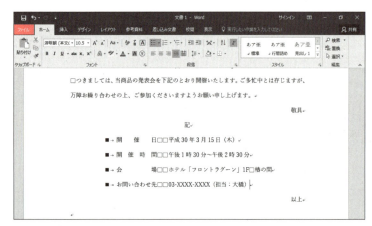

①《ファイル》タブを選択します。

②《名前を付けて保存》をクリックします。
③《参照》をクリックします。

《名前を付けて保存》ダイアログボックスが表示されます。
文書を保存する場所を指定します。
④《ドキュメント》が開かれていることを確認します。
※《ドキュメント》が開かれていない場合は、《PC》→《ドキュメント》をクリックします。
⑤一覧から「Word2016&Excel2016&PowerPoint2016」を選択します。
⑥《開く》をクリックします。

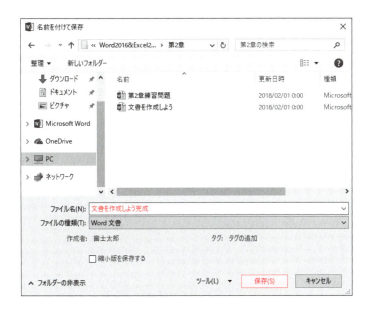

⑦一覧から「**第2章**」を選択します。
⑧《**開く**》をクリックします。
⑨《**ファイル名**》に「**文書を作成しよう完成**」と入力します。
⑩《**保存**》をクリックします。

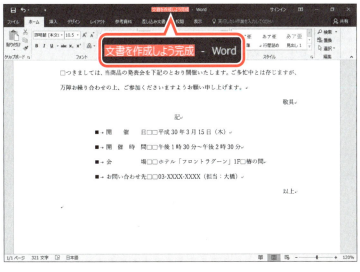

文書が保存されます。
⑪タイトルバーに文書の名前が表示されていることを確認します。
※Wordを終了しておきましょう。

POINT ▶▶▶

ファイル名

/ ￥ ＊ 〈 〉 ？ ＂ ｜ ：

左の半角の記号はファイル名には使えません。
ファイル名を指定するときには注意しましょう。

 ### 上書き保存と名前を付けて保存

すでに保存されている文書の内容を一部編集して、編集後の内容だけを保存するには、クイックアクセスツールバーの 🔲 （上書き保存）を使って「上書き保存」します。
文書更新前の状態も更新後の状態も保存するには、「名前を付けて保存」で別の名前を付けて保存します。

 ### 文書の自動保存

作成中の文書は、一定の間隔で自動的にコンピューター内に保存されます。
文書を保存せずに閉じてしまった場合、自動的に保存された文書の一覧から復元できます。
保存していない文書を復元する方法は、次のとおりです。
◆《ファイル》タブ→《情報》→《ドキュメントの管理》→《保存されていない文書の回復》→文書を選択→《開く》
※操作のタイミングによって、完全に復元されるとは限りません。

Exercise 練習問題

解答 ▶ 別冊P.1

完成図のような文書を作成しましょう。

●完成図

平成30年1月16日

お客様各位

株式会社エフ・オー・エム

代表取締役　相田健一

モニター募集のご案内

拝啓　厳寒の候、時下ますますご清祥の段、お慶び申し上げます。平素は格別のご高配を賜り、厚く御礼申し上げます。

さて、弊社にて開発中の製品を使用していただけるモニターを下記のとおり募集いたします。皆様のご応募をお待ちしております。

敬具

記

- ◆ 使用製品　浄水器「ナチュラルクリリン」
- ◆ 使用期間　3月5日（月）～4月6日（金）
- ◆ 応募期間　1月29日（月）～2月21日（水）
- ◆ 応募方法　担当までお電話でお申し込みください。
- ◆ 応募条件　ご使用のご感想をレポートにて提出していただける方

以上

担当：開発部　森田

電話番号：03-XXXX-XXXX

①Wordを起動し、新しい文書を作成しましょう。

②次のようにページのレイアウトを設定しましょう。

```
用紙サイズ    ：A4
印刷の向き    ：縦
1ページの行数：25行
```

③次のように文章を入力しましょう。
※入力を省略する場合は、フォルダー「第2章」の文書「第2章練習問題」を開き、④に進みましょう。

Hint あいさつ文は、《挿入》タブ→《テキスト》グループの（あいさつ文の挿入）を使って挿入しましょう。

```
平成30年1月16日↵
お客様各位↵
株式会社エフ・オー・エム↵
代表取締役□相田健一↵
↵
モニター募集のご案内↵
↵
拝啓□厳寒の候、時下ますますご清祥の段、お慶び申し上げます。平素は格別のご高配を賜
り、厚く御礼申し上げます。↵
さて、下記のとおり弊社にて開発中の製品を使用していただけるモニターを募集いたしま
す。ご応募をお待ちしております。↵
                                                        敬具↵
↵
                            記↵
使用製品□□浄水器「ナチュラルクリリン」↵
使用期間□□3月5日(月)〜4月6日(金)↵
応募期間□□1月29日(月)〜2月21日(水)↵
応募方法□□担当までお電話でお申し込みください。↵
応募条件□□ご使用のご感想をレポートにて提出していただける方↵
                                                        以上↵
↵
担当：開発部□森田↵
電話番号：03-XXXX-XXXX
```

※↵で Enter を押して改行します。
※□は全角空白を表します。
※「〜」は「から」と入力して変換します。

④日付「**平成30年1月16日**」と発信者名「**株式会社エフ・オー・エム**」「**代表取締役　相田健一**」、担当者名「**担当：開発部　森田**」と電話番号「**電話番号：03-XXXX-XXXX**」を右揃えにしましょう。

⑤タイトル「**モニター募集のご案内**」に次の書式を設定しましょう。

フォント	:HGS明朝E
フォントサイズ	:20ポイント
太字	
斜体	
中央揃え	

⑥「**下記のとおり**」を「**モニターを**」の後ろに移動しましょう。

⑦「**ご応募をお待ちしております。**」の前に「**皆様の**」を挿入しましょう。

⑧「**使用製品…**」で始まる行から「**応募条件…**」で始まる行に6文字分のインデントを設定しましょう。

⑨「**使用製品…**」で始まる行から「**応募条件…**」で始まる行に「**◆**」の行頭文字を設定しましょう。

⑩印刷イメージを確認し、1部印刷しましょう。

※文書に「第2章練習問題完成」と名前を付けて、フォルダー「第2章」に保存し、閉じておきましょう。

第3章 Chapter 3

Word 2016 グラフィック機能を使ってみよう

Check	この章で学ぶこと	55
Step1	作成する文書を確認する	56
Step2	ワードアートを挿入する	57
Step3	画像を挿入する	63
Step4	文字の効果を設定する	73
Step5	ページ罫線を設定する	74
練習問題		76

Chapter 3

この章で学ぶこと

学習前に習得すべきポイントを理解しておき、
学習後には確実に習得できたかどうかを振り返りましょう。

1	文書にワードアートを挿入できる。	➡ P.57
2	ワードアートのフォントやフォントサイズを変更できる。	➡ P.59
3	ワードアートの形状を変更できる。	➡ P.61
4	ワードアートを移動できる。	➡ P.62
5	文書に画像を挿入できる。	➡ P.63
6	画像に文字列の折り返しを設定できる。	➡ P.65
7	画像のサイズや位置を調整できる。	➡ P.67
8	画像にアート効果を設定できる。	➡ P.69
9	図のスタイルを適用して、画像のデザインを変更できる。	➡ P.70
10	画像の枠線を変更できる。	➡ P.71
11	影、光彩、反射などの視覚効果を設定して、文字を強調できる。	➡ P.73
12	ページの周囲に絵柄の付いた罫線を設定できる。	➡ P.74

Step 1 作成する文書を確認する

1 作成する文書の確認

次のような文書を作成しましょう。

新設講座のご案内 ← ワードアートの挿入／フォント・フォントサイズの変更／形状の変更／移動

話題の講座がついに登場！
この機会にぜひチャレンジしてみませんか？

■センスアップ・フォトテクニック■ ← 文字の効果の設定

写真を始めたばかりの方や、カメラを買ったけど使いこなせない方のための講座です。
撮影会を開いたり、撮影した写真についてみんなでディスカッションしたり、気軽に楽しくテクニックを学びましょう！
講師：真田　由美
日時：4月7日～6月9日／毎週土曜日
　　　午後1時～午後3時（全10回）
料金：￥28,000（税込）

← 画像の挿入／文字列の折り返し／移動・サイズ変更／アート効果の設定／図のスタイルの適用／枠線の変更

■ワンポイント旅行英語■

世界の共通語である英語。旅行に行ったとき、「もう少し英語が話せたら…」と思ったことはありませんか？世界50か国を旅した外国人講師が、すぐに使えるトラベル英会話をご紹介します。
講師：ジョニー・ブライニット
日時：4月4日～6月27日／毎週水曜日
　　　午後7時～午後9時（全12回）
料金：￥45,000（税込）

くすだカルチャースクール
06-6150-XXXX

← ページ罫線の設定

Step2 ワードアートを挿入する

1 ワードアートの挿入

「ワードアート」を使うと、輪郭を付けたり立体的に見せたりした文字を簡単に挿入できます。

ワードアートを使って、1行目に「**新設講座のご案内**」というタイトルを挿入しましょう。
ワードアートのスタイルは「**塗りつぶし：青、アクセントカラー5；輪郭：白、背景色1；影（ぼかしなし）：青、アクセントカラー5**」にします。

File OPEN フォルダー「第3章」の文書「グラフィック機能を使ってみよう」を開いておきましょう。

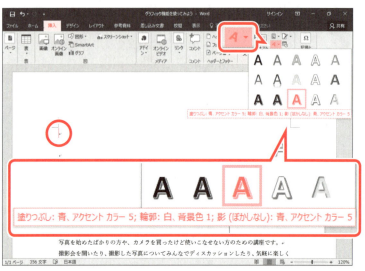

① 1行目にカーソルがあることを確認します。
② 《**挿入**》タブを選択します。
③ 《**テキスト**》グループの ![A] （ワードアートの挿入）をクリックします。
④ 《**塗りつぶし：青、アクセントカラー5；輪郭：白、背景色1；影（ぼかしなし）：青、アクセントカラー5**》をクリックします。

※お使いの環境によっては、表示名が異なる場合があります。

⑤ 「**ここに文字を入力**」が選択されていることを確認します。

ワードアートの右側に ![レイアウト] （レイアウトオプション）が表示され、リボンに《**描画ツール**》の《**書式**》タブが表示されます。

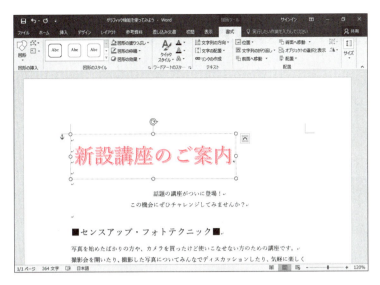

⑥**「新設講座のご案内」**と入力します。

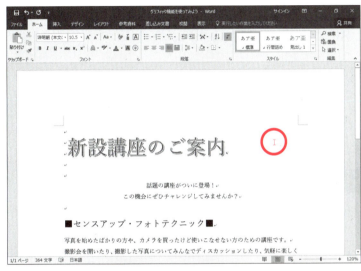

⑦ワードアート以外の場所をクリックします。
ワードアートの選択が解除され、ワードアートの文字が確定します。

> **POINT ▶▶▶**
>
> ### レイアウトオプション
> ワードアートを選択すると、ワードアートの右側に 🖼 (レイアウトオプション) が表示されます。
> 🖼 (レイアウトオプション) では、ワードアートの周囲にどのように文字を配置するかを設定できます。

> **POINT ▶▶▶**
>
> ### 《描画ツール》の《書式》タブ
> ワードアートが選択されているとき、リボンに《描画ツール》の《書式》タブが表示され、ワードアートの書式に関するコマンドが使用できる状態になります。

2 ワードアートのフォント・フォントサイズの設定

挿入したワードアートのフォントやフォントサイズは、文字と同様に変更することができます。
ワードアートに次の書式を設定しましょう。

```
フォント       ：HGP明朝B
フォントサイズ ：48ポイント
```

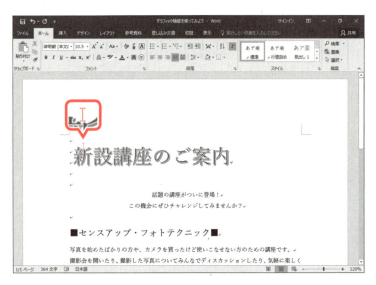

ワードアートを選択します。
①ワードアートの文字上をクリックします。

ワードアートが点線で囲まれ、○（ハンドル）が表示されます。

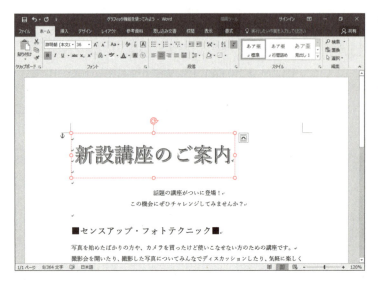

②点線上をクリックします。
ワードアートが選択されます。
ワードアートの周囲の枠線が、点線から実線に変わります。

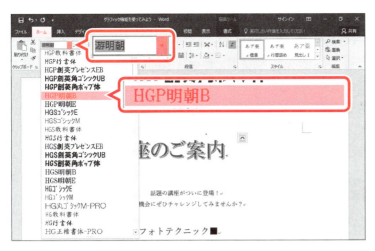

③《ホーム》タブを選択します。
④《フォント》グループの 游明朝(本文(▼ （フォント）の ▼ をクリックし、一覧から《HGP明朝B》を選択します。
※一覧のフォントをポイントすると、設定後の結果を確認できます。

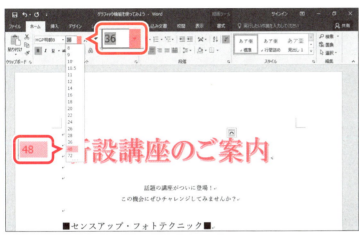

ワードアートのフォントが変更されます。
⑤《フォント》グループの 36 ▼ （フォントサイズ）の ▼ をクリックし、一覧から《48》を選択します。
※一覧のフォントサイズをポイントすると、設定後の結果を確認できます。

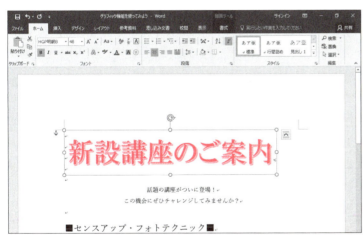

ワードアートのフォントサイズが変更されます。

 POINT ▶▶▶

ワードアートの枠線

ワードアート上をクリックすると、カーソルが表示され、ワードアートが点線（----------）で囲まれます。この状態のとき、文字を編集したり文字の一部の書式を設定したりできます。
ワードアートの枠線上をクリックすると、ワードアート全体が選択され、ワードアートが実線（―――）で囲まれます。この状態のとき、ワードアート内のすべての文字に書式を設定できます。

●ワードアート内にカーソルがある状態　　　●ワードアート全体が選択されている状態

3 ワードアートの形状の変更

ワードアートを挿入したあと、文字の色や輪郭、効果などを変更できます。
文字の色を変更するには ▲▼（文字の塗りつぶし）を使います。文字の輪郭の色や太さを変更するには Ａ▼（文字の輪郭）を使います。文字を回転させたり変形したりするには、Ａ▼（文字の効果）を使います。
ワードアートの形状を「波：下向き」に変更しましょう。

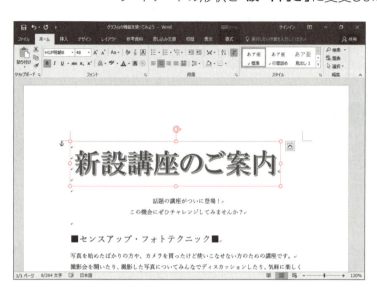

①ワードアートが選択されていることを確認します。

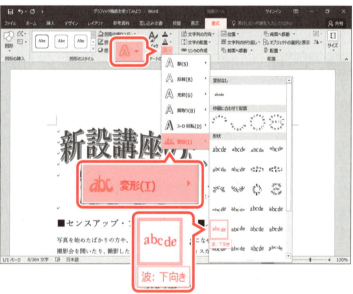

②《書式》タブを選択します。
③《ワードアートのスタイル》グループの Ａ▼（文字の効果）をクリックします。
④《変形》をポイントします。
⑤《形状》の《波：下向き》をクリックします。
※一覧の形状をポイントすると、変更後の結果を確認できます。
※お使いの環境によっては、表示名が異なる場合があります。

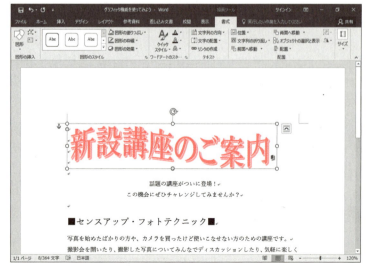

ワードアートの形状が変更されます。

4 ワードアートの移動

ワードアートを移動するには、ワードアートの周囲の枠線をドラッグします。

ワードアートを移動すると、本文と余白の境界や、本文の中央などに緑色の線が表示されることがあります。この線を**「配置ガイド」**といいます。ワードアートを本文の左右や中央にそろえて配置するときなどに目安として利用できます。

ワードアートを移動し、配置ガイドを使って本文の中央に配置しましょう。

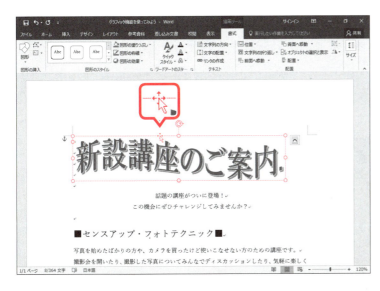

①ワードアートが選択されていることを確認します。
②ワードアートの枠線をポイントします。
マウスポインターの形が に変わります。

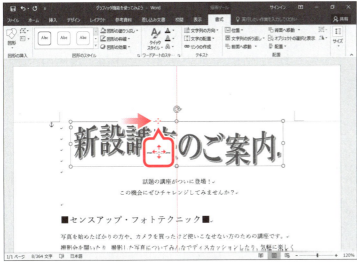

③図のように、右にドラッグします。
ドラッグ中、マウスポインターの形が に変わり、ドラッグしている位置によって配置ガイドが表示されます。
④本文の中央に配置ガイドが表示されている状態でドラッグを終了します。

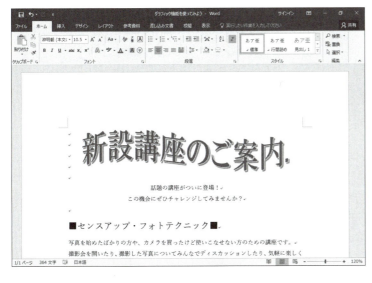

ワードアートが移動し、本文の中央に配置されます。
※選択を解除しておきましょう。

Step3 画像を挿入する

1 画像の挿入

「画像」とは、写真やイラストをデジタル化したデータのことです。デジタルカメラで撮影したりスキャナで取り込んだりした画像をWordの文書に挿入できます。Wordでは画像のことを「図」ともいいます。

写真には、文書にリアリティを持たせるという効果があります。また、イラストには、文書のアクセントになったり、文書全体の雰囲気を作ったりする効果があります。

「■センスアップ・フォトテクニック■」の下の行に、フォルダー「第3章」の画像「チョウ」を挿入しましょう。

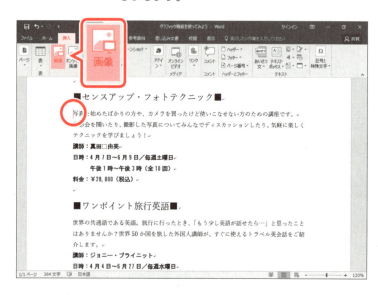

①「■センスアップ・フォトテクニック■」の下の行にカーソルを移動します。
②《挿入》タブを選択します。
③《図》グループの （ファイルから）をクリックします。

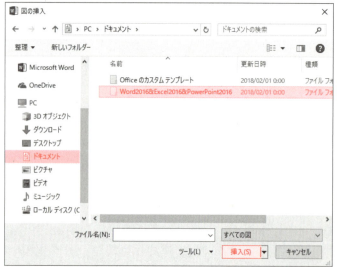

《図の挿入》ダイアログボックスが表示されます。

画像ファイルが保存されている場所を選択します。

④《PC》の《ドキュメント》をクリックします。
※《ドキュメント》が表示されていない場合は、《PC》をクリックします。
⑤一覧から「Word2016&Excel2016&PowerPoint2016」を選択します。
⑥《挿入》をクリックします。

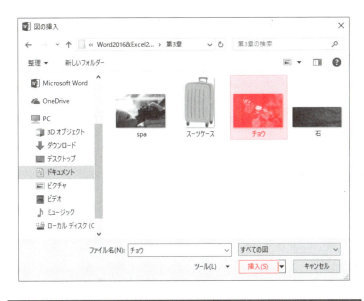

⑦一覧から**「第3章」**を選択します。
⑧《**挿入**》をクリックします。
挿入する画像ファイルを選択します。
⑨一覧から**「チョウ」**を選択します。
⑩《**挿入**》をクリックします。

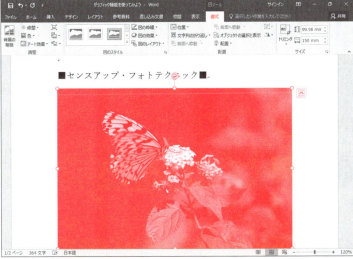

画像が挿入されます。
画像の右側に（レイアウトオプション）が表示され、リボンに《**図ツール**》の《**書式**》タブが表示されます。
⑪画像の周囲に〇（ハンドル）が表示され、画像が選択されていることを確認します。

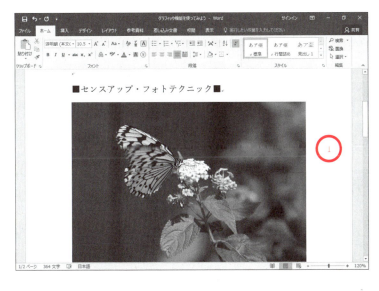

⑫画像以外の場所をクリックします。
画像の選択が解除されます。

> **POINT ▶▶▶**
>
> ### 《図ツール》の《書式》タブ
> 画像が選択されているとき、リボンに《図ツール》の《書式》タブが表示され、画像の書式に関するコマンドが使用できる状態になります。

2 文字列の折り返し

画像を挿入した直後は、画像を自由な位置に移動できません。画像を自由な位置に移動するには、**「文字列の折り返し」**を設定します。

初期の設定では、文字列の折り返しは**「行内」**になっています。画像の周囲に沿って本文を周り込ませるには、文字列の折り返しを**「四角形」**に設定します。

文字列の折り返しを**「四角形」**に設定しましょう。

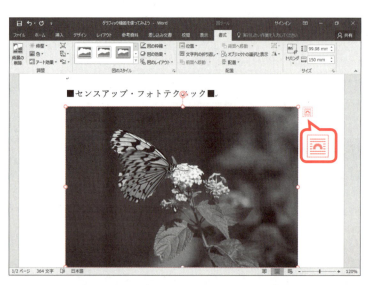

①画像をクリックします。
画像が選択されます。
※画像の周囲に○（ハンドル）が表示されます。
②　（レイアウトオプション）をクリックします。

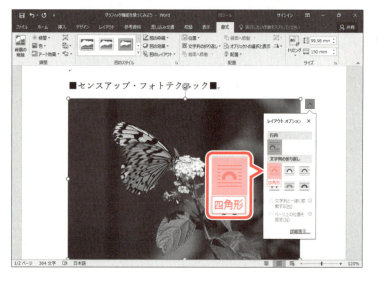

《レイアウトオプション》が表示されます。
③《**文字列の折り返し**》の　（四角形）をクリックします。

④《**レイアウトオプション**》の　（閉じる）をクリックします。

《レイアウトオプション》が閉じられます。
文字列の折り返しが四角形に変更されます。

 その他の方法（文字列の折り返し）

◆画像を選択→《書式》タブ→《配置》グループの 文字列の折り返し（文字列の折り返し）

 文字列の折り返し

文字列の折り返しには、次のようなものがあります。

●行内

文字と同じ扱いで画像が挿入されます。
1行の中に文字と画像が配置されます。

●四角形　　　　　　●狭く　　　　　　●内部

文字が画像の周囲に周り込んで配置されます。

●上下

文字が行単位で画像を避けて配置されます。

●背面　　　　　　●前面

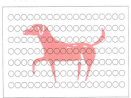　

文字と画像が重なって配置されます。

3 画像のサイズ変更と移動

画像を挿入したあと、文書に合わせて画像のサイズを変更したり、移動したりできます。
画像をサイズ変更したり、移動したりするときにも、配置ガイドが表示されます。配置ガイドに合わせてサイズ変更したり、移動したりすると、すばやく目的の位置に配置できます。

1 画像のサイズ変更

画像のサイズを変更するには、画像を選択し、周囲に表示される○（ハンドル）をドラッグします。
画像のサイズを縮小しましょう。

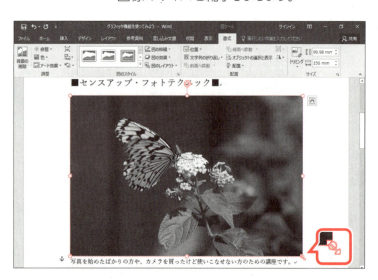

①画像が選択されていることを確認します。
②右下の○（ハンドル）をポイントします。
マウスポインターの形が に変わります。

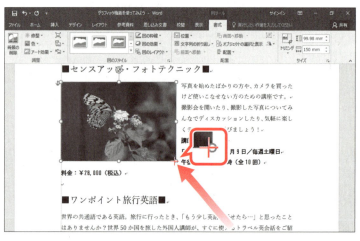

③図のように、左上にドラッグします。
ドラッグ中、マウスポインターの形が＋に変わります。
※画像のサイズ変更に合わせて、文字が周り込みます。

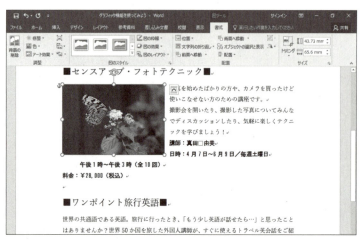

画像のサイズが変更されます。

2 画像の移動

文字列の折り返しを「**行内**」から「**四角形**」に変更すると、画像を自由な位置に移動できるようになります。画像を移動するには、画像をドラッグします。
画像を移動し、配置ガイドを使って本文の右側に配置しましょう。

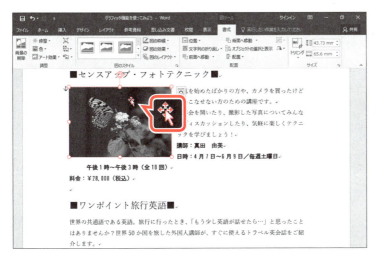

①画像が選択されていることを確認します。
②画像をポイントします。
マウスポインターの形が に変わります。

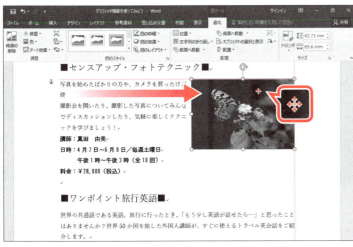

③図のように、移動先までドラッグします。
ドラッグ中、マウスポインターの形が に変わり、ドラッグしている位置によって配置ガイドが表示されます。
※画像の移動に合わせて、文字が周り込みます。
④本文の右側に配置ガイドが表示されている状態でドラッグを終了します。

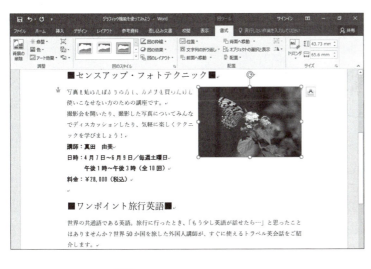

画像が移動し、本文の右側に配置されます。

POINT ▶▶▶

ライブレイアウト

「ライブレイアウト」とは、画像などの動きに合わせて、文字がどのように周り込んで表示されるかを確認できる機能です。文字の周り込みをリアルタイムで確認しながらサイズ変更したり、移動したりできます。

4 アート効果の設定

「アート効果」を使うと、画像に「**スケッチ**」「**線画**」「**マーカー**」などの特殊効果を加えることができます。
画像にアート効果「**ペイント：描線**」を設定しましょう。

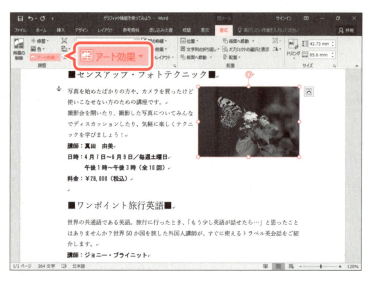

①画像が選択されていることを確認します。
②《**書式**》タブを選択します。
③《**調整**》グループの アート効果▼ （アート効果）をクリックします。

④《**ペイント：描線**》をクリックします。
※一覧のアート効果をポイントすると、設定後の結果を確認できます。

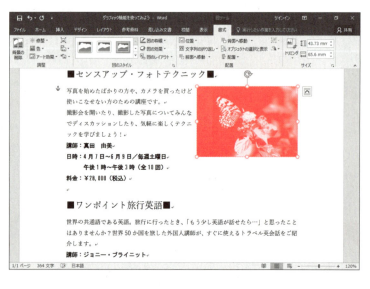

画像にアート効果が設定されます。

> **POINT ▶▶▶**
>
> ### 画像の明るさやコントラストの調整
> 画像の明るさやコントラストなどを調整できます。
> ◆画像を選択→《書式》タブ→《調整》グループの ※修整▼ (修整)→一覧から選択

> **POINT ▶▶▶**
>
> ### 画像の色の変更
> 画像の彩度やトーン、色味を変更できます。
> ◆画像を選択→《書式》タブ→《調整》グループの 色▼ (色)→一覧から選択

STEP UP 図のリセット

「図のリセット」を使うと、画像の枠線や効果などの設定を解除し、挿入した直後の状態に戻すことができます。
図をリセットする方法は、次のとおりです。
◆画像を選択→《書式》タブ→《調整》グループの (図のリセット)

5 図のスタイルの適用

「図のスタイル」は、画像の枠線や効果などをまとめて設定した書式の組み合わせのことです。あらかじめ用意されている一覧から選択するだけで、簡単に画像の見栄えを整えることができます。影や光彩を付けて立体的に表示したり、画像にフレームを付けて装飾したりできます。
画像にスタイル「**回転、白**」を適用しましょう。

①画像が選択されていることを確認します。
②《**書式**》タブを選択します。
③《**図のスタイル**》グループの ▼ (その他)をクリックします。

④《**回転、白**》をクリックします。
※一覧のスタイルをポイントすると、適用結果を確認できます。

図のスタイルが適用されます。

6 画像の枠線の変更

画像に付けた枠線の色や太さを変更するには、図の枠線▼（図の枠線）を使います。影やぼかしなどの効果を変更するには、図の効果▼（図の効果）を使います。
画像の枠線の太さを「**4.5pt**」に変更しましょう。

①画像が選択されていることを確認します。

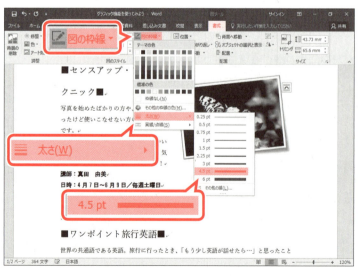

②《**書式**》タブを選択します。
③《**図のスタイル**》グループの 図の枠線▼（図の枠線）をクリックします。
④《**太さ**》をポイントします。
⑤《**4.5pt**》をクリックします。
※一覧の太さをポイントすると、変更後の結果を確認できます。

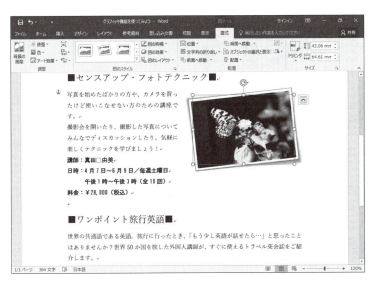

枠線の太さが変更されます。
※図のように、画像のサイズと位置を調整しておきましょう。
※選択を解除しておきましょう。

Let's Try ためしてみよう

次のように画像を挿入しましょう。

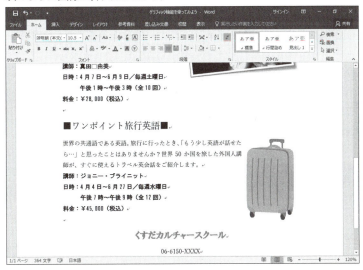

①「■ワンポイント旅行英語■」の下の行に、フォルダー「第3章」の画像「スーツケース」を挿入しましょう。
②図を参考に、画像のサイズを調整しましょう。
③文字列の折り返しを「四角形」に設定しましょう。
④画像を移動し、配置ガイドを使って本文の右側に配置しましょう。

Let's Try Answer

①
①「■ワンポイント旅行英語■」の下の行にカーソルを移動
②《挿入》タブを選択
③《図》グループの (ファイルから)をクリック
④《PC》の《ドキュメント》をクリック
⑤一覧から《Word2016&Excel2016&PowerPoint2016》を選択
⑥《挿入》をクリック
⑦一覧から「第3章」を選択
⑧《挿入》をクリック
⑨一覧から「スーツケース」を選択
⑩《挿入》をクリック

②
①画像を選択
②画像の右下の○（ハンドル）をドラッグし、サイズを調整

③
①画像を選択
② (レイアウトオプション)をクリック
③《文字列の折り返し》の (四角形)をクリック
④《レイアウトオプション》の (閉じる)をクリック

④
①画像を移動先までドラッグ

Step4 文字の効果を設定する

1 文字の効果の設定

文書中に入力している通常の文字に影、光彩、反射などの視覚効果を設定して、強調できます。

「■センスアップ・フォトテクニック■」「■ワンポイント旅行英語■」の2か所に文字の効果を「塗りつぶし：青、アクセントカラー1；影」にまとめて設定しましょう。

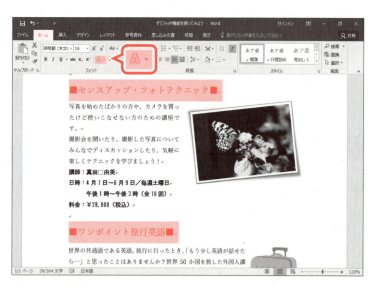

① 「■センスアップ・フォトテクニック■」の行を選択します。
② Ctrl を押しながら、「■ワンポイント旅行英語■」の行を選択します。
③《ホーム》タブを選択します。
④《フォント》グループの A▼（文字の効果と体裁）をクリックします。

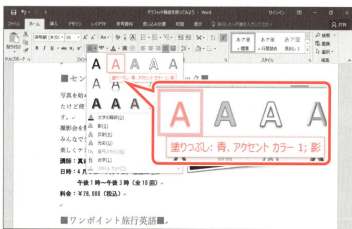

⑤《塗りつぶし：青、アクセントカラー1；影》をクリックします。
※一覧の効果をポイントすると、設定後の結果を確認できます。
※お使いの環境によっては、表示名が異なる場合があります。

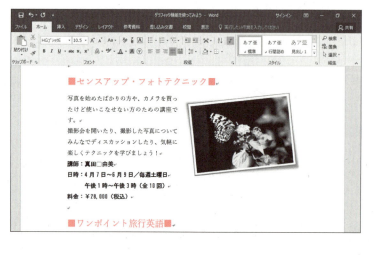

文字の効果が設定されます。
※選択を解除しておきましょう。

Step5 ページ罫線を設定する

1 ページ罫線の設定

「**ページ罫線**」を使うと、用紙の周囲に罫線を引いて、ページ全体を飾ることができます。
ページ罫線には、線の種類や絵柄が豊富に用意されています。
次のようなページ罫線を設定しましょう。

```
絵柄     ：■■■■■
色       ：濃い赤
線の太さ ：15pt
```

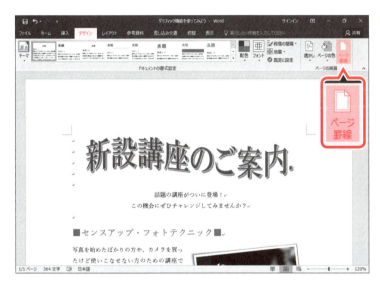

①《**デザイン**》タブを選択します。
②《**ページの背景**》グループの（罫線と網掛け）をクリックします。

《**線種とページ罫線と網かけの設定**》ダイアログボックスが表示されます。
③《**ページ罫線**》タブを選択します。
④左側の《**種類**》の《**囲む**》をクリックします。
⑤《**絵柄**》の をクリックし、一覧から《■■■■■》を選択します。

⑥《色》の ▼ をクリックし、一覧から《標準の色》の《濃い赤》を選択します。
⑦《線の太さ》を「15pt」に設定します。
⑧設定した内容を《プレビュー》で確認します。
⑨《OK》をクリックします。

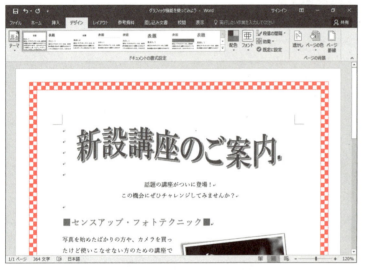

ページ罫線が設定されます。
※文書に「グラフィック機能を使ってみよう完成」と名前を付けて、フォルダー「第3章」に保存し、閉じておきましょう。

ページ罫線の解除

ページ罫線を解除する方法は、次のとおりです。
◆《デザイン》タブ→《ページの背景》グループの （罫線と網掛け）→《ページ罫線》タブ→左側の《種類》の《罫線なし》

POINT ▶▶▶

テーマの適用

「テーマ」とは、文書全体の配色やフォント、段落や行間の間隔などを組み合わせて登録したものです。テーマを適用すると、文書全体のデザインが一括して変更され、統一感のある文書を作成できます。
テーマを適用する方法は、次のとおりです。
◆《デザイン》タブ→《ドキュメントの書式設定》グループの （テーマ）

練習問題

解答 ▶ 別冊P.2

完成図のような文書を作成しましょう。

File OPEN フォルダー「第3章」の文書「第3章練習問題」を開いておきましょう。

●完成図

ストーン・スパ「エフオーエム」がついにOPEN！

◆◇◆◇◆◇◆◇ MENU ◆◇◆◇◆◇◆◇◆◇◆◇◆◇

■岩盤浴

ハワイ島・キラウェア火山の溶岩石をぜいたくに使用した岩盤浴です。遠赤外線とマイナスイオン効果により芯から身体を温めて代謝を活発にします。

1時間 ¥4,000-（税込）

■アロマトリートメント

カウンセリングをもとに、ひとりひとりの体質に合わせて調合したオリジナルのアロマオイルで、全身を丁寧にトリートメントします。

1時間 ¥8,000-（税込）

■岩盤浴セットコース

岩盤浴で多量の汗と一緒に体内の老廃物や毒素を排出したあと、肩と背中を重点的にトリートメントします。

1時間30分 ¥10,000-（税込）

Stone Spa FOM

営　業　時　間：午前11時～午後11時（最終受付午後9時）
住　　　　　所：東京都新宿区神楽坂3-X-X
電　話　番　号：0120-XXX-XXX
メールアドレス：customer@XX.XX

①ワードアートを使って、1行目に「Stone Spa FOM」というタイトルを挿入しましょう。ワードアートのスタイルは**「塗りつぶし（グラデーション）：ゴールド、アクセントカラー4；輪郭：ゴールド、アクセントカラー4」**にします。指定のスタイルがない場合は、任意のスタイルにします。

②ワードアートのフォントサイズを「**72**」ポイントに変更しましょう。

③完成図を参考に、ワードアートの位置とサイズを変更しましょう。

④1行目にフォルダー「**第3章**」の画像「**石**」を挿入しましょう。

⑤画像の文字列の折り返しを「**背面**」に設定しましょう。

⑥完成図を参考に、画像の位置とサイズを変更しましょう。

⑦「■岩盤浴」と「■アロマトリートメント」と「■岩盤浴セットコース」の文字の効果を「**塗りつぶし：オレンジ、アクセントカラー2；輪郭：オレンジ、アクセントカラー2**」に設定しましょう。指定の文字の効果がない場合は、任意の文字の効果を設定します。

⑧「■岩盤浴」の下の行にフォルダー「**第3章**」の画像「**spa**」を挿入しましょう。

⑨⑧で挿入した画像の文字列の折り返しを「**四角形**」に設定しましょう。

⑩⑧で挿入した画像にスタイル「**対角を丸めた四角形、白**」を適用しましょう。「**対角を丸めた四角形、白**」がない場合は、任意のスタイルを適用します。

⑪⑧で挿入した画像の枠線の太さを「**3pt**」に変更しましょう。

⑫完成図を参考に、⑧で挿入した画像のサイズと位置を変更しましょう。

※文書に「第3章練習問題完成」と名前を付けて、フォルダー「第3章」に保存し、閉じておきましょう。

第4章 Chapter 4

Word 2016 表のある文書を作成しよう

Check	この章で学ぶこと	79
Step1	作成する文書を確認する	80
Step2	表を作成する	81
Step3	表のレイアウトを変更する	83
Step4	表に書式を設定する	90
Step5	段落罫線を設定する	96
練習問題		98

Chapter 4

この章で学ぶこと

学習前に習得すべきポイントを理解しておき、
学習後には確実に習得できたかどうかを振り返りましょう。

1	表を作成できる。	☑☑☑ → P.81
2	表内に文字を入力できる。	☑☑☑ → P.82
3	表に行を挿入できる。	☑☑☑ → P.83
4	表全体のサイズを変更できる。	☑☑☑ → P.84
5	表の列幅を変更できる。	☑☑☑ → P.86
6	列内の最長データに合わせて列幅を変更できる。	☑☑☑ → P.87
7	隣り合った複数のセルをひとつのセルに結合できる。	☑☑☑ → P.88
8	セル内の文字の配置を変更できる。	☑☑☑ → P.90
9	表の配置を変更できる。	☑☑☑ → P.92
10	セルに色を塗って強調できる。	☑☑☑ → P.93
11	罫線の種類と太さを変更できる。	☑☑☑ → P.94
12	段落罫線を設定し、文書内に区切り線を入れることができる。	☑☑☑ → P.96

Step 1 作成する文書を確認する

1 作成する文書の確認

次のような文書を作成しましょう。

No.ABC-001
平成 30 年 4 月 6 日

　　　　様

人事部教育課長

　　　　　　　中堅社員スキルアップ研修のお知らせ

入社 12～15 年目の社員を対象に、下記のとおりスキルアップ研修を実施します。この研修では、中堅社員の立場と役割を再確認し、今後の業務をより円滑に遂行するためのスキルを習得します。
つきましては、出欠確認票に必要事項を記入し、4 月 19 日（木）までに担当者までご回答ください。

　　　　　　　　　　　　　　　記

　　　　　開 催 日：平成 30 年 4 月 27 日（金）
　　　　　開催時間：午前 9 時～午後 5 時
　　　　　場　　所：本社　大会議室

以上

担当：金井
内線：4377-XXXX
FAX：4377-XXXX

──────────────────────── ● 段落罫線の設定

人事部教育課　金井行き

　　　　　　　　　　　出欠確認票

申込者	部署	
	氏名	
	社員 ID	
	内線番号	
出欠	出席　　欠席　　（どちらかに○印を付けてください）	
欠席理由		

→ 表の作成
　 表のサイズ変更
　 セル内の配置の変更
　 表の配置の変更
　 罫線の種類と太さの変更

列幅の変更
セルの塗りつぶしの設定

セルの結合　　　　　　　　　　　　　　　行の挿入

Step2 表を作成する

1 表の作成

表は罫線で囲まれた「**行**」と「**列**」で構成されます。また、罫線で囲まれたひとつのマス目を「**セル**」といいます。

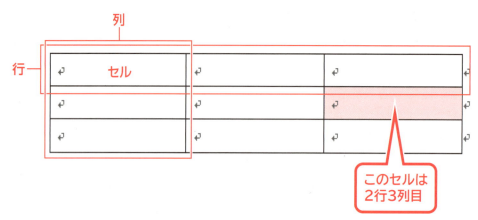

文末に5行3列の表を作成しましょう。

File OPEN フォルダー「第4章」の文書「表のある文書を作成しよう」を開いておきましょう。

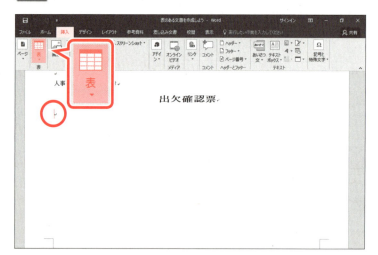

文末にカーソルを移動します。
① **Ctrl** + **End** を押します。
② 《**挿入**》タブを選択します。
③ 《**表**》グループの ■ (表の追加) をクリックします。

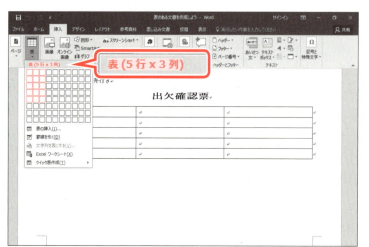

マス目が表示されます。
行数（5行）と列数（3列）を指定します。
④ 下に5マス分、右に3マス分の位置をポイントします。
⑤ 表のマス目の上に「**表（5行×3列）**」と表示されていることを確認し、クリックします。

表が作成されます。
リボンに《表ツール》の《デザイン》タブと《レイアウト》タブが表示されます。

その他の方法（表の作成）

- ◆《挿入》タブ→《表》グループの ▦ （表の追加）→《表の挿入》→列数と行数を指定
- ◆《挿入》タブ→《表》グループの ▦ （表の追加）→《罫線を引く》
- ◆《挿入》タブ→《表》グループの ▦ （表の追加）→《クイック表作成》

POINT ▶▶▶

《表ツール》の《デザイン》タブと《レイアウト》タブ

表内にカーソルがあるとき、リボンに《表ツール》の《デザイン》タブと《レイアウト》タブが表示され、表に関するコマンドが使用できる状態になります。

2 文字の入力

作成した表に文字を入力しましょう。

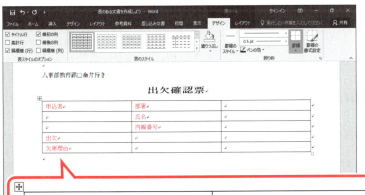

①図のように、文字を入力します。

※文字を入力・確定後 Enter を押すと、改行されてセルが縦方向に広がるので注意しましょう。改行してしまった場合は、BackSpace を押します。

申込者	部署		
	氏名		
	内線番号		
出欠			
欠席理由			

Step3 表のレイアウトを変更する

1 行の挿入

作成した表に、行や列を挿入して、表のレイアウトを変更することができます。
「**氏名**」の下に1行挿入し、挿入した行の2列目に「**社員ID**」と入力しましょう。

①表内をポイントします。
※表内であればどこでもかまいません。
②2行目と3行目の境界線の左側をポイントします。
境界線の左側に ⊕ が表示され、行と行の間が二重線になります。
③ ⊕ をクリックします。

行が挿入されます。
④挿入した行の2列目に「**社員ID**」と入力します。

その他の方法（行の挿入）

◆挿入する行にカーソルを移動→《表ツール》の《レイアウト》タブ→《行と列》グループの （上に行を挿入）または （下に行を挿入）
◆挿入する行のセルを右クリック→《挿入》→《上に行を挿入》または《下に行を挿入》
◆挿入する行を選択→ミニツールバーの （表の挿入）→《上に行を挿入》または《下に行を挿入》

POINT ▶▶▶

表の一番上に行を挿入する場合

1行目より上に行を挿入するには、《表ツール》の《レイアウト》タブ→《行と列》グループの （上に行を挿入）を使って挿入します。

列の挿入

列を挿入する方法は、次のとおりです。
- ◆挿入する列にカーソルを移動→《表ツール》の《レイアウト》タブ→《行と列》グループの （左に列を挿入）または（右に列を挿入）
- ◆挿入する列のセルを右クリック→《挿入》→《左に列を挿入》または《右に列を挿入》
- ◆挿入する列の間の罫線の上側をポイント→ ⊕ をクリック

行・列・表全体の削除

行・列・表全体を削除する方法は、次のとおりです。
- ◆削除する行・列・表全体を選択→

> **POINT ▶▶▶**
>
> #### 表の各部の選択
>
> 表の各部を選択する方法は、次のとおりです。
>
> | 選択対象 | 操作方法 |
> |---|---|
> | 表全体 | 表をポイントし、表の左上の ⊕（表の移動ハンドル）をクリック |
> | 行 | マウスポインターの形が ⊿ の状態で、行の左側をクリック |
> | 隣接する複数の行 | マウスポインターの形が ⊿ の状態で、行の左端をドラッグ |
> | 列 | マウスポインターの形が ↓ の状態で、列の上側をクリック |
> | 隣接する複数の列 | マウスポインターの形が ↓ の状態で、列の上側をドラッグ |
> | セル | マウスポインターの形が ⊿ の状態で、セル内の左端をクリック |
> | 隣接する複数のセル範囲 | 開始セルから終了セルまでをドラッグ |

2　表のサイズ変更

表全体のサイズを変更するには、□（表のサイズ変更ハンドル）をドラッグします。
□（表のサイズ変更ハンドル）は、表内をポイントすると表の右下に表示されます。
表のサイズを変更しましょう。

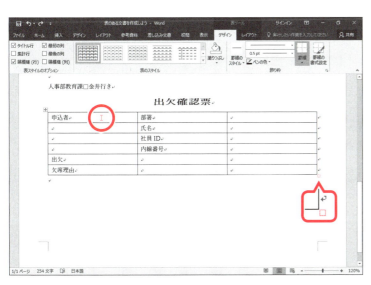

①表内をポイントします。
※表内であれば、どこでもかまいません。

表の右下に□（表のサイズ変更ハンドル）が表示されます。

②□（表のサイズ変更ハンドル）をポイントします。
マウスポインターの形が↖に変わります。

③図のようにドラッグします。
ドラッグ中、マウスポインターの形が＋に変わり、マウスポインターの動きに合わせてサイズが表示されます。

表のサイズが変更されます。

3 列幅の変更

列と列の間の罫線をドラッグしたりダブルクリックしたりして、列幅を変更できます。

1 ドラッグ操作による列幅の変更

列の罫線をドラッグすると、列幅を自由に変更できます。
1列目の列幅を変更しましょう。

①1列目と2列目の間の罫線をポイントします。
マウスポインターの形が ＋||＋ に変わります。

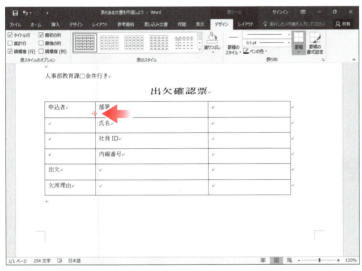

②図のようにドラッグします。
ドラッグ中、マウスポインターの動きに合わせて点線が表示されます。

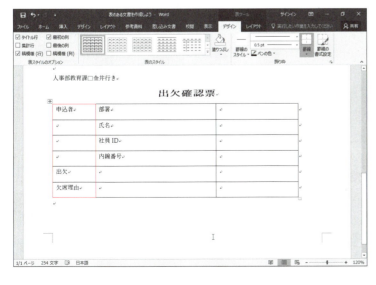

列幅が変更されます。
※表全体の幅は変わりません。

数値で列幅を指定
数値を指定して列幅を正確に変更する方法は、次のとおりです。
◆列内にカーソルを移動→《表ツール》の《レイアウト》タブ→《セルのサイズ》グループの (列の幅の設定)を設定

行の高さの変更
行の高さを変更する方法は、次のとおりです。
◆変更する行の下側の罫線をポイント→マウスポインターの形が に変わったらドラッグ

2 ダブルクリック操作による列幅の変更

各列の右側の罫線をダブルクリックすると、列内で最長のデータに合わせて列幅を自動的に変更できます。
2列目の列幅を変更しましょう。

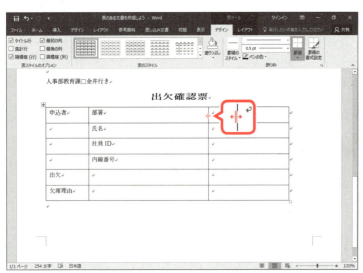

①2列目の右側の罫線をポイントします。
マウスポインターの形が に変わります。
②ダブルクリックします。

列内の最長のデータに合わせて列幅が変更されます。
※表全体の幅も調整されます。

表全体の列幅の変更
表全体を選択した状態で任意の列の罫線をダブルクリックすると、各列の最長のデータに合わせて、表内のすべての列幅を一括して変更できます。
※データの入力されている列だけが変更されます。

4 セルの結合

セルの結合を行うと、隣り合った複数のセルをひとつに結合できます。

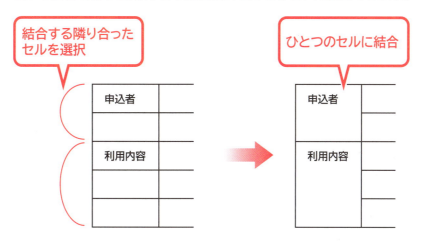

1~4行1列目、5行2~3列目、6行2~3列目を結合して、ひとつのセルにしましょう。

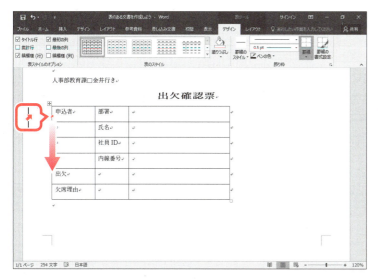

結合するセルを選択します。
①図のように、「**申込者**」のセル内の左端をポイントします。
マウスポインターの形が に変わります。
②4行1列目のセルまでドラッグします。

1~4行1列目のセルが選択されます。
③《**表ツール**》の《**レイアウト**》タブを選択します。
④《**結合**》グループの セルの結合 （セルの結合）をクリックします。

セルが結合されます。
⑤5行2～3列目のセルを選択します。
⑥F4を押します。
⑦6行2～3列目のセルを選択します。
⑧F4を押します。
※選択を解除しておきましょう。

その他の方法（セルの結合）

◆結合するセルを選択し、右クリック→《セルの結合》

セルの分割

（セルの分割）を使うと、ひとつまたは隣り合った複数のセルを指定した行数・列数に分割できます。

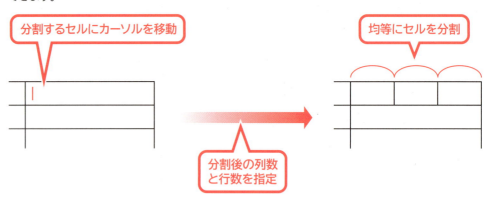

Let's Try ためしてみよう

5行2列目のセルに「出席□□欠席□□（どちらかに○印を付けてください）」と入力し、データに合わせた列幅に変更しましょう。
※□は全角空白を表します。

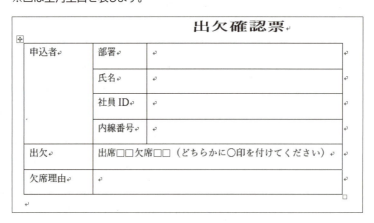

Let's Try Answer

①5行2列目のセルにカーソルを移動
②文字を入力
③3列目の右側の罫線をポイント
④マウスポインターの形が ←||→ に変わったら、ダブルクリック

Step 4 表に書式を設定する

1 セル内の配置の設定

セル内の文字は、水平方向の位置や垂直方向の位置を調整できます。
《レイアウト》タブの《配置》グループの各ボタンを使って設定します。

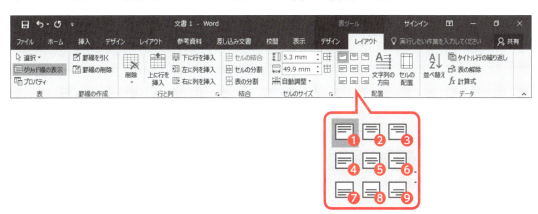

文字の配置は次のようになります。

❶両端揃え(上)

氏名

❷上揃え(中央)

氏名

❸上揃え(右)

氏名

❹両端揃え(中央)

氏名

❺中央揃え

氏名

❻中央揃え(右)

氏名

❼両端揃え(下)

氏名

❽下揃え(中央)

氏名

❾下揃え(右)

氏名

セル内の文字を中央揃えにしましょう。

①表内をポイントし、⊕（表の移動ハンドル）をクリックします。

表全体が選択されます。
②《表ツール》の《レイアウト》タブを選択します。
③《配置》グループの ≡ （中央揃え）をクリックします。

セル内の文字が中央揃えで配置されます。
※選択を解除しておきましょう。

POINT ▶▶▶

セルの均等割り付け

均等割り付けを使うと、セルの幅に合わせて文字が均等に配置されます。
均等割り付けを設定する方法は、次のとおりです。

◆セルを選択→《ホーム》タブ→《段落》グループの ▤ （均等割り付け）

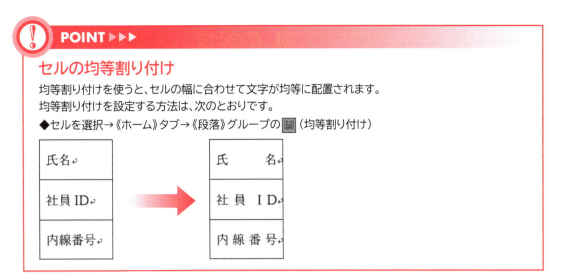

2 表の配置の変更

セル内の文字の配置を変更するには、《表ツール》の《レイアウト》タブの《配置》グループから操作しますが、表全体の配置を変更するには、《ホーム》タブの《段落》グループから操作します。
表を行の中央に配置しましょう。

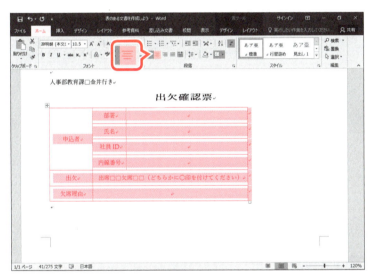

①表全体を選択します。
②《ホーム》タブを選択します。
③《段落》グループの ▤ （中央揃え）をクリックします。

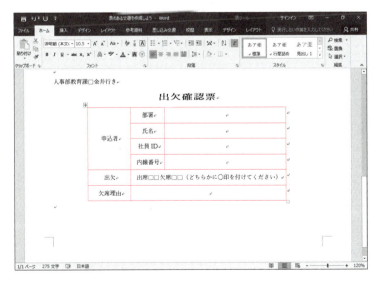

表全体が中央揃えで配置されます。
※選択を解除しておきましょう。

その他の方法（表の配置の変更）

◆表内にカーソルを移動→《表ツール》の《レイアウト》タブ→《表》グループの （表のプロパティ）→《表》タブ→《配置》の《中央揃え》

3 セルの塗りつぶしの設定

表内のセルに色を塗って強調できます。
1列目に「**緑、アクセント6、白+基本色40%**」、1～4行2列目に「**緑、アクセント6、白+基本色80%**」の塗りつぶしを設定しましょう。

①1列目を選択します。
※列の上側をクリックします。
②《表ツール》の《デザイン》タブを選択します。
③《表のスタイル》グループの (塗りつぶし)の をクリックします。
④《テーマの色》の《**緑、アクセント6、白+基本色40%**》をクリックします。
※一覧の色をポイントすると、設定後の結果を確認できます。

⑤1～4行2列目のセルを選択します。
⑥《表のスタイル》グループの (塗りつぶし)の をクリックします。
⑦《テーマの色》の《**緑、アクセント6、白+基本色80%**》をクリックします。
※一覧の色をポイントすると、設定後の結果を確認できます。

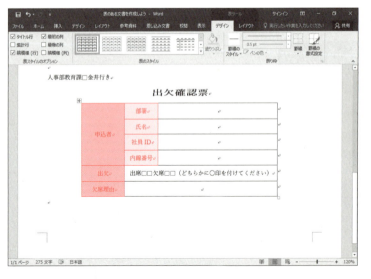

塗りつぶしが設定されます。
※選択を解除しておきましょう。

セルの塗りつぶしの解除

STEP UP セルの塗りつぶしを解除するには、セルを選択し、 (塗りつぶし)の をクリックして一覧から《色なし》を選択します。

4 罫線の種類と太さの変更

罫線の種類と太さはあとから変更できます。
表の外枠を「━━━━━━━━━」に、太さを「1.5pt」に変更しましょう。

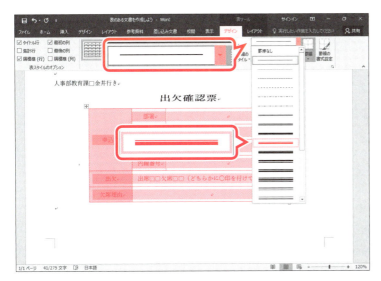

①表全体を選択します。
罫線の種類を選択します。
②《表ツール》の《デザイン》タブを選択します。
③《飾り枠》グループの ━━━━━━ （ペンのスタイル）の ▼ をクリックします。
④《━━━━━━━━━》をクリックします。

罫線の太さを選択します。
⑤《飾り枠》グループの 3pt ━━━ （ペンの太さ）の ▼ をクリックします。
⑥《1.5pt》をクリックします。

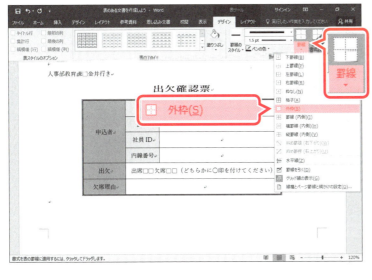

罫線を変更する場所を選択します。
⑦《飾り枠》グループの （罫線）の 罫線 をクリックします。
⑧《外枠》をクリックします。
※一覧の場所をポイントすると、変更後の結果を確認できます。
※ボタンの形状が直前に選択した （罫線）に変わります。

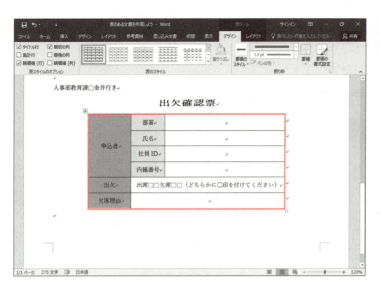

表の外枠の種類と太さが変更されます。
※選択を解除しておきましょう。

 表のスタイル

「表のスタイル」とは、罫線や塗りつぶしの色など表全体の書式を組み合わせたものです。たくさんの種類が用意されており、一覧から選択するだけで簡単に表の見栄えを整えることができます。表のスタイルを設定する方法は、次のとおりです。

◆表内にカーソルを移動→《表ツール》の《デザイン》タブ→《表のスタイル》グループの ▼ （その他）
　→一覧から選択

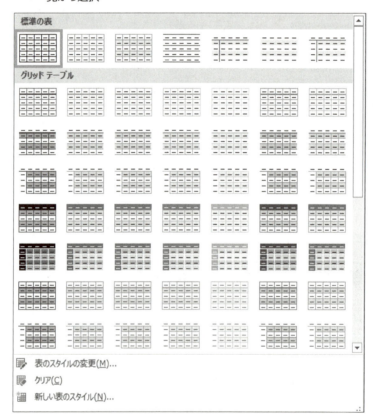

Step5 段落罫線を設定する

1 段落罫線の設定

罫線を使うと、表だけでなく、水平方向の直線などを引くこともできます。
水平方向の直線は、段落に対して引くので**「段落罫線」**といいます。
「人事部教育課　金井行き」の上の行に段落罫線を引きましょう。

①「**人事部教育課　金井行き**」の上の行を選択します。
段落記号が選択されます。

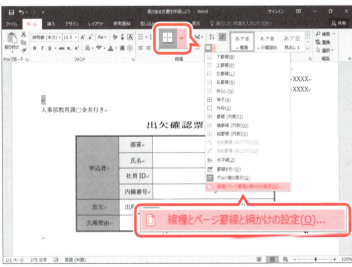

②《**ホーム**》タブを選択します。
③《**段落**》グループの ▦▾ （罫線）の ▾ をクリックします。
④《**線種とページ罫線と網かけの設定**》をクリックします。

《線種とページ罫線と網かけの設定》ダイアログボックスが表示されます。

⑤《罫線》タブを選択します。
⑥《設定対象》が《段落》になっていることを確認します。
⑦左側の《種類》の《指定》をクリックします。
⑧中央の《種類》の《------------------》をクリックします。
⑨《プレビュー》の ▭ をクリックします。
※ ▭ がオン（色が付いている状態）になり、《プレビュー》の絵の下側に罫線が表示されます。
⑩《OK》をクリックします。

段落罫線が引かれます。
※選択を解除しておきましょう。
※文書に「表のある文書を作成しよう完成」と名前を付けて、フォルダー「第4章」に保存し、閉じておきましょう。

水平線の挿入

「水平線」を使うと、グレーの実線を挿入できます。文書の区切り位置をすばやく挿入したいときに使うと便利です。
水平線を挿入する方法は、次のとおりです。

◆挿入位置にカーソルを移動→《ホーム》タブ→《段落》グループの ▭ ▾（罫線）の ▾ →《水平線》

Exercise 練習問題

解答 ▶ 別冊P.3

完成図のような文書を作成しましょう。

 フォルダー「第4章」の文書「第4章練習問題」を開いておきましょう。

●完成図

平成30年1月10日

従業員およびご家族の皆様へ

FOMファクトリー
総務部長

優待セールのお知らせ

　毎年恒例の「冬のファミリーセール」を下記のとおり開催いたします。今年は、従来のレディース&メンズアイテムに加え、子供向けのアイテムも充実しており、皆様にご満足いただけるものと確信しております。
　なお、入場には招待状が必要となります。招待状を希望される方は申込書に必要事項を記入の上、担当までFAXでお申し込みください。

記

開催日	平成30年1月27日（土）・28日（日）
開催時間	午前10時～午後6時
開催場所	竹芝国際展示場　西館1F

以上

担当：総務部　中西・小川
TEL：03-3355-XXXX
FAX：03-3366-XXXX

招待状申込書

氏名	
電話番号	
住所	
必要枚数	来場予定日

①文末に3行4列の表を作成しましょう。

②次のようにデータを入力しましょう。

氏名			
住所			
必要枚数		来場予定日	

③「**住所**」の下に1行挿入し、挿入した行の1列目に「**電話番号**」と入力しましょう。

④表全体の列幅を、データに合わせた列幅に変更しましょう。

⑤1行2～4列目、2行2～4列目、3行2～4列目のセルをそれぞれ結合しましょう。

⑥セル内の文字を中央揃えにしましょう。

⑦表を行の中央に配置しましょう。

⑧表のすべての項目を太字にし、「**オレンジ**」の塗りつぶしを設定しましょう。

⑨表の外枠を「═══════」に、太さを「**1.5pt**」に変更しましょう。

⑩完成図を参考に、「**FAX：03-3366-XXXX**」の下の行に段落罫線を引きましょう。

※文書に「第4章練習問題完成」と名前を付けて、フォルダー「第4章」に保存し、閉じておきましょう。
※Wordを終了しておきましょう。

第5章 Chapter 5

Excel 2016 さあ、はじめよう

Check	この章で学ぶこと	101
Step1	Excelの概要	102
Step2	Excelを起動する	104
Step3	Excelの画面構成	109

Chapter 5

この章で学ぶこと

学習前に習得すべきポイントを理解しておき、
学習後には確実に習得できたかどうかを振り返りましょう。

1 Excelで何ができるかを説明できる。 → P.102

2 Excelを起動できる。 → P.104

3 Excelのスタート画面の使い方を説明できる。 → P.105

4 既存のブックを開くことができる。 → P.106

5 ブックとシートとセルの違いを説明できる。 → P.108

6 Excelの画面の各部の名称や役割を説明できる。 → P.109

7 表示モードの違いを説明できる。 → P.111

8 シートを挿入できる。 → P.112

9 シートを切り替えることができる。 → P.113

Step 1 Excelの概要

1 Excelの概要

「Excel」は、表計算からグラフ作成、データ管理までさまざまな機能を兼ね備えた統合型の表計算ソフトウェアです。
Excelには、主に次のような機能があります。

1 表の作成

さまざまな編集機能で数値データを扱う「表」を見やすく見栄えのするものにできます。

	A	B	C	D	E	F	G	H	I	J	K
1											
2				FOMブックストアー　下期売上表							
3										単位：千円	
4			10月	11月	12月	1月	2月	3月	下期合計	売上構成比	
5		和書	805	715	850	898	753	920	4,941	28.5%	
6		洋書	306	255	281	395	207	293	1,737	10.0%	
7		雑誌	593	502	609	567	545	587	3,403	19.7%	
8		コミック	331	357	582	546	403	495	2,714	15.7%	
9		DVD	116	201	98	105	113	198	831	4.8%	
10		ソフトウェア	371	406	896	431	775	804	3,683	21.3%	
11		合計	2,522	2,436	3,316	2,942	2,796	3,297	17,309	100.0%	
12		平均	420	406	553	490	466	550	2,885		
13											

2 計算

豊富な「関数」が用意されています。関数を使うと、簡単な計算から高度な計算までを瞬時に行うことができます。

	A	B	C	D	E	F	G	H	I	J	K
1											
2			FOMブックストアー　下期売上表								
3										単位：千円	
4			10月	11月	12月	1月	2月	3月	下期合計	売上構成比	
5		和書	805	715	850	898	753	920	4941		
6		洋書	306	255	281	395	207	293	1737		
7		雑誌	593	502	609	567	545	587	3403		
8		コミック	331	357	582	546	403	495	2714		
9		ソフトウ	371	406	896	431	775	804	3683		
10		合計	=SUM(C5:C9)								
11		平均	SUM(数値1, [数値2], ...)								
12											
13											

102

3 グラフの作成

わかりやすく見やすい**「グラフ」**を簡単に作成できます。グラフを使うと、データを視覚的に表示できるので、データを比較したり傾向を把握したりするのに便利です。

	A	B	C	D	E	F	G	H
1				店舗別売上				
2							単位：千円	
3			新宿	渋谷	有楽町	池袋	合計	
4		赤ワイン	6,000	5,800	2,400	4,200	18,400	
5		白ワイン	2,000	2,800	4,600	2,300	11,700	
6		ロゼ	4,600	3,400	2,100	1,800	11,900	
7		スパークリング	4,400	2,600	1,800	2,300	11,100	
8		合計	17,000	14,600	10,900	10,600	53,100	

池袋店ワイン売上（円グラフ：赤ワイン39%、白ワイン22%、ロゼ17%、スパークリング22%）

4 データの管理

目的に応じて表のデータを並べ替えたり、必要なデータだけを取り出したりできます。住所録や売上台帳などの大量のデータを管理するのに便利です。

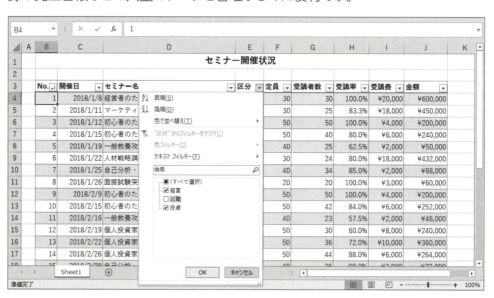

Step2 Excelを起動する

1 Excelの起動

Excelを起動しましょう。

① ⊞（スタート）をクリックします。
スタートメニューが表示されます。
②《Excel 2016》をクリックします。

Excelが起動し、Excelのスタート画面が表示されます。
③タスクバーに X▤ が表示されていることを確認します。
※ウィンドウが最大化されていない場合は、□（最大化）をクリックしておきましょう。

2 Excelのスタート画面

Excelが起動すると、「**スタート画面**」が表示されます。スタート画面では、これから行う作業を選択します。
スタート画面を確認しましょう。

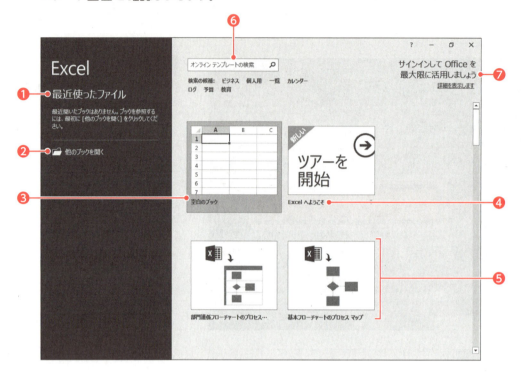

❶最近使ったファイル
最近開いたブックがある場合、その一覧が表示されます。
一覧から選択すると、ブックが開かれます。

❷他のブックを開く
すでに保存済みのブックを開く場合に使います。

❸空白のブック
新しいブックを作成します。
何も入力されていない白紙のブックが表示されます。

❹Excelへようこそ
Excel 2016の新機能を紹介するブックが開かれます。

❺その他のブック
新しいブックを作成します。
あらかじめ数式や書式が設定されたブックが表示されます。

❻検索ボックス
あらかじめ数式や書式が設定されたブックをインターネット上から検索する場合に使います。

❼サインイン
複数のパソコンでブックを共有する場合や、インターネット上でブックを利用する場合に使います。

3 ブックを開く

すでに保存済みのブックをExcelのウィンドウに表示することを**「ブックを開く」**といいます。
スタート画面からブック**「さあ、はじめよう（Excel2016）」**を開きましょう。

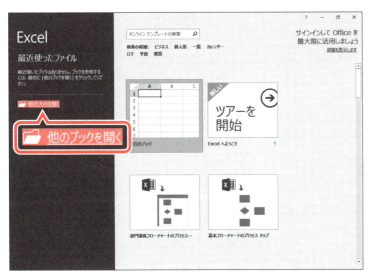

①スタート画面が表示されていることを確認します。
②**《他のブックを開く》**をクリックします。

ブックが保存されている場所を選択します。
③**《参照》**をクリックします。

《ファイルを開く》ダイアログボックスが表示されます。
④**《ドキュメント》**が開かれていることを確認します。
※**《ドキュメント》**が開かれていない場合は、**《PC》**→**《ドキュメント》**をクリックします。
⑤一覧から**「Word2016&Excel2016&PowerPoint2016」**を選択します。
⑥**《開く》**をクリックします。

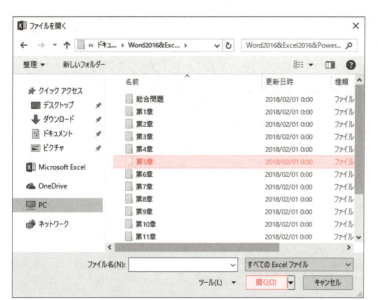

⑦一覧から「**第5章**」を選択します。
⑧《**開く**》をクリックします。

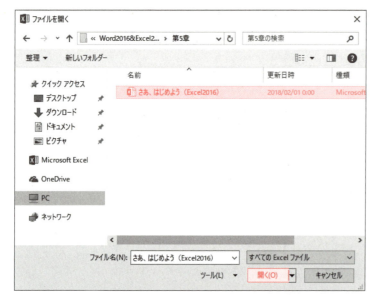

開くブックを選択します。
⑨一覧から「**さあ、はじめよう（Excel 2016）**」を選択します。
⑩《**開く**》をクリックします。

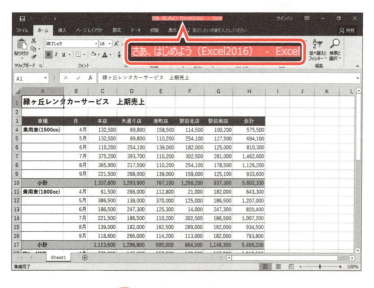

ブックが開かれます。
⑪タイトルバーにブックの名前が表示されていることを確認します。

 POINT ▶▶▶

ブックを開く
Excelを起動した状態で、既存のブックを開く方法は、次のとおりです。
◆《ファイル》タブ→《開く》

4 Excelの基本要素

Excelの基本的な要素を確認しましょう。

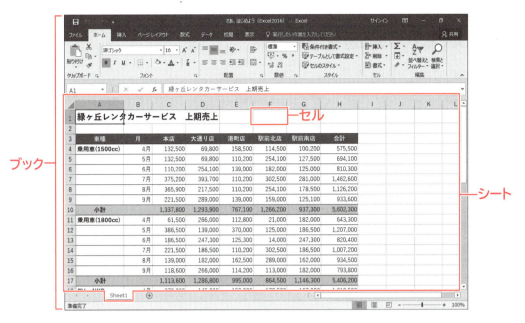

●ブック

Excelでは、ファイルのことを「**ブック**」といいます。
複数のブックを開いて、ウィンドウを切り替えながら作業できます。処理の対象になっているウィンドウを「**アクティブウィンドウ**」といいます。

●シート

表やグラフなどを作成する領域を「**ワークシート**」または「**シート**」といいます(以降、「**シート**」と記載)。
ブック内には、1枚のシートがあり、必要に応じて新しいシートを挿入してシートの枚数を増やしたり、削除したりできます。シート1枚の大きさは、1,048,576行×16,384列です。処理の対象になっているシートを「**アクティブシート**」といい、一番手前に表示されます。

●セル

データを入力する最小単位を「**セル**」といいます。
処理の対象になっているセルを「**アクティブセル**」といい、太線で囲まれて表示されます。アクティブセルの列番号と行番号の色が濃い灰色になります。

POINT ▶▶▶

行と列

Excelのシートは「行」と「列」で構成されています。

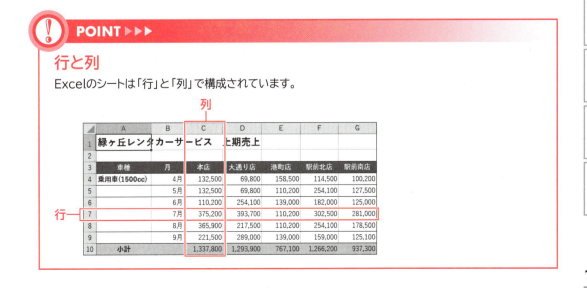

108

Step3 Excelの画面構成

1 Excelの画面構成

Excelの画面構成を確認しましょう。

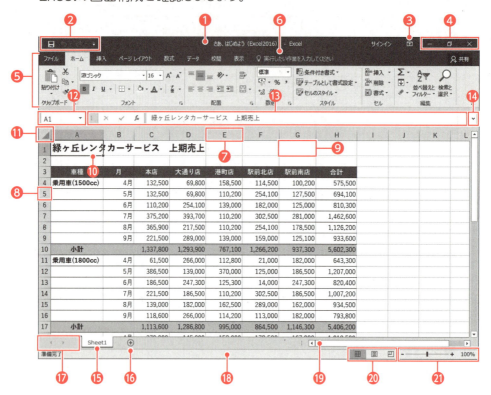

❶ タイトルバー
ファイル名やアプリ名が表示されます。

❷ クイックアクセスツールバー
よく使うコマンド（作業を進めるための指示）を登録できます。初期の設定では、■（上書き保存）、■（元に戻す）、■（やり直し）の3つのコマンドが登録されています。
※タッチ対応のパソコンでは、3つのコマンドのほかに■（タッチ/マウスモードの切り替え）が登録されています。

❸ リボンの表示オプション
リボンの表示方法を変更するときに使います。

❹ ウィンドウの操作ボタン
■（最小化）
ウィンドウが一時的に非表示になり、タスクバーにアイコンで表示されます。
■（元に戻す（縮小））
ウィンドウが元のサイズに戻ります。
※■（最大化）
　ウィンドウを元のサイズに戻すと、■（元に戻す（縮小））から■（最大化）に切り替わります。クリックすると、ウィンドウが最大化されて、画面全体に表示されます。
■（閉じる）
Excelを終了します。

❺リボン

コマンドを実行するときに使います。関連する機能ごとに、タブに分類されています。
※タッチ対応のパソコンでは、《ファイル》タブと《ホーム》タブの間に《タッチ》タブが表示される場合があります。

❻操作アシスト

機能や用語の意味を調べたり、リボンから探し出せないコマンドをダイレクトに実行したりするときに使います。

❼列番号

シートの列番号を示します。列番号【A】から列番号【XFD】まで16,384列あります。

❽行番号

シートの行番号を示します。行番号【1】から行番号【1048576】まで1,048,576行あります。

❾セル

列と行が交わるひとつひとつのマス目のことです。列番号と行番号で位置を表します。
たとえば、G列の10行目のセルは【G10】で表します。

❿アクティブセル

処理の対象になっているセルのことです。

⓫全セル選択ボタン

シート内のすべてのセルを選択するときに使います。

⓬名前ボックス

アクティブセルの位置などが表示されます。

⓭数式バー

アクティブセルの内容などが表示されます。

⓮数式バーの展開

数式バーを展開し、表示領域を拡大します。
※数式バーを展開すると、▽から△に切り替わります。クリックすると、数式バーが折りたたまれて、表示領域が元のサイズに戻ります。

⓯シート見出し

シートを識別するための見出しです。

⓰新しいシート

新しいシートを挿入するときに使います。

⓱見出しスクロールボタン

シート見出しの表示領域を移動するときに使います。

⓲ステータスバー

現在の作業状況や処理手順が表示されます。

⓳スクロールバー

シートの表示領域を移動するときに使います。

⓴表示選択ショートカット

表示モードを切り替えるときに使います。

㉑ズーム

シートの表示倍率を変更するときに使います。

2　Excelの表示モード

Excelには、次のような表示モードが用意されています。
表示モードを切り替えるには、表示選択ショートカットのボタンをそれぞれクリックします。

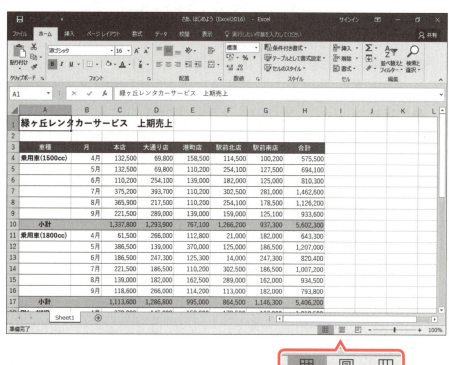

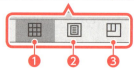

❶ ⊞ （標準）

標準の表示モードです。文字を入力したり、表やグラフを作成したりする場合に使います。通常、この表示モードでブックを作成します。

❷ ▤ （ページレイアウト）

印刷結果に近いイメージで表示するモードです。用紙にどのように印刷されるかを確認したり、ページの上部または下部の余白領域に日付やページ番号などを入れたりする場合に使います。

❸ ▥ （改ページプレビュー）

印刷範囲や改ページ位置を表示するモードです。1ページに印刷する範囲を調整したり、区切りのよい位置で改ページされるように位置を調整したりする場合に使います。

3 シートの挿入

シートは必要に応じて挿入したり、削除したりできます。
新しいシートを挿入しましょう。

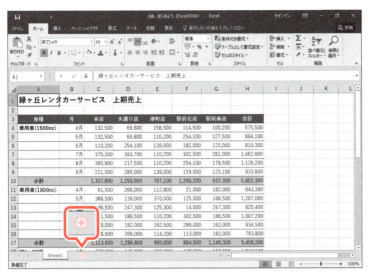

①(新しいシート)をクリックします。

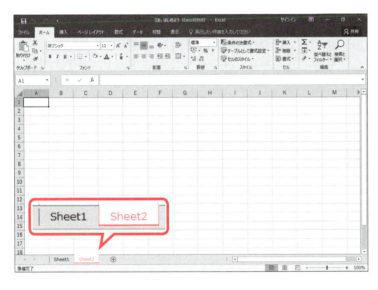

新しいシート「**Sheet2**」が挿入されます。

📖 その他の方法（シートの挿入）

- ◆《ホーム》タブ→《セル》グループの(セルの挿入)の→《シートの挿入》
- ◆シート見出しを右クリック→《挿入》→《標準》タブ→《ワークシート》
- ◆ Shift + F11

❗ POINT ▶▶▶

シートの削除

シートを削除する方法は、次のとおりです。
◆削除するシートのシート見出しを右クリック→《削除》

4 シートの切り替え

シートを切り替えるには、シート見出しをクリックします。
シート「Sheet1」に切り替えましょう。

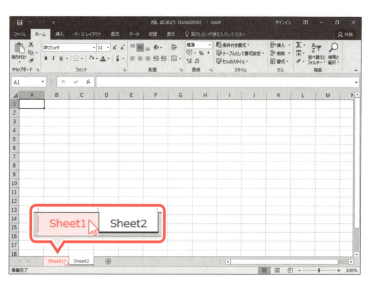

①シート「**Sheet1**」のシート見出しをポイントします。
マウスポインターの形が に変わります。

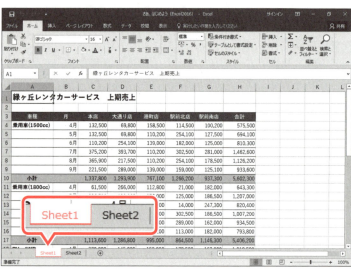

②クリックします。
シート「**Sheet1**」に切り替わります。
※ブックを保存せずに閉じ、Excelを終了しておきましょう。

第6章

Chapter 6

Excel 2016
データを入力しよう

Check	この章で学ぶこと	115
Step1	作成するブックを確認する	116
Step2	新しいブックを作成する	117
Step3	データを入力する	118
Step4	オートフィルを利用する	126
練習問題		129

Chapter 6

この章で学ぶこと

学習前に習得すべきポイントを理解しておき、
学習後には確実に習得できたかどうかを振り返りましょう。

1 新しいブックを作成できる。 → P.117

2 文字列と数値の違いを理解し、セルに入力できる。 → P.118

3 演算記号を使って、数式を入力できる。 → P.121

4 修正内容や入力状況に応じて、データの修正方法を使い分けることができる。 → P.123

5 セル内のデータを削除できる。 → P.124

6 オートフィルを利用して、連続データを入力できる。 → P.126

7 オートフィルを利用して、数式をコピーできる。 → P.127

Step 1 作成するブックを確認する

1 作成するブックの確認

次のようなブックを作成しましょう。

	A	B	C	D	E	F	G
1							
2		竹芝遊園地夏季来場者数					
3							
4			6月	7月	8月	合計	
5		大人	2800	3600	5600	12000	
6		子供	1200	2800	4300	8300	
7		合計	4000	6400	9900	20300	
8							
9							
10							
11							

- 文字列の入力
- オートフィルを利用した連続データの入力
- データの修正
- 数値の入力
- 数式の入力
- オートフィルを利用した数式のコピー

Step2 新しいブックを作成する

1 ブックの新規作成

Excelを起動し、新しいブックを作成しましょう。

①Excelを起動し、Excelのスタート画面を表示します。
※ ⊞(スタート)→《Excel 2016》をクリックします。
②《空白のブック》をクリックします。

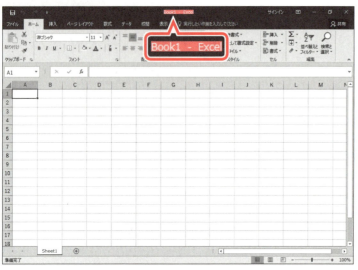

新しいブックが開かれます。
③タイトルバーに「Book1」と表示されていることを確認します。

> **POINT ▶▶▶**
>
> **ブックの新規作成**
> Excelを起動した状態で、新しいブックを作成する方法は、次のとおりです。
> ◆《ファイル》タブ→《新規》→《空白のブック》

Step 3 データを入力する

1 データの種類

Excelで扱うデータには**「文字列」**と**「数値」**があります。

種類	計算対象	セル内の配置
文字列	計算対象にならない	左揃えで表示
数値	計算対象になる	右揃えで表示

※日付や数式は「数値」に含まれます。
※基本的に文字列は計算対象になりませんが、文字列を使った数式を入力することもあります。

2 データの入力手順

データを入力する基本的な手順は、次のとおりです。

1 セルをアクティブセルにする

データを入力するセルをクリックし、アクティブセルにします。

2 データを入力する

入力モードを確認し、キーボードからデータを入力します。

3 データを確定する

[Enter]を押して、入力したデータを確定します。

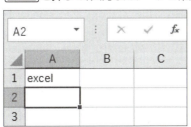

118

3 文字列の入力

セル【B5】に「大人」と入力しましょう。

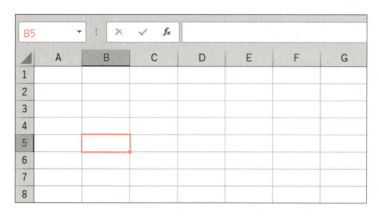

データを入力するセルをアクティブセルにします。
①セル【B5】をクリックします。
名前ボックスに「B5」と表示されます。

②入力モードを あ にします。
※入力モードは 半角/全角 漢字 で切り替えます。

データを入力します。
③「大人」と入力します。
数式バーにデータが表示されます。

データを確定します。
④ Enter を押します。
アクティブセルがセル【B6】に移動します。
※ Enter を押してデータを確定すると、アクティブセルが下に移動します。
⑤入力した文字列が左揃えで表示されることを確認します。

⑥同様に、次のデータを入力します。

> セル【B6】：小学生
> セル【B7】：合計
> セル【B8】：平均
> セル【B2】：竹芝遊園地来場者数
> セル【C4】：6月

その他の方法（アクティブセルの指定）

キー操作で、アクティブセルを指定することもできます。

位置	キー操作
セル単位の移動（上下左右）	↑ ↓ ← →
1画面単位の移動（上下）	Page Up Page Down
1画面単位の移動（左右）	Alt + Page Up Alt + Page Down
ホームポジション（セル【A1】）	Ctrl + Home
データ入力の最終セル	Ctrl + End

データの確定

次のキー操作で、入力したデータを確定できます。
キー操作によって、確定後にアクティブセルが移動する方向は異なります。

アクティブセルの移動方向	キー操作
下へ	Enter または ↓
上へ	Shift + Enter または ↑
右へ	Tab または →
左へ	Shift + Tab または ←

Let's Try ためしてみよう

セル【B7】の「合計」をセル【F4】にコピーしましょう。

Hint Wordと同様に、（コピー）と（貼り付け）を組み合わせて使います。

Let's Try Answer

①セル【B7】をクリック
②《ホーム》タブを選択
③《クリップボード》グループの（コピー）をクリック
④セル【F4】をクリック
⑤《クリップボード》グループの（貼り付け）をクリック

4 数値の入力

数値を入力するとき、キーボードにテンキー（キーボード右側の数字がまとめられた箇所）がある場合は、テンキーを使うと効率的です。
セル【C5】に「2800」と入力しましょう。

データを入力するセルをアクティブセルにします。

①セル【C5】をクリックします。
名前ボックスに「C5」と表示されます。

②入力モードを A にします。

	A	B	C	D	E	F	G
1							
2		竹芝遊園地来場者数					
3							
4			6月			合計	
5		大人	2800				
6		小学生					
7		合計					
8		平均					

データを入力します。
③「2800」と入力します。
数式バーにデータが表示されます。
データを確定します。
④ Enter を押します。
アクティブセルがセル【C6】に移動します。
⑤入力した数値が右揃えで表示されることを確認します。

	A	B	C	D	E	F	G
1							
2		竹芝遊園地来場者数					
3							
4			6月			合計	
5		大人	2800	3600	5600		
6		小学生	1200	2800	4300		
7		合計					
8		平均					

⑥同様に、次のデータを入力します。

> セル【C6】：1200
> セル【D5】：3600
> セル【D6】：2800
> セル【E5】：5600
> セル【E6】：4300

POINT ▶▶▶

入力モードの切り替え

原則的に、半角英数字を入力するときは A （半角英数）、ひらがな・カタカナ・漢字などを入力するときは あ （ひらがな）に切り替えます。

POINT ▶▶▶

日付の入力

「4/1」のように「/（スラッシュ）」または「-（ハイフン）」で区切って月日を入力すると、「4月1日」の形式で表示されます。日付をこの規則で入力しておくと、「平成30年4月1日」のように表示形式を変更したり、日付をもとに計算したりできます。

5 数式の入力

「数式」を使うと、入力されている値をもとに計算を行い、計算結果を表示できます。数式は先頭に「＝（等号）」を入力し、続けてセルを参照しながら演算記号を使って入力します。
セル【F5】に「大人」の数値を合計する数式を入力しましょう。

| C5 | ▼ | : | × | ✓ | fx | =C5 |

	A	B	C	D	E	F	G
1							
2		竹芝遊園地来場者数					
3							
4			6月			合計	
5		大人	2800	3600	5600	=C5	
6		小学生	1200	2800	4300		
7		合計					
8		平均					

①セル【F5】をクリックします。
②「＝」を入力します。
③セル【C5】をクリックします。
セル【C5】が点線で囲まれ、数式バーに「＝C5」と表示されます。

E5			✕ ✓ fx	=C5+D5+E5			
▲	A	B	C	D	E	F	G
1							
2		竹芝遊園地来場者数					
3							
4			6月			合計	
5		大人	2800	3600	5600	=C5+D5+E5	
6		小学生	1200	2800	4300		
7		合計					
8		平均					

④続けて「+」を入力します。
⑤セル【D5】をクリックします。
セル【D5】が点線で囲まれ、数式バーに「=C5+D5」と表示されます。
⑥続けて「+」を入力します。
⑦セル【E5】をクリックします。
セル【E5】が点線で囲まれ、数式バーに「=C5+D5+E5」と表示されます。

▲	A	B	C	D	E	F	G
1							
2		竹芝遊園地来場者数					
3							
4			6月			合計	
5		大人	2800	3600	5600	12000	
6		小学生	1200	2800	4300		
7		合計					
8		平均					

⑧ Enter を押します。
セル【F5】に計算結果「12000」が表示されます。

❗ POINT ▶▶▶

数式の再計算

セルを参照して数式を入力しておくと、セルの数値を変更したとき、再計算されて自動的に計算結果も更新されます。

❗ POINT ▶▶▶

演算記号

数式で使う演算記号は、次のとおりです。

演算記号	計算方法	一般的な数式	入力する数式
+（プラス）	たし算	2+3	=2+3
−（マイナス）	ひき算	2−3	=2−3
＊（アスタリスク）	かけ算	2×3	=2*3
／（スラッシュ）	わり算	2÷3	=2/3
＾（キャレット）	べき乗	2^3	=2^3

Let's Try ためしてみよう

セル【C7】に「6月」の合計を求める数式を入力しましょう。

Let's Try Answer

①セル【C7】をクリック
②「=」を入力
③セル【C5】をクリック
④「+」を入力
⑤セル【C6】をクリック
⑥ Enter を押す

6 データの修正

セルに入力したデータを修正する方法には、次の2つがあります。修正内容や入力状況に応じて使い分けます。

●**上書きして修正する**
セルの内容を大幅に変更する場合は、入力したデータの上から新しいデータを入力しなおします。

●**編集状態にして修正する**
セルの内容を部分的に変更する場合は、対象のセルを編集できる状態にしてデータを修正します。

1 上書きして修正する

データを上書きして、セル【B6】の「小学生」を「子供」に修正しましょう。

①セル【B6】をクリックします。
②「子供」と入力します。
③ Enter を押します。

> **POINT ▶▶▶**
>
> **入力中の修正**
> データの入力中に、修正することもできます。
> Back Space で、間違えた部分まで削除して再入力します。
> Esc で、入力途中のすべてのデータを取り消して再入力します。

2 編集状態にして修正する

セルを編集状態にして、セル【B2】の「竹芝遊園地来場者数」を「竹芝遊園地夏季来場者数」に修正しましょう。

①セル【B2】をダブルクリックします。
編集状態になり、セル内にカーソルが表示されます。

②「来場者数」の左をクリックします。
※編集状態では、←→でカーソルを移動することもできます。

③「夏季」と入力します。
④ Enter を押します。

その他の方法（編集状態）
◆セルを選択→ F2
◆セルを選択→数式バーをクリック

7 データのクリア

セルのデータや書式を消去することを「**クリア**」といいます。
セル【B8】の「平均」をクリアしましょう。

データをクリアするセルをアクティブセルにします。
①セル【B8】をクリックします。
② Delete を押します。

データがクリアされます。

その他の方法（クリア）
◆セルを選択→《ホーム》タブ→《編集》グループの （クリア）→《数式と値のクリア》
◆セルを右クリック→《数式と値のクリア》

すべてクリア
Delete では入力したデータ（数値や文字列）だけがクリアされます。セルに書式（罫線や塗りつぶしの色など）が設定されている場合、その書式はクリアされません。
入力したデータや書式などセルの内容をすべてクリアする方法は、次のとおりです。
◆セルを選択→《ホーム》タブ→《編集》グループの （クリア）→《すべてクリア》

POINT ▶▶▶

セル範囲の選択

セルの集まりを「セル範囲」または「範囲」といいます。セル範囲を対象に操作するには、あらかじめ対象となるセル範囲を選択しておきます。

セル範囲の選択

セル範囲を選択するには、始点となるセルから終点となるセルまでドラッグします。

複数のセル範囲を選択するには、まず1つ目のセル範囲を選択したあとに、Ctrlを押しながら2つ目以降のセル範囲を選択します。

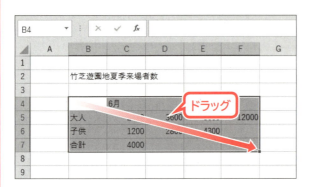

行単位の選択

行単位で選択するには、行番号をクリックします。

複数行をまとめて選択するには、行番号をドラッグします。

列単位の選択

列単位で選択するには、列番号をクリックします。

複数列をまとめて選択するには、列番号をドラッグします。

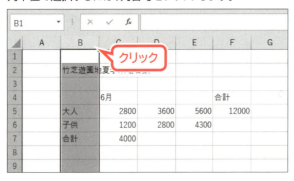

Step 4 オートフィルを利用する

1 連続データの入力

「**オートフィル**」は、セル右下の■（フィルハンドル）を使って連続性のあるデータを隣接するセルに入力する機能です。
オートフィルを使って、セル範囲【D4:E4】に「**7月**」「**8月**」と入力しましょう。
※本書では、セル【D4】からセル【E4】までのセル範囲を、セル範囲【D4:E4】と記載しています。

① セル【C4】をクリックします。
② セル【C4】の右下の■（フィルハンドル）をポイントします。
マウスポインターの形が ✚ に変わります。

③ セル【E4】までドラッグします。
ドラッグ中、入力されるデータがポップヒントで表示されます。

「7月」「8月」が入力され、（オートフィルオプション）が表示されます。

> **POINT ▶▶▶**
> **その他の連続データの入力**
> 同様の手順で、「1月1日」～「12月31日」、「月曜日」～「日曜日」、「第1四半期」～「第4四半期」なども入力できます。

POINT ▶▶▶

オートフィルオプション

オートフィルを実行すると、 （オートフィルオプション）が表示されます。
クリックすると表示される一覧から、書式の有無を指定したり、日付の単位を変更したりできます。

POINT ▶▶▶

オートフィルのドラッグの方向

■（フィルハンドル）を上下左右にドラッグして、データを入力できます。

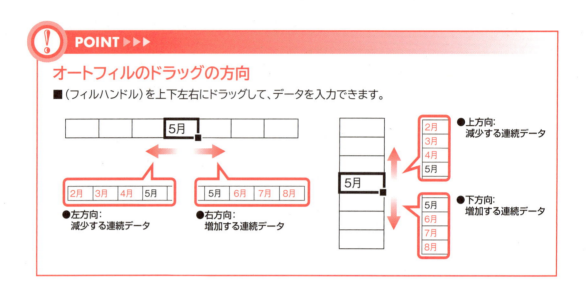

2 数式のコピー

オートフィルを使って数式をコピーすることもできます。
セル【F5】に入力されている数式をコピーし、セル【F6】に「子供」の合計を求めましょう。

セル【F5】に入力されている数式を確認します。

① セル【F5】をクリックします。
② 数式バーに「=C5+D5+E5」と表示されていることを確認します。
③ セル【F5】の右下の■（フィルハンドル）をポイントします。

マウスポインターの形が ✚ に変わります。

④ セル【F6】までドラッグします。

数式がコピーされます。
※数式をコピーすると、コピー先の数式のセル参照は自動的に調整されます。

セル【F6】に入力されている数式を確認します。

⑤ セル【F6】をクリックします。
⑥ 数式バーに「=C6+D6+E6」と表示されていることを確認します。

> **POINT ▶▶▶**
>
> ### フィルハンドルのダブルクリック
> ■（フィルハンドル）をダブルクリックすると、表内のデータの最終行を自動的に認識し、データが入力されます。

ためしてみよう

セル【C7】の数式をコピーし、セル範囲【D7:F7】にそれぞれ「合計」を求めましょう。

	A	B	C	D	E	F	G	H
1								
2		竹芝遊園地夏季来場者数						
3								
4			6月	7月	8月	合計		
5		大人	2800	3600	5600	12000		
6		子供	1200	2800	4300	8300		
7		合計	4000	6400	9900	20300		
8								
9								

① セル【C7】をクリック
② セル【C7】の右下の■（フィルハンドル）をポイント
③ マウスポインターの形が ╋ に変わったら、セル【F7】までドラッグ

※ブックに「データを入力しよう完成」と名前を付けて、フォルダー「第6章」に保存し、閉じておきましょう。
◆《ファイル》タブ→《名前を付けて保存》→《参照》→《ドキュメント》→「Word2016＆Excel2016＆PowerPoint2016」の「第6章」を選択→《ファイル名》に「データを入力しよう完成」と入力→《保存》

※Excelを終了しておきましょう。

> **POINT ▶▶▶**
>
> ### アクティブシートとアクティブセルの保存
> ブックを保存すると、アクティブシートとアクティブセルの位置も合わせて保存されます。次に作業するときに便利なセルを選択して、ブックを保存しましょう。

Exercise 練習問題

解答 ▶ 別冊P.3

完成図のような表を作成しましょう。

●完成図

	A	B	C	D	E	F
1	新作デザート注文数					
2					単位：個	
3		ケーキ	パフェ	クレープ	合計	
4	銀座	120	100	60	280	
5	渋谷	90	150	110	350	
6	横浜	100	80	130	310	
7	合計	310	330	300	940	
8						

①Excelを起動し、新しいブックを作成しましょう。

②次のようにデータを入力しましょう。

	A	B	C	D	E	F
1	新作デザート売上					
2					単位：個	
3		ケーキ	パフェ	クレープ	合計	
4	銀座	120	100	60		
5	渋谷	90	150	110		
6	横浜	100	80	130		
7	合計					
8						

③セル【E4】に「銀座」の数値を合計する数式を入力しましょう。

④セル【B7】に「ケーキ」の数値を合計する数式を入力しましょう。

⑤オートフィルを使って、セル【E4】の数式をセル範囲【E5:E6】にコピーしましょう。

⑥オートフィルを使って、セル【B7】の数式をセル範囲【C7:E7】にコピーしましょう。

⑦セル【A1】の「新作デザート売上」を「新作デザート注文数」に修正しましょう。

※ブックに「第6章練習問題完成」という名前を付けて、フォルダー「第6章」に保存し、閉じておきましょう。

第7章

Chapter 7

Excel 2016
表を作成しよう

Check	この章で学ぶこと	……………………………	131
Step1	作成するブックを確認する	…………………………	132
Step2	関数を入力する	…………………………………	133
Step3	セルを参照する	…………………………………	138
Step4	表の書式を設定する	………………………………	140
Step5	表の行や列を操作する	……………………………	148
Step6	表を印刷する	……………………………………	152
練習問題		……………………………………………	155

Chapter 7

この章で学ぶこと

学習前に習得すべきポイントを理解しておき、
学習後には確実に習得できたかどうかを振り返りましょう。

1	関数を使って、データの合計を求めることができる。	→ P.133
2	関数を使って、データの平均を求めることができる。	→ P.136
3	絶対参照で数式を入力できる。	→ P.138
4	セルに罫線を引いたり、色を付けたりできる。	→ P.140
5	フォントやフォントサイズ、フォントの色を変更できる。	→ P.142
6	3桁区切りカンマを付けて、数値を読みやすくできる。	→ P.144
7	数値をパーセント表示に変更できる。	→ P.144
8	小数点以下の桁数の表示を調整できる。	→ P.145
9	セル内のデータの配置を変更できる。	→ P.146
10	複数のセルをひとつに結合して、セル内の中央にデータを配置できる。	→ P.147
11	セル内のデータの長さに合わせて、列幅を調整できる。	→ P.149
12	行を挿入できる。	→ P.150
13	印刷イメージを確認できる。	→ P.152
14	印刷の向きや用紙サイズなどを設定できる。	→ P.153
15	ブックを印刷できる。	→ P.154

Step 1 作成するブックを確認する

1 作成するブックの確認

次のようなブックを作成しましょう。

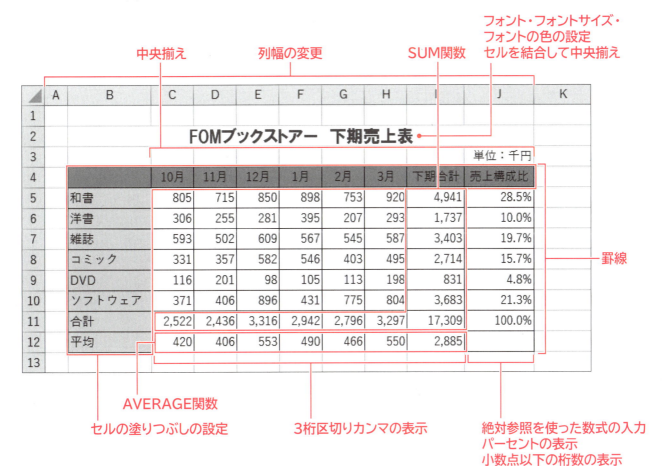

Step2 関数を入力する

1 関数

「関数」とは、あらかじめ定義されている数式のことです。演算記号を使って数式を入力する代わりに、カッコ内に引数を指定して計算を行います。

```
=関数名（引数1, 引数2, …）
 ❶ ❷    ❸
```

❶先頭に「＝(等号)」を入力します。

❷関数名を入力します。
※関数名は、英大文字で入力しても英小文字で入力してもかまいません。

❸引数をカッコで囲み、各引数は「, (カンマ)」で区切ります。
※関数によって、指定する引数は異なります。

2 SUM関数

合計を求めるには、「SUM関数」を使います。
∑(合計)を使うと、自動的にSUM関数が入力され、簡単に合計を求めることができます。

●SUM関数

数値を合計します。

=SUM（数値1, 数値2, …）
　　　　 引数1　 引数2

例：
=SUM(A1:A10)　　　セル範囲【A1:A10】を合計する
=SUM(A1,A3:A10)　セル【A1】とセル範囲【A3:A10】を合計する

※引数には、合計する対象のセル、セル範囲、数値などを指定します。
※引数の「：(コロン)」は連続したセル、「, (カンマ)」は離れたセルを表します。

I列と10行目の合計を求めましょう。

File OPEN Excelを起動し、フォルダー「第7章」のブック「表を作成しよう」を開いておきましょう。

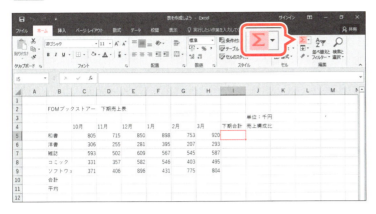

①セル【I5】をクリックします。
②《ホーム》タブを選択します。
③《編集》グループの Σ (合計) をクリックします。

合計するセル範囲が自動的に認識され、点線で囲まれます。
④数式バーに「=SUM(C5:H5)」と表示されていることを確認します。

⑤ Enter を押します。
※ Σ (合計) を再度クリックして確定することもできます。
合計が求められます。

数式をコピーします。
⑥セル【I5】をクリックします。
⑦セル【I5】の右下の■ (フィルハンドル) をセル【I9】までドラッグします。
※セル範囲【I6:I9】のそれぞれのセルをアクティブセルにして、数式バーで数式の内容を確認しましょう。

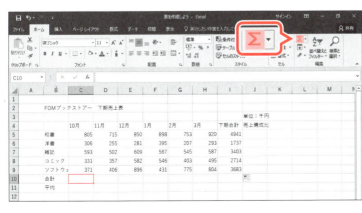

⑧セル【C10】をクリックします。
⑨《編集》グループの Σ (合計) をクリックします。

合計するセル範囲が自動的に認識され、点線で囲まれます。

⑩数式バーに「=SUM(C5:C9)」と表示されていることを確認します。

⑪ Enter を押します。

合計が求められます。

数式をコピーします。

⑫セル【C10】をクリックします。

⑬セル【C10】の右下の■（フィルハンドル）をセル【I10】までドラッグします。

※セル範囲【D10:I10】のそれぞれのセルをアクティブセルにして、数式バーで数式の内容を確認しましょう。

その他の方法（合計）

◆《数式》タブ→《関数ライブラリ》グループの ΣオートSUM （合計）
◆ Alt + Shift + =

縦横の合計

I列と10行目の合計を一度に求めることができます。
合計する数値と、合計を表示するセル範囲を選択して、Σ（合計）をクリックします。

3 AVERAGE関数

平均を求めるには、「AVERAGE関数」を使います。
Σ▼（合計）の▼から《平均》を選択すると、自動的にAVERAGE関数が入力され、簡単に平均を求めることができます。

●AVERAGE関数

数値の平均値を求めます。

=AVERAGE（数値1, 数値2, …）
　　　　　　　引数1　　引数2

例：
=AVERAGE（A1：A10）　　セル範囲【A1：A10】の平均を求める
=AVERAGE（A1, A3：A10）セル【A1】とセル範囲【A3：A10】の平均を求める

※引数には、平均する対象のセル、セル範囲、数値などを指定します。
※引数の「：（コロン）」は連続したセル、「,（カンマ）」は離れたセルを表します。

11行目にそれぞれの月の「**平均**」を求めましょう。

①セル【C11】をクリックします。
②《**ホーム**》タブを選択します。
③《**編集**》グループの Σ▼ （合計）の ▼ をクリックします。
④《**平均**》をクリックします。

平均するセル範囲が点線で囲まれます。
⑤数式バーに「**=AVERAGE（C5：C10）**」と表示されていることを確認します。

セル範囲【C5:C10】が自動的に認識されますが、平均を求めるのはセル範囲【C5:C9】なので、手動で選択しなおします。

⑥セル範囲【C5:C9】を選択します。
⑦数式バーに「=AVERAGE(C5:C9)」と表示されていることを確認します。

⑧ Enter を押します。
平均が求められます。
数式をコピーします。
⑨セル【C11】をクリックします。
⑩セル【C11】の右下の■（フィルハンドル）をセル【I11】までドラッグします。
※セル範囲【D11:I11】のそれぞれのセルをアクティブセルにして、数式バーで数式の内容を確認しましょう。

POINT ▶▶▶

引数の自動認識

Σ▼（合計）を使ってSUM関数やAVERAGE関数を入力すると、セルの上または左の数値が引数として自動的に認識されます。

MAX関数・MIN関数

最大値を求めるには「MAX関数」、最小値を求めるには「MIN関数」を使います。

●MAX関数

引数の数値の中から最大値を返します。

=MAX(数値1, 数値2, …)
　　　 引数1　 引数2

※引数には、対象のセル、セル範囲、数値などを指定します。

●MIN関数

引数の数値の中から最小値を返します。

=MIN(数値1, 数値2, …)
　　　 引数1　 引数2

※引数には、対象のセル、セル範囲、数値などを指定します。

Step 3 セルを参照する

1 絶対参照

「**絶対参照**」とは、特定の位置にあるセルを必ず参照する形式です。数式をコピーしても、セルの参照は固定されたままで調整されません。表の形式や求める結果によっては、絶対参照が必要な場合があります。セルを絶対参照にする場合は、「**$**」を付けます。
図のセル【C4】に入力されている「=B4*$B$1」の「$B$1」は絶対参照です。数式をコピーしても、「=B5*$B$1」「=B6*$B$1」のように「$B$1」は常に固定で調整されません。

	A	B	C
1	掛け率	75%	
2			
3	商品名	定価	販売価格
4	スーツ	¥56,000	¥42,000 ←=B4*$B$1
5	コート	¥75,000	¥56,250 ←=B5*$B$1
6	シャツ	¥15,000	¥11,250 ←=B6*$B$1

POINT ▶▶▶

相対参照

「**相対参照**」とは、セルの位置を相対的に参照する形式です。数式をコピーすると、セルの参照は自動的に調整されます。
図のセル【D2】に入力されている「=B2*C2」の「B2」や「C2」は相対参照です。数式をコピーすると、コピーの方向に応じて「=B3*C3」「=B4*C4」のように自動的に調整されます。

	A	B	C	D
1	商品名	定価	掛け率	販売価格
2	スーツ	¥56,000	80%	¥44,800 ←=B2*C2
3	コート	¥75,000	60%	¥45,000 ←=B3*C3
4	シャツ	¥15,000	70%	¥10,500 ←=B4*C4

絶対参照を使って、「**売上構成比**」を求める数式を入力し、コピーしましょう。
「**売上構成比**」は「**各分類の下期合計÷下期総合計**」で求めます。

	A	B	C	D	E	F	G	H	I	J
1										
2		FOMブックストアー 下期売上表								
3										単位：千円
4			10月	11月	12月	1月	2月	3月	下期合計	売上構成比
5		和書	805	715	850	898	753	920	4941	=I5/I10
6		洋書	306	255	281	395	207	293	1737	
7		雑誌	593	502	609	567	545	587	3403	
8		コミック	331	357	582	546	403	495	2714	
9		ソフトウェ	371	406	896	431	775	804	3683	
10		合計	2406	2235	3218	2837	2683	3099	16478	
11		平均	481.2	447	643.6	567.4	536.6	619.8	3295.6	

①セル【J5】をクリックします。
②「=」を入力します。
③セル【I5】をクリックします。
④「/」を入力します。
⑤セル【I10】をクリックします。
⑥数式バーに「=I5/I10」と表示されていることを確認します。

⑦ F4 を押します。

※数式の入力中に F4 を押すと、自動的に「$」が付きます。

⑧ 数式バーに「=I5/$I$10」と表示されていることを確認します。

⑨ Enter を押します。

「和書」の「売上構成比」が求められます。

数式をコピーします。

⑩ セル【J5】をクリックします。

⑪ セル【J5】の右下の■（フィルハンドル）をセル【J10】までドラッグします。

各分類の「売上構成比」が求められます。

※セル範囲【J6:J10】のそれぞれのセルをアクティブセルにして、数式バーで数式の内容を確認しましょう。

POINT ▶▶▶

$の入力

「$」は、F4（絶対キー）を使うと簡単に入力できます。

F4 を連続して押すと、「$I$10」（行列とも固定）、「I$10」（行だけ固定）、「$I10」（列だけ固定）、「I10」（固定しない）の順番で切り替わります。「$」は直接入力してもかまいません。

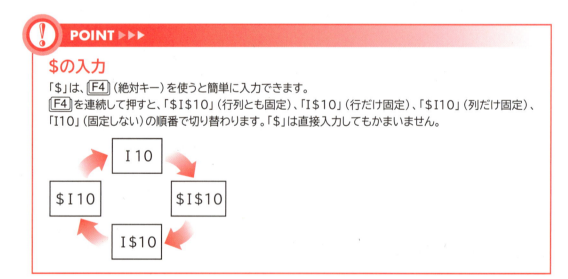

Step 4 表の書式を設定する

1 罫線を引く

罫線を引いて、表の見栄えを整えましょう。
《ホーム》タブの (下罫線)には、よく使う罫線のパターンがあらかじめ用意されています。
表全体に格子線を引きましょう。

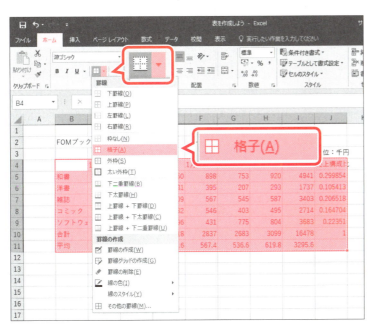

①セル範囲【B4:J11】を選択します。
※選択したセル範囲の右下に (クイック分析)が表示されます。
②《ホーム》タブを選択します。
③《フォント》グループの (下罫線)の をクリックします。
④《格子》をクリックします。

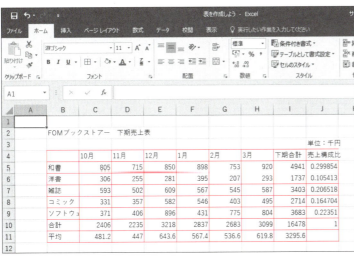

格子線が引かれます。
※ボタンが直前に選択した (格子)に変わります。
※セル範囲の選択を解除して、罫線を確認しましょう。

罫線の解除
罫線を解除するには、セル範囲を選択し、 (格子)の をクリックして一覧から《枠なし》を選択します。

クイック分析
データが入力されているセル範囲を選択すると、 (クイック分析)が表示されます。
クリックすると表示される一覧から、数値の大小関係が視覚的にわかるように書式を設定したり、グラフを作成したり、合計を求めたりすることができます。

2 セルの塗りつぶしの設定

セルを色で塗りつぶし、見栄えのする表にしましょう。
4行目の項目名を「**青、アクセント5、白+基本色40%**」、B列の項目名を「**青、アクセント5、白+基本色80%**」で塗りつぶしましょう。

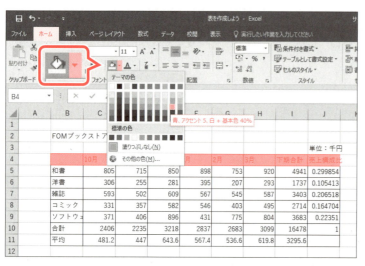

① セル範囲【B4:J4】を選択します。
② 《ホーム》タブを選択します。
③ 《フォント》グループの（塗りつぶしの色）の をクリックします。
④ 《テーマの色》の《**青、アクセント5、白+基本色40%**》をクリックします。

※一覧の色をポイントすると、設定後の結果を確認できます。

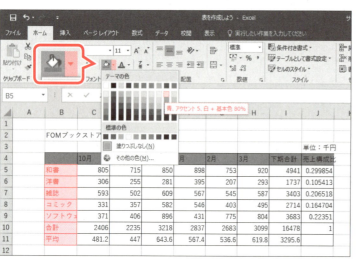

⑤ セル範囲【B5:B11】を選択します。
⑥ 《フォント》グループの （塗りつぶしの色）の をクリックします。
⑦ 《テーマの色》の《**青、アクセント5、白+基本色80%**》をクリックします。

※一覧の色をポイントすると、設定後の結果を確認できます。

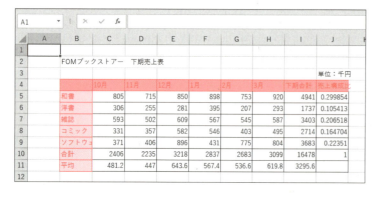

セルが選択した色で塗りつぶされます。
※ボタンが直前に選択した色に変わります。
※セル範囲の選択を解除して、塗りつぶしの色を確認しましょう。

セルの塗りつぶしの解除

セルの塗りつぶしを解除するには、セル範囲を選択し、 （塗りつぶしの色）の をクリックして一覧から《塗りつぶしなし》を選択します。

3 フォント・フォントサイズ・フォントの色の設定

セルには、フォントやフォントサイズ、フォントの色などの書式を設定できます。
セル【B2】のタイトルに次の書式を設定しましょう。

```
フォント      ：HGP創英角ゴシックUB
フォントサイズ：16ポイント
フォントの色  ：ブルーグレー、テキスト2
```

①セル【B2】をクリックします。

②《ホーム》タブを選択します。
③《フォント》グループの 游ゴシック
（フォント）の ▼ をクリックし、一覧から
《HGP創英角ゴシックUB》を選択します。

※一覧のフォントをポイントすると、設定後の結果を確認できます。

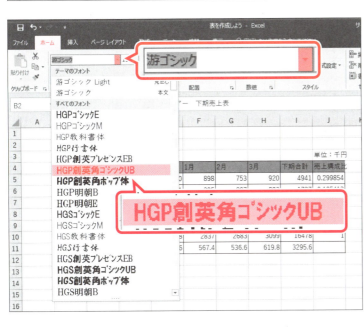

フォントが変更されます。

④《フォント》グループの 11 ▼ （フォントサイズ）の ▼ をクリックし、一覧から《16》を選択します。

※一覧のフォントサイズをポイントすると、設定後の結果を確認できます。

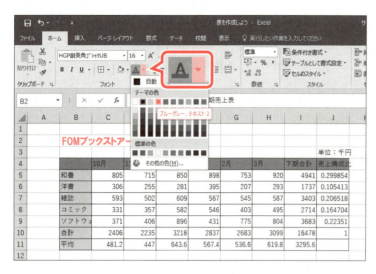

フォントサイズが変更されます。

⑤《フォント》グループの ▲ ▼（フォントの色）の ▼ をクリックします。

⑥《テーマの色》の《ブルーグレー、テキスト2》をクリックします。

※一覧の色をポイントすると、設定後の結果を確認できます。

フォントの色が変更されます。

※ボタンが直前に選択した色に変わります。

> **POINT ▶▶▶**
>
> **太字・斜体の設定**
>
> データに太字や斜体を設定して、強調できます。
>
> ◆セル範囲を選択→《ホーム》タブ→《フォント》グループの B （太字）または I （斜体）
>
> ※設定した太字・斜体を解除するには、 B （太字）・ I （斜体）を再度クリックします。ボタンが濃い灰色から標準の色に戻ります。

 セルのスタイルの適用

フォントやフォントサイズ、フォントの色など複数の書式をまとめて登録し、名前を付けたものを「スタイル」といいます。Excelでは、セルに設定できるスタイルがあらかじめ用意されています。
セルのスタイルを適用する方法は、次のとおりです。

◆セル範囲を選択→《ホーム》タブ→《スタイル》グループの セルのスタイル▼ （セルのスタイル）→一覧からスタイルを選択

4 表示形式の設定

セルに「**表示形式**」を設定すると、シート上の見た目を変更できます。たとえば、数値に3桁区切りカンマを付けて表示したり、パーセントで表示したりして、数値を読み取りやすくすることができます。表示形式を設定しても、セルに格納されているもとの数値は変更されません。

1 3桁区切りカンマの表示

「売上構成比」以外の数値に3桁区切りカンマを付けましょう。

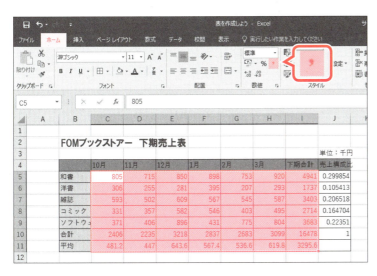

①セル範囲【C5:I11】を選択します。
②《ホーム》タブを選択します。
③《数値》グループの , （桁区切りスタイル）をクリックします。

4桁以上の数値に3桁区切りカンマが付きます。
※「平均」の小数点以下は四捨五入され、整数で表示されます。

> **POINT**
>
> **通貨の表示**
>
> （通貨表示形式）を使うと、「¥3,000」のように通貨記号と3桁区切りカンマが付いた日本の通貨に設定できます。
> （通貨表示形式）の をクリックすると、一覧に外国の通貨が表示されます。ドル（$）やユーロ（€）などの通貨を設定できます。

2 パーセントの表示

「売上構成比」を「％（パーセント）」で表示しましょう。

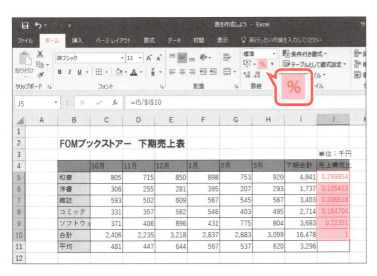

①セル範囲【J5:J10】を選択します。
②《ホーム》タブを選択します。
③《数値》グループの ％ （パーセントスタイル）をクリックします。

144

%で表示されます。

※「売上構成比」の小数点以下は四捨五入され、整数で表示されます。

3 小数点以下の桁数の表示

(小数点以下の表示桁数を増やす)や(小数点以下の表示桁数を減らす)を使うと、小数点以下の桁数の表示を変更できます。

● (小数点以下の表示桁数を増やす)

クリックするたびに、小数点以下が1桁ずつ表示されます。

● (小数点以下の表示桁数を減らす)

クリックするたびに、小数点以下が1桁ずつ非表示になります。

「売上構成比」の小数点以下の表示を調整しましょう。

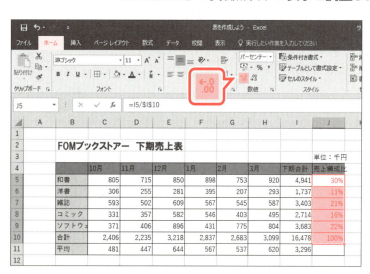

① セル範囲【J5:J10】を選択します。
② 《ホーム》タブを選択します。
③ 《数値》グループの (小数点以下の表示桁数を増やす)をクリックします。

小数点第1位まで表示されます。
※小数点第2位が自動的に四捨五入されます。

表示形式の解除

3桁区切りカンマ、パーセント、小数点などの表示形式を解除する方法は、次のとおりです。

◆セル範囲を選択→《ホーム》タブ→《数値》グループの (表示形式)→《表示形式》タブ→《分類》の一覧から《標準》を選択

5 セル内の配置の設定

データを入力すると、文字列はセル内で左揃え、数値はセル内で右揃えの状態で表示されます。≡（左揃え）、≡（中央揃え）、≡（右揃え）を使うと、データの配置を変更できます。

1 中央揃え

4行目の項目名を中央揃えにしましょう。

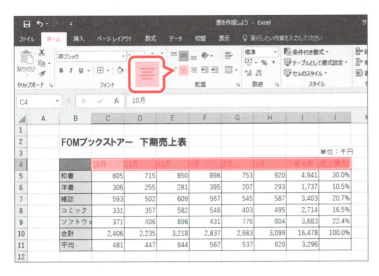

①セル範囲【C4:J4】を選択します。
②《ホーム》タブを選択します。
③《配置》グループの ≡（中央揃え）をクリックします。

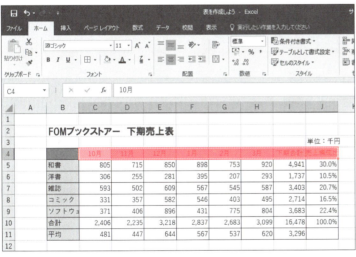

項目名が中央揃えになります。
※ボタンが濃い灰色になります。

垂直方向の配置

データの垂直方向の配置を設定するには、≡（上揃え）、≡（上下中央揃え）、≡（下揃え）を使います。行の高さを大きくした場合やセルを結合して縦方向に拡張したときに使います。

2 セルを結合して中央揃え

🔲（セルを結合して中央揃え）を使うと、セルを結合して、文字列をその結合されたセルの中央に配置できます。
セル範囲【B2:J2】を結合し、結合されたセルの中央にタイトルを配置しましょう。

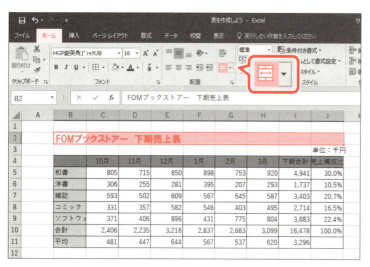

①セル範囲【B2:J2】を選択します。
②《ホーム》タブを選択します。
③《配置》グループの🔲（セルを結合して中央揃え）をクリックします。

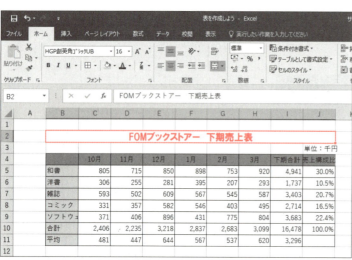

セルが結合され、結合した範囲で文字列が中央に配置されます。
※ ▦（中央揃え）と 🔲（セルを結合して中央揃え）の各ボタンが濃い灰色になります。

セルの結合

セルを結合するだけで中央揃えは設定しない場合、🔲・（セルを結合して中央揃え）の・をクリックし、一覧から《セルの結合》を選択します。

セル内の配置の解除

セル内の配置を解除するには、セル範囲を選択し、▦（中央揃え）や🔲（セルを結合して中央揃え）を再度クリックします。
ボタンが濃い灰色から標準の色に戻ります。

Step 5 表の行や列を操作する

1 列幅の変更

列幅は、自由に変更できます。初期の設定で、列幅は8.38文字分になっています。
C～H列とA列の列幅を変更しましょう。

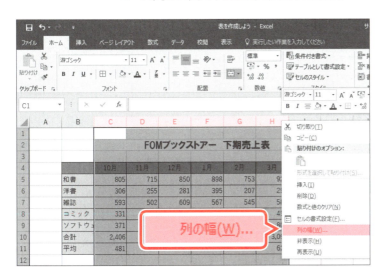

①列番号【C】から列番号【H】をドラッグします。
列が選択されます。
②選択した列を右クリックします。
ショートカットメニューが表示されます。
③《列の幅》をクリックします。

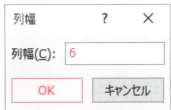

《列幅》ダイアログボックスが表示されます。
④《列幅》に「6」と入力します。
⑤《OK》をクリックします。

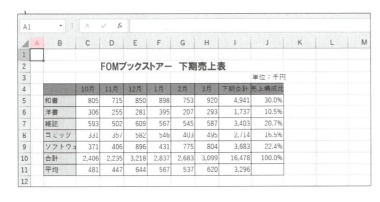

列幅が「6」になります。
⑥同様に、A列の列幅を「3」に変更します。
※列の選択を解除して確認しましょう。

その他の方法（列幅の変更）

◆列を選択→《ホーム》タブ→《セル》グループの （書式）→《列の幅》
◆列番号の右側の境界線をポイント→マウスポインターの形が ✛ に変わったら、ドラッグ

POINT ▶▶▶

行の高さの変更

行の高さは、行内の文字の大きさなどによって自動的に変わります。
行の高さを変更する方法は、次のとおりです。
◆行番号を右クリック→《行の高さ》

列幅や行の高さの確認

列幅や行の高さは、列番号の右側の境界線や行番号の下側の境界線をポイントして、マウスの左ボタンを押したままにすると、ポップヒントに表示されます。

2 列幅の自動調整

列内の最長のデータに合わせて、列幅を自動的に調整できます。
J列の列幅を「売上構成比」(セル【J4】)に合わせて、自動調整しましょう。また、B列の列幅を「ソフトウェア」(セル【B9】)に合わせて、自動調整しましょう。

	A	B	C	D	E	F	G	H	I	J	K
1											
2				FOMブックストアー 下期売上表							
3										単位：千	
4			10月	11月	12月	1月	2月	3月	下期合計	売上構成比	
5		和書	805	715	850	898	753	920	4,941	30.0%	
6		洋書	306	255	281	395	207	293	1,737	10.5%	
7		雑誌	593	502	609	567	545	587	3,403	20.7%	
8		コミック	331	357	582	546	403	495	2,714	16.5%	
9		ソフトウェ	371	406	896	431	775	804	3,683	22.4%	
10		合計	2,406	2,235	3,218	2,837	2,683	3,099	16,478	100.0%	
11		平均	481	447	644	567	537	620	3,296		
12											

①列番号【J】の右側の境界線をポイントします。
マウスポインターの形が に変わります。
②ダブルクリックします。

	A	B	C	D	E	F	G	H	I	J	K
1											
2				FOMブックストアー 下期売上表							
3										単位：千円	
4			10月	11月	12月	1月	2月	3月	下期合計	売上構成比	
5		和書	805	715	850	898	753	920	4,941	30.0%	
6		洋書	306	255	281	395	207	293	1,737	10.5%	
7		雑誌	593	502	609	567	545	587	3,403	20.7%	
8		コミック	331	357	582	546	403	495	2,714	16.5%	
9		ソフトウェア	371	406	896	431	775	804	3,683	22.4%	
10		合計	2,406	2,235	3,218	2,837	2,683	3,099	16,478	100.0%	
11		平均	481	447	644	567	537	620	3,296		
12											

最長のデータ「売上構成比」(セル【J4】)に合わせて、列幅が自動的に調整されます。
③同様に、B列の列幅を自動調整します。

 その他の方法（列幅の自動調整）
◆列を選択→《ホーム》タブ→《セル》グループの 書式 (書式)→《列の幅の自動調整》

 文字列全体の表示
列幅より長い文字列をセル内に表示する方法には、次のようなものがあります。

折り返して全体を表示する
列幅を変更せずに、文字列を折り返して全体を表示します。
◆セル範囲を選択→《ホーム》タブ→《配置》グループの (折り返して全体を表示する)

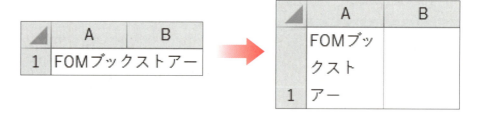

縮小して全体を表示する
列幅を変更せずに、文字列を縮小して全体を表示します。
◆セル範囲を選択→《ホーム》タブ→《配置》グループの (配置の設定)→《配置》タブ→《☑縮小して全体を表示する》

 文字列の強制改行
セル内の文字列を強制的に改行するには、改行する位置で [Alt] + [Enter] を押します。

3 行の挿入

表を作成したあとに、項目を追加する場合は、表内に新しい行や列を挿入できます。
8行目と9行目の間に1行挿入しましょう。

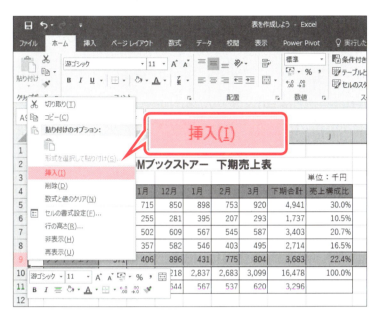

① 行番号【9】を右クリックします。
9行目が選択され、ショートカットメニューが表示されます。
② 《挿入》をクリックします。

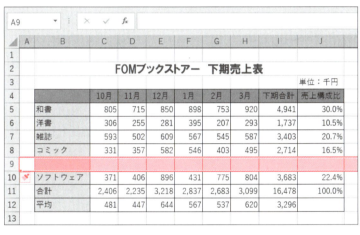

行が挿入され、 (挿入オプション) が表示されます。

③ 挿入した行に、次のデータを入力します。

> セル【B9】：DVD
> セル【C9】：116
> セル【D9】：201
> セル【E9】：98
> セル【F9】：105
> セル【G9】：113
> セル【H9】：198

※「下期合計」「売上構成比」には自動的に計算結果が表示されます。
※「合計」「平均」の数式は自動的に再計算されます。

その他の方法（行の挿入）

◆行を選択→《ホーム》タブ→《セル》グループの 挿入 (セルの挿入)

挿入オプション

表内に行を挿入すると、上の行と同じ書式が自動的に適用されます。
行を挿入した直後に表示される (挿入オプション)を使うと、書式をクリアしたり、下の行の書式を適用したりできます。

POINT ▶▶▶

行の削除

行は必要に応じて、あとから削除できます。
◆行番号を右クリック→《削除》

POINT ▶▶▶

列の挿入・削除

行と同じように、列も挿入したり削除したりできます。
◆列番号を右クリック→《挿入》または《削除》

ためしてみよう

セル【J3】の「単位:千円」を右揃えに設定しましょう。

	A	B	C	D	E	F	G	H	I	J	K
1											
2					FOMブックストアー 下期売上表						
3										単位:千円	
4			10月	11月	12月	1月	2月	3月	下期合計	売上構成比	
5		和書	805	715	850	898	753	920	4,941	28.5%	
6		洋書	306	255	281	395	207	293	1,737	10.0%	
7		雑誌	593	502	609	567	545	587	3,403	19.7%	
8		コミック	331	357	582	546	403	495	2,714	15.7%	
9		DVD	116	201	98	105	113	198	831	4.8%	
10		ソフトウェア	371	406	896	431	775	804	3,683	21.3%	
11		合計	2,522	2,436	3,316	2,942	2,796	3,297	17,309	100.0%	
12		平均	420	406	553	490	466	550	2,885		
13											

Let's Try Answer

①セル【J3】をクリック
②《ホーム》タブを選択
③《配置》グループの (右揃え)をクリック

Step 6 表を印刷する

1 印刷の手順

作成した表を印刷する手順は、次のとおりです。

2 印刷イメージの確認

表が用紙に収まるかどうかなど、印刷する前に、表の印刷イメージを確認しましょう。

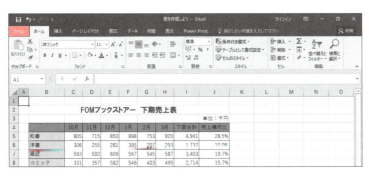

①《ファイル》タブを選択します。

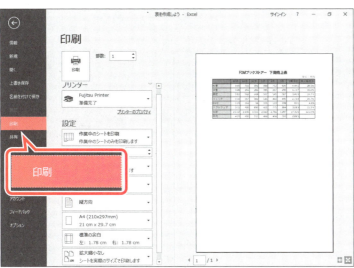

②《印刷》をクリックします。
③印刷イメージを確認します。

3 ページ設定

印刷イメージでレイアウトが整っていない場合、「ページ設定」を使って、ページのレイアウトを調整します。次のようにページのレイアウトを設定しましょう。

> 印刷の向き　：横
> 拡大/縮小　　：140%
> 用紙のサイズ　：A4
> ページ中央　：水平

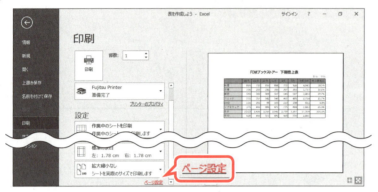

①《ページ設定》をクリックします。
※表示されていない場合は、スクロールして調整します。

《ページ設定》ダイアログボックスが表示されます。
②《ページ》タブを選択します。
③《印刷の向き》の《横》を◉にします。
④《拡大縮小印刷》の《拡大/縮小》を「140」%に設定します。
⑤《用紙サイズ》が《A4》になっていることを確認します。

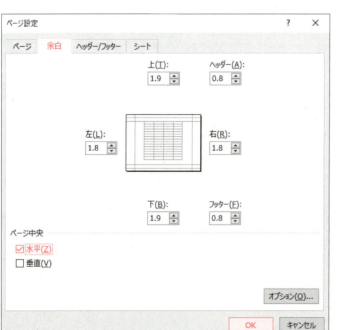

⑥《余白》タブを選択します。
⑦《ページ中央》の《水平》を☑にします。
⑧《OK》をクリックします。

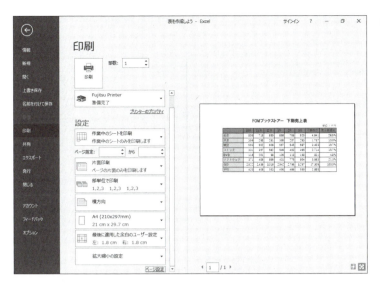

⑨印刷イメージが変更されていることを確認します。

> **POINT ▶▶▶**
> **ページ設定の保存**
> ブックを保存すると、ページ設定の内容も含めて保存されます。

4 印刷

表を1部印刷しましょう。

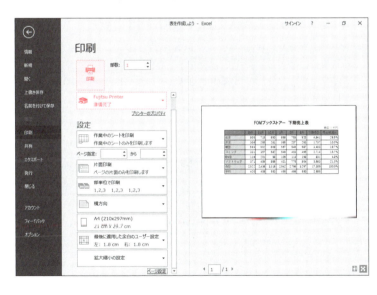

①《部数》が「1」になっていることを確認します。
②《プリンター》に出力するプリンターの名前が表示されていることを確認します。
※表示されていない場合は、をクリックし、一覧から選択します。
③《印刷》をクリックします。
※ブックに「表を作成しよう完成」と名前を付けて、フォルダー「第7章」に保存し、閉じておきましょう。

154

Exercise 練習問題

解答 ▶ 別冊P.4

完成図のような表を作成しましょう。

フォルダー「第7章」のブック「第7章練習問題」を開いておきましょう。

●完成図

	A	B	C	D	E	F	G	H
1								
2		得意先別売上表						
3								
4		得意先No.	得意先名	前月売上	当月売上	前月比	当月構成比	
5		1001	株式会社比呂企画	1,175,500	1,097,800	93%	23%	
6		1002	KIKUCHI電器株式会社	1,365,890	1,002,320	73%	21%	
7		1003	鶴見ゼネラル株式会社	104,960	236,980	226%	5%	
8		1004	ミノダ電器株式会社	579,080	687,940	119%	14%	
9		1005	株式会社野々村システム	801,030	780,180	97%	16%	
10		1006	株式会社吉村研究所	705,060	986,400	140%	21%	
11			合計	4,731,520	4,791,620	101%	100%	
12								

①セル【B2】のフォントサイズを「18」ポイントに変更しましょう。

②C〜G列の列幅を、最長のデータに合わせて自動調整しましょう。

③セル【D11】に「**前月売上**」の合計を求める数式を入力し、セル【E11】に数式をコピーしましょう。

④セル【F5】に前月売上に対する当月売上の「**前月比**」を求める数式を入力し、セル範囲【F6:F11】に数式をコピーしましょう。

Hint 「前月比」は「当月売上÷前月売上」で求めます。

⑤セル【G5】に当月売上合計に対する得意先の「**当月構成比**」を求める数式を入力し、セル範囲【G6:G11】に数式をコピーしましょう。

Hint 「当月構成比」は「得意先の当月売上÷当月売上合計」で求めます。

⑥セル範囲【D5:E11】に3桁区切りカンマを付けましょう。

⑦セル範囲【F5:G11】を「%（パーセント）」で表示しましょう。

⑧セル範囲【B4:G11】に格子線を引きましょう。

⑨セル範囲【B4:G4】に次の書式を設定しましょう。

塗りつぶしの色：ゴールド、アクセント4、白+基本色40%
中央揃え

⑩セル範囲【B11:C11】を結合し、結合されたセルの中央に文字列を配置しましょう。

※ブックに「第7章練習問題完成」と名前を付けて、フォルダー「第7章」に保存し、閉じておきましょう。

第8章

Chapter 8

Excel 2016 グラフを作成しよう

Check	この章で学ぶこと	……………………………	157
Step1	作成するグラフを確認する	……………………	158
Step2	グラフ機能の概要	…………………………………	159
Step3	円グラフを作成する	………………………………	160
Step4	縦棒グラフを作成する	……………………………	170
練習問題		…………………………………………………	181

Chapter 8

この章で学ぶこと

学習前に習得すべきポイントを理解しておき、
学習後には確実に習得できたかどうかを振り返りましょう。

1	グラフの作成手順を理解している。	☑☑☑ → P.159
2	円グラフを作成できる。	☑☑☑ → P.160
3	グラフタイトルを入力できる。	☑☑☑ → P.163
4	グラフの位置やサイズを調整できる。	☑☑☑ → P.164
5	グラフにスタイルを適用して、グラフ全体のデザインを変更できる。	☑☑☑ → P.166
6	円グラフから要素を切り離して強調できる。	☑☑☑ → P.167
7	縦棒グラフを作成できる。	☑☑☑ → P.170
8	グラフの場所を変更できる。	☑☑☑ → P.173
9	グラフに必要な要素を、個別に配置できる。	☑☑☑ → P.174
10	グラフの要素に対して、書式を設定できる。	☑☑☑ → P.175
11	グラフフィルターを使って、グラフのデータ系列を絞り込むことができる。	☑☑☑ → P.179

Step 1 作成するグラフを確認する

1 作成するグラフの確認

次のようなグラフを作成しましょう。

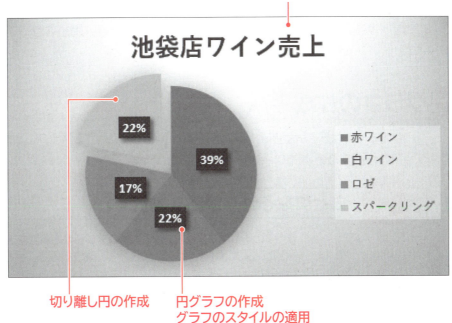

グラフタイトルの入力
切り離し円の作成
円グラフの作成
グラフのスタイルの適用

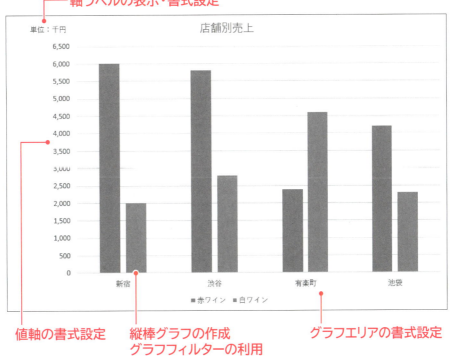

軸ラベルの表示・書式設定
値軸の書式設定
縦棒グラフの作成
グラフフィルターの利用
グラフエリアの書式設定

Step2 グラフ機能の概要

1 グラフ機能

表のデータをもとに、簡単にグラフを作成できます。グラフはデータを視覚的に表現できるため、データを比較したり傾向を分析したりするのに適しています。
Excelには、縦棒・横棒・折れ線・円など9種類の基本のグラフが用意されています。さらに、基本の各グラフには、形状をアレンジしたパターンが複数用意されています。

2 グラフの作成手順

グラフのもとになるセル範囲とグラフの種類を選択するだけで、グラフは簡単に作成できます。
グラフを作成する基本的な手順は、次のとおりです。

1 もとになるセル範囲を選択する

グラフのもとになるデータが入力されているセル範囲を選択します。

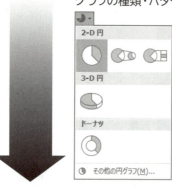

2 グラフの種類を選択する

グラフの種類・パターンを選択して、グラフを作成します。

グラフが簡単に作成できる

Step3 円グラフを作成する

1 円グラフの作成

「円グラフ」は、全体に対して各項目がどれくらいの割合を占めるかを表現するときに使います。
円グラフを作成しましょう。

1 セル範囲の選択

グラフを作成する場合、まず、グラフのもとになるセル範囲を選択します。
円グラフの場合、次のようにセル範囲を選択します。

●「池袋」の売上を表す円グラフを作成する場合

	新宿	渋谷	有楽町	池袋	合計
赤ワイン	6,000	5,800	2,400	4,200	18,400
白ワイン	2,000	2,800	4,600	2,300	11,700
ロゼ	4,600	3,400	2,100	1,800	11,900
スパークリング	4,400	2,600	1,800	2,300	11,100
合計	17,000	14,600	10,900	10,600	53,100

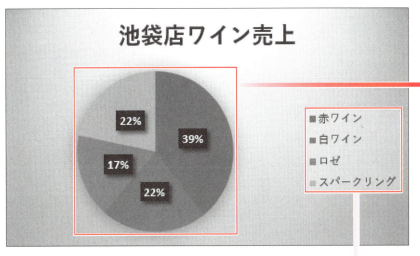

2 円グラフの作成

表のデータをもとに、「**池袋店の売上構成比**」を表す円グラフを作成しましょう。

File OPEN フォルダー「第8章」のブック「グラフを作成しよう」を開いておきましょう。

①セル範囲【B4:B7】を選択します。
②[Ctrl]を押しながら、セル範囲【F4:F7】を選択します。

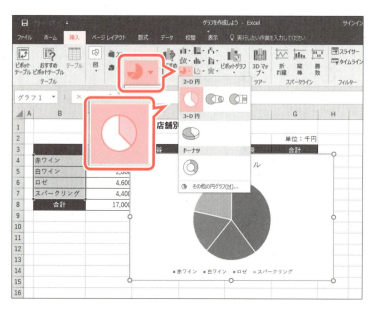

③《挿入》タブを選択します。
④《グラフ》グループの (円またはドーナツグラフの挿入)をクリックします。
⑤《2-D円》の《円》をクリックします。

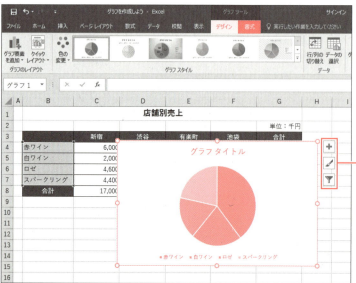

円グラフが作成されます。
グラフの右側に「**グラフ書式コントロール**」が表示され、リボンに《グラフツール》の《デザイン》タブと《書式》タブが表示されます。

グラフ書式コントロール

グラフが選択されている状態になっているので、選択を解除します。

⑥任意のセルをクリックします。

グラフの選択が解除されます。

> **POINT ▶▶▶**
>
> ### 《グラフツール》の《デザイン》タブと《書式》タブ
>
> グラフを選択すると、リボンに《グラフツール》の《デザイン》タブと《書式》タブが表示され、グラフに関するコマンドが使用できる状態になります。

> **POINT ▶▶▶**
>
> ### 円グラフの構成要素
>
> 円グラフを構成する要素は、次のとおりです。

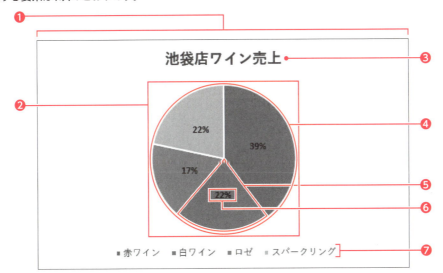

❶ **グラフエリア**
グラフ全体の領域です。すべての要素が含まれます。

❷ **プロットエリア**
円グラフの領域です。

❸ **グラフタイトル**
グラフのタイトルです。

❹ **データ系列**
もとになる数値を視覚的に表すすべての扇型です。

❺ **データ要素**
もとになる数値を視覚的に表す個々の扇型です。

❻ **データラベル**
データ要素を説明する文字列です。

❼ **凡例**
データ要素に割り当てられた色を識別するための情報です。

2 グラフタイトルの入力

グラフタイトルを「**池袋店ワイン売上**」に変更しましょう。

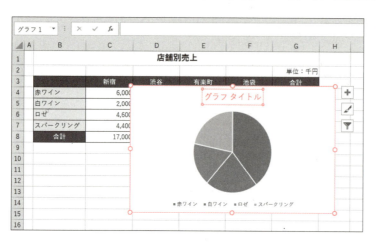

① グラフをクリックします。
グラフが選択されます。
② グラフタイトルをクリックします。
※ポップヒントに《グラフタイトル》と表示されることを確認してクリックしましょう。
グラフタイトルが選択されます。

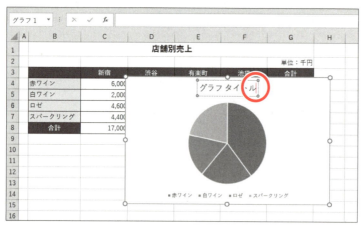

③ グラフタイトルを再度クリックします。
グラフタイトルが編集状態になり、カーソルが表示されます。

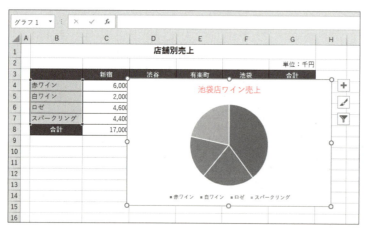

④「**グラフタイトル**」を削除し、「**池袋店ワイン売上**」と入力します。
⑤ グラフタイトル以外の場所をクリックします。
グラフタイトルが確定されます。

❗ POINT ▶▶▶

グラフ要素の選択

グラフを編集する場合、まず対象となる要素を選択し、次にその要素に対して処理を行います。グラフ上の要素は、クリックすると選択できます。
要素をポイントすると、ポップヒントに要素名が表示されます。複数の要素が重なっている箇所や要素の面積が小さい箇所は、選択するときにポップヒントで確認するようにしましょう。要素の選択ミスを防ぐことができます。

3 グラフの移動とサイズ変更

グラフは、作成後に位置やサイズを調整できます。
グラフの位置とサイズを調整しましょう。

1 グラフの移動

表と重ならないように、グラフをシート上の適切な位置に移動しましょう。

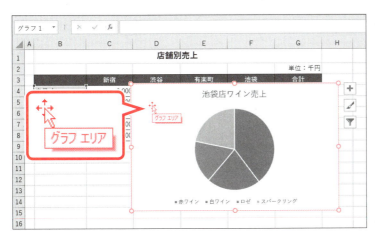

① グラフが選択されていることを確認します。
② グラフエリアをポイントします。
マウスポインターの形が に変わります。
③ ポップヒントに《グラフエリア》と表示されていることを確認します。
※ポップヒントに《プロットエリア》や《系列1》など《グラフエリア》以外が表示されている状態では正しく移動できません。

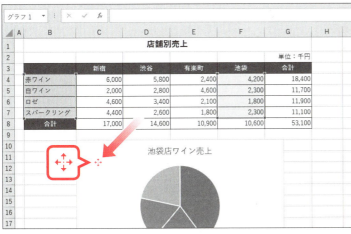

④ 図のようにドラッグします。
（目安：セル【C10】）
ドラッグ中、マウスポインターの形が に変わります。

グラフが移動します。

164

2 グラフのサイズ変更

グラフのサイズを縮小しましょう。

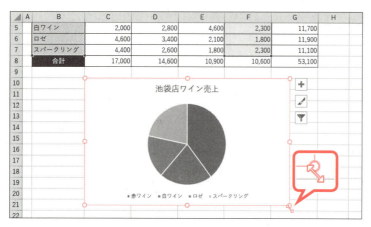

①グラフが選択されていることを確認します。
②グラフエリアの右下をポイントします。
マウスポインターの形が に変わります。

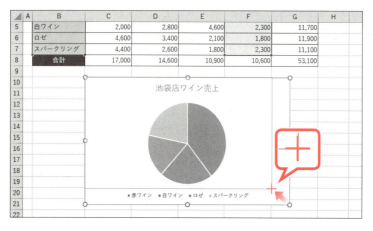

③図のようにドラッグします。
（目安：セル【F19】）
ドラッグ中、マウスポインターの形が＋に変わります。

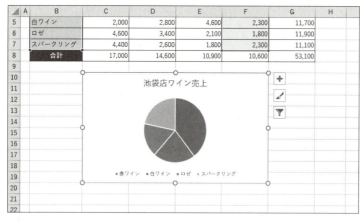

グラフのサイズが変更されます。

❗ POINT ▶▶▶

グラフの配置

Alt を押しながら、グラフの移動やサイズ変更を行うと、セルの枠線に合わせて配置されます。

4 グラフのスタイルの適用

グラフには、グラフ要素の配置や背景の色、効果などの組み合わせが「**スタイル**」として用意されています。一覧から選択するだけで、グラフ全体のデザインを変更できます。
円グラフにスタイル「**スタイル3**」を適用しましょう。

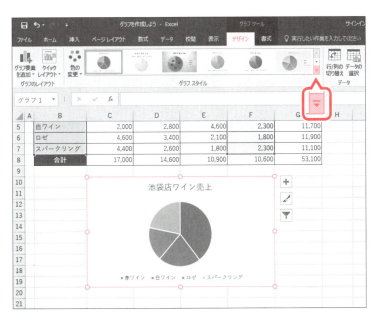

①グラフが選択されていることを確認します。
②《**デザイン**》タブを選択します。
③《**グラフスタイル**》グループの ▼ （その他）をクリックします。

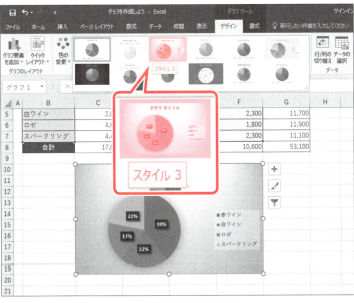

グラフのスタイルが一覧で表示されます。
④《**スタイル3**》をクリックします。
※一覧のスタイルをポイントすると、適用結果を確認できます。

グラフのスタイルが適用されます。

その他の方法（グラフのスタイルの適用）

◆グラフを選択→グラフ書式コントロールの ✏ （グラフスタイル）→《スタイル》→一覧から選択

166

グラフの色の変更

グラフには、データ要素ごとの配色がいくつか用意されています。この配色を使うと、グラフの色を瞬時に変更できます。

◆グラフを選択→《デザイン》タブ→《グラフスタイル》グループの (グラフクイックカラー)

5 切り離し円の作成

円グラフの一部を切り離すことで、円グラフの中で特定のデータ要素を強調できます。
データ要素「**スパークリング**」を切り離して、強調しましょう。

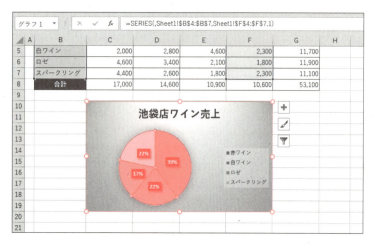

①グラフが選択されていることを確認します。
②円の部分をクリックします。
データ系列が選択されます。

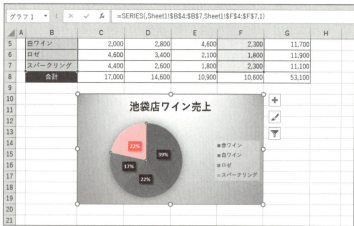

③図の扇型の部分をクリックします。
※ポップヒントに《系列1 要素"スパークリング"…》と表示されることを確認してクリックしましょう。
データ要素「**スパークリング**」が選択されます。

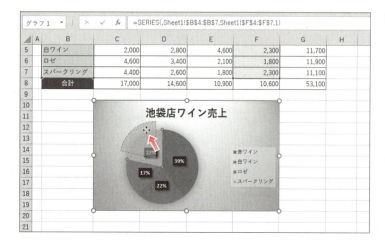

④図のように円の外側にドラッグします。

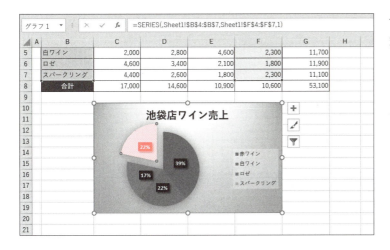

データ要素「**スパークリング**」が切り離されます。

> **POINT ▶▶▶**
>
> ### データ要素の選択
> 円グラフの円の部分をクリックすると、データ系列が選択されます。続けて、円の中の扇型をクリックすると、データ系列の中のデータ要素がひとつだけ選択されます。

> **POINT ▶▶▶**
>
> ### グラフの更新
> グラフは、もとになるセル範囲と連動しています。もとになるデータを変更すると、グラフも自動的に更新されます。
>
> ### グラフの印刷
> グラフを選択した状態で印刷を実行すると、グラフだけが用紙いっぱいに印刷されます。
> セルを選択した状態で印刷を実行すると、シート上の表とグラフが印刷されます。
>
> ### グラフの削除
> シート上に作成したグラフを削除するには、グラフを選択して [Delete] を押します。

おすすめグラフの利用

「おすすめグラフ」を使うと、選択しているデータに適した数種類のグラフが表示されます。選択したデータでどのようなグラフを作成できるかあらかじめ確認することができ、一覧から適切なグラフを選択するだけで簡単にグラフを作成できます。
おすすめグラフを使って、グラフを作成する方法は、次のとおりです。

◆セル範囲を選択→《挿入》タブ→《グラフ》グループの （おすすめグラフ）

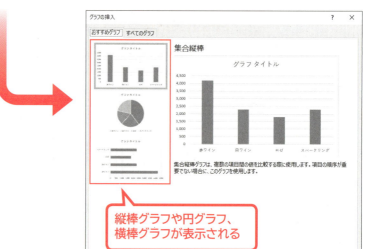

商品と池袋店の売上を選択した場合

縦棒グラフや円グラフ、横棒グラフが表示される

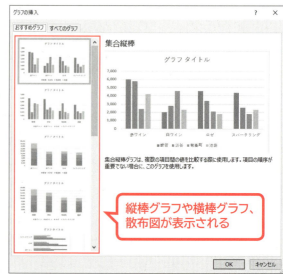

商品と各店舗の売上を選択した場合

縦棒グラフや横棒グラフ、散布図が表示される

Step 4 縦棒グラフを作成する

1 縦棒グラフの作成

「縦棒グラフ」は、ある期間におけるデータの推移を大小関係で表現するときに使います。
縦棒グラフを作成しましょう。

1 セル範囲の選択

グラフを作成する場合、まず、グラフのもとになるセル範囲を選択します。
縦棒グラフの場合、次のようにセル範囲を選択します。

●縦棒の種類がひとつの場合

●縦棒の種類が複数の場合

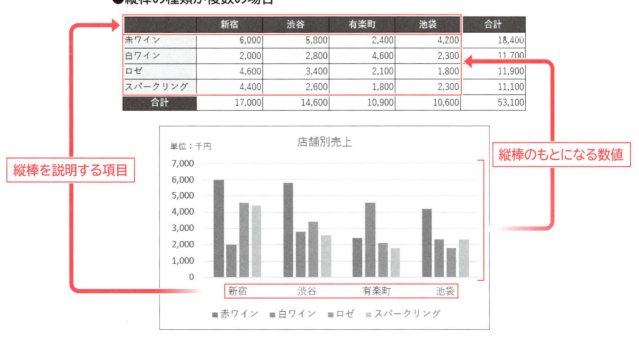

2 縦棒グラフの作成

表のデータをもとに、「**店舗別の売上**」を表す縦棒グラフを作成しましょう。

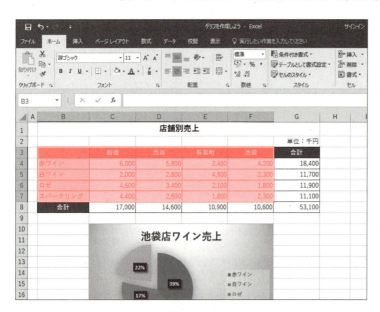

①セル範囲**【B3:F7】**を選択します。

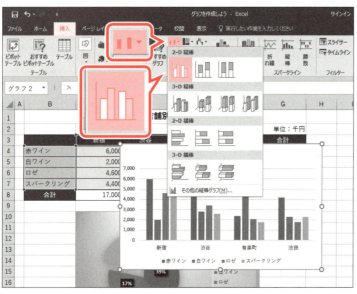

②《**挿入**》タブを選択します。
③《**グラフ**》グループの (縦棒/横棒グラフの挿入)をクリックします。
④《**2-D縦棒**》の《**集合縦棒**》をクリックします。

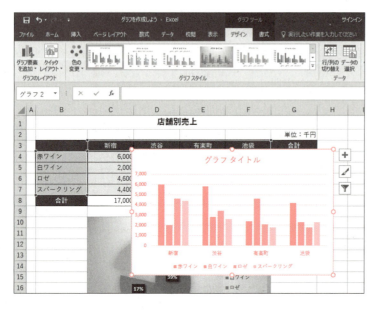

縦棒グラフが作成されます。

POINT ▶▶▶

縦棒グラフの構成要素
縦棒グラフを構成する要素は、次のとおりです。

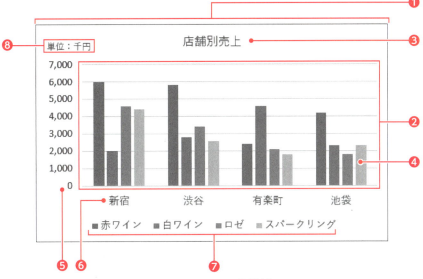

❶ **グラフエリア**
グラフ全体の領域です。すべての要素が含まれます。

❷ **プロットエリア**
縦棒グラフの領域です。

❸ **グラフタイトル**
グラフのタイトルです。

❹ **データ系列**
もとになる数値を視覚的に表す棒です。

❺ **値軸**
データ系列の数値を表す軸です。

❻ **項目軸**
データ系列の項目を表す軸です。

❼ **凡例**
データ系列に割り当てられた色を識別するための情報です。

❽ **軸ラベル**
軸を説明する文字列です。

 ためしてみよう

グラフタイトルを「店舗別売上」に変更しましょう。

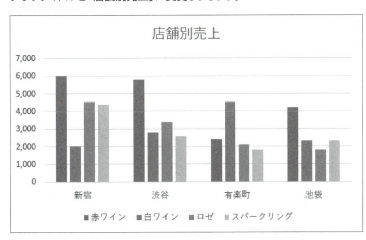

Let's Try Answer

①グラフを選択
②グラフタイトルをクリック
③グラフタイトルを再度クリック
④「グラフタイトル」を削除し、「店舗別売上」と入力
※グラフタイトル以外の場所をクリックし、選択を解除しておきましょう。

2 グラフの場所の変更

シート上に作成したグラフを、**「グラフシート」**に移動できます。グラフシートとは、グラフ専用のシートで、シート全体にグラフを表示します。
シート上のグラフをグラフシートに移動しましょう。

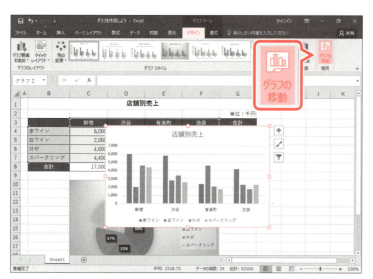

①グラフを選択します。
②《デザイン》タブを選択します。
③《場所》グループの (グラフの移動) をクリックします。

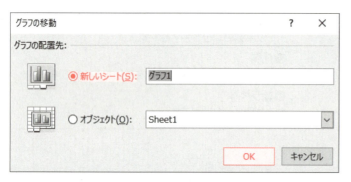

《グラフの移動》ダイアログボックスが表示されます。
④《新しいシート》を◉にします。
⑤《OK》をクリックします。

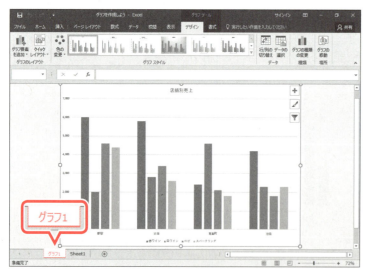

シート「**グラフ1**」が挿入され、グラフの場所が移動します。
※お使いの環境によっては、シート名が異なる場合があります。

その他の方法（グラフの場所の変更）

◆グラフエリアを右クリック→《グラフの移動》

3 グラフ要素の表示

必要なグラフ要素が表示されていない場合は、個別に配置します。
値軸の軸ラベルを表示しましょう。

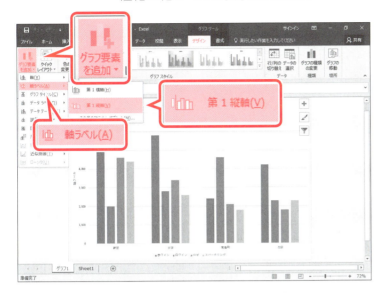

① グラフが選択されていることを確認します。
②《デザイン》タブを選択します。
③《グラフのレイアウト》グループの (グラフ要素を追加)をクリックします。
④《軸ラベル》をポイントします。
⑤《第1縦軸》をクリックします。

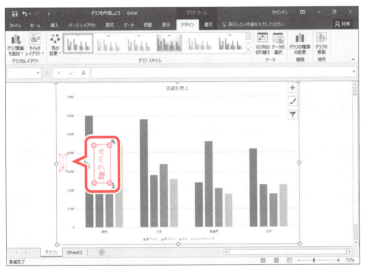

軸ラベルが表示されます。
⑥ 軸ラベルが選択されていることを確認します。

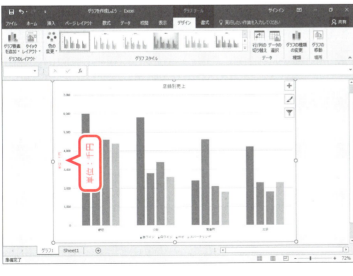

⑦ 軸ラベルをクリックします。
軸ラベルが編集状態になり、カーソルが表示されます。
⑧「軸ラベル」を削除し、「単位：千円」と入力します。
⑨ 軸ラベル以外の場所をクリックします。
軸ラベルが確定されます。

その他の方法（軸ラベルの表示）

◆グラフを選択→グラフ書式コントロールの ＋ （グラフ要素）→《☑軸ラベル》→ ▶ をクリック→《☑第1縦軸》

> **POINT ▶▶▶**
>
> **グラフ要素の非表示**
>
> グラフ要素を非表示にする方法は、次のとおりです。
>
> ◆グラフを選択→《デザイン》タブ→《グラフのレイアウト》グループの （グラフ要素を追加）→グラフ要素名をポイント→非表示にしたい要素または《なし》をクリック

STEP UP グラフのレイアウトの設定

グラフには、あらかじめいくつかのレイアウトが用意されており、それぞれ表示される要素やその配置が異なります。レイアウトを使って、グラフ要素の表示や配置を設定する方法は、次のとおりです。

◆グラフを選択→《デザイン》タブ→《グラフのレイアウト》グループの （クイックレイアウト）→一覧から選択

4 グラフ要素の書式設定

グラフの各要素に対して、個々に書式を設定できます。

1 軸ラベルの書式設定

値軸の軸ラベルは、初期の設定で、左に90度回転した状態で表示されます。
値軸の軸ラベルが左に90度回転した状態になっているのを解除し、グラフの左上に移動しましょう。

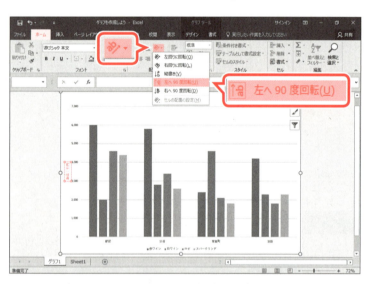

①軸ラベルをクリックします。
軸ラベルが選択されます。
②《ホーム》タブを選択します。
③《配置》グループの （方向）をクリックします。
④《左へ90度回転》をクリックします。

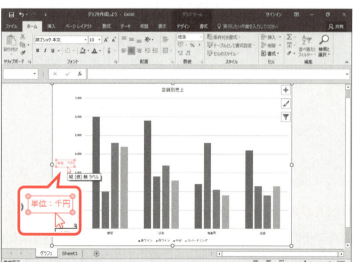

軸ラベルが横書きに変更されます。
⑤軸ラベルの枠線をポイントします。
マウスポインターの形が に変わります。
※軸ラベルの枠線内をポイントすると、マウスポインターの形がIになり、文字列の選択になるので注意しましょう。

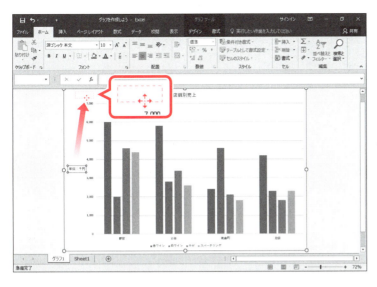

⑥図のように、軸ラベルの枠線をドラッグします。

ドラッグ中、マウスポインターの形が ✥ に変わります。

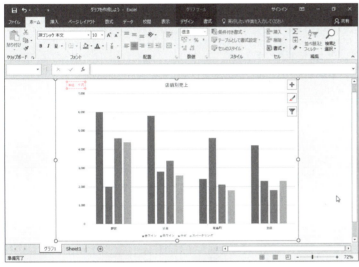

軸ラベルが移動します。

2 グラフエリアの書式設定

グラフエリアのフォントサイズを「12」ポイントに変更しましょう。
グラフエリアのフォントサイズを変更すると、グラフエリア内の凡例や軸ラベルなどのフォントサイズが変更されます。

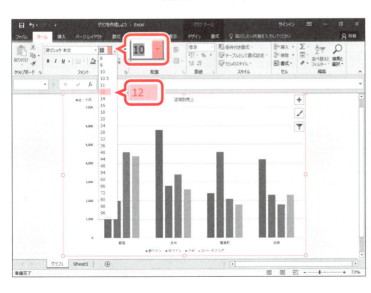

①グラフエリアをクリックします。
グラフエリアが選択されます。
②《ホーム》タブを選択します。
③《フォント》グループの 10 （フォントサイズ）の をクリックし、一覧から《12》を選択します。

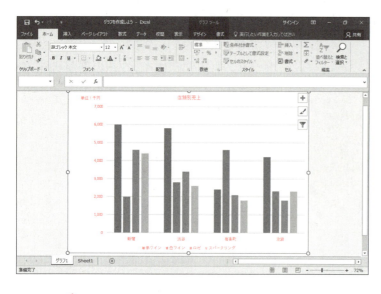

グラフエリアのフォントサイズが変更されます。

Let's Try ためしてみよう

グラフタイトルのフォントサイズを「18」ポイントに変更しましょう。

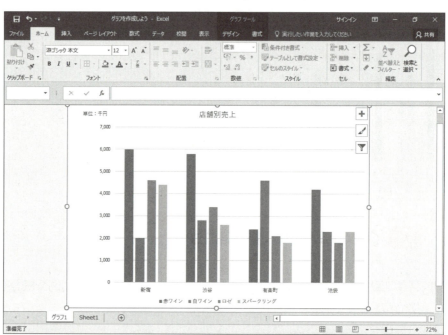

Let's Try Answer

① グラフタイトルをクリック
②《ホーム》タブを選択
③《フォント》グループの [14.4▼]（フォントサイズ）の[▼]をクリックし、一覧から《18》を選択

3 値軸の書式設定

値軸の目盛を「500」単位に変更しましょう。

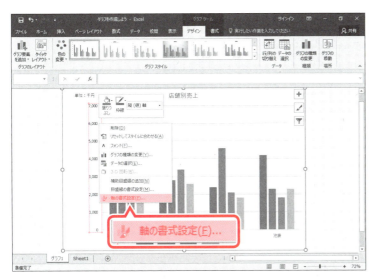

①値軸を右クリックします。
②《軸の書式設定》をクリックします。

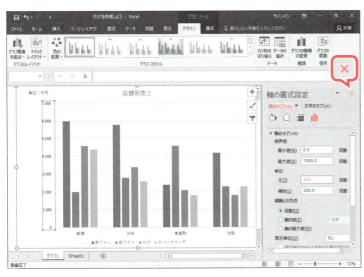

《軸の書式設定》作業ウィンドウが表示されます。
③《軸のオプション》をクリックします。
④ (軸のオプション)をクリックします。
⑤《単位》の《主》に「500」と入力します。
※お使いの環境によっては、表示名が異なる場合があります。
⑥ (閉じる)をクリックします。

《軸の書式設定》作業ウィンドウが閉じられます。
目盛が「500」単位になります。

その他の方法（グラフ要素の書式設定）

◆グラフ要素を選択→《書式》タブ→《現在の選択範囲》グループの 選択対象の書式設定 （選択対象の書式設定）

5 グラフフィルターの利用

グラフ書式コントロールの**「グラフフィルター」**を使うと、グラフを作成したあとに、グラフに表示するデータを絞り込むことができます。選択したデータだけがグラフに表示され、選択していないデータは一時的に非表示になります。
グラフのデータ系列を**「赤ワイン」**と**「白ワイン」**に絞り込みましょう。

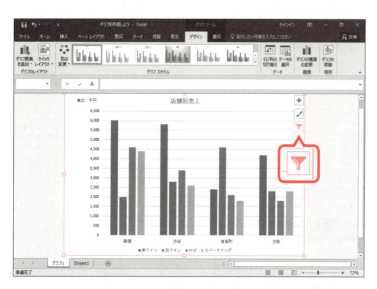

①グラフが選択されていることを確認します。
②グラフ書式コントロールの▼(グラフフィルター)をクリックします。

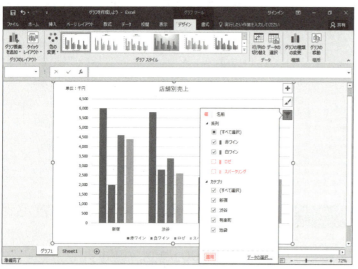

③《値》をクリックします。
④《系列》の**「ロゼ」「スパークリング」**を□にします。
⑤《適用》をクリックします。

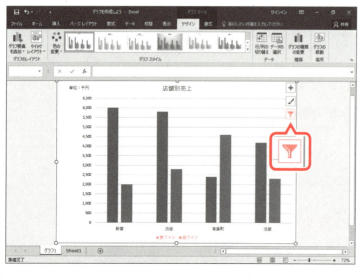

⑥▼(グラフフィルター)をクリックします。
グラフのデータ系列が**「赤ワイン」**と**「白ワイン」**に絞り込まれます。
※ブックに「グラフを作成しよう完成」と名前を付けて、フォルダー「第8章」に保存し、閉じておきましょう。

POINT ▶▶▶

グラフ書式コントロール

グラフを選択すると、グラフの右側に「グラフ書式コントロール」という3つのボタンが表示されます。
ボタンの名称と役割は、次のとおりです。

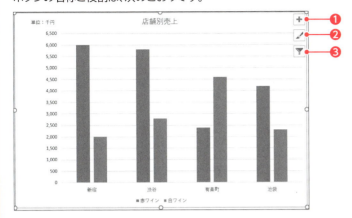

❶ ＋（グラフ要素）
グラフのタイトルや凡例などのグラフ要素の表示・非表示を切り替えたり、表示位置を変更したりします。

❷ （グラフスタイル）
グラフのスタイルや配色を変更します。

❸ （グラフフィルター）
グラフに表示するデータを絞り込みます。

STEP UP スパークライン

「スパークライン」とは、複数のセルに入力された数値の傾向を視覚的に表現するために、別のセル内に作成する小さなグラフのことです。スパークラインを使うと、月ごとの売上増減や季節ごとの景気循環など、数値の傾向を把握するためのグラフを表内に作成できます。
スパークラインで作成できるグラフの種類は、次のとおりです。

折れ線
時間の経過による数値の推移を、折れ線グラフで表現します。

A市の年間気温　　　　　　　　　　　　　　　　　　　　　　　　　　単位：℃

月	1月	2月	3月	4月	5月	6月	7月	8月	9月	10月	11月	12月	年間推移
最高気温	6	4	9	16	23	28	34	36	30	24	17	8	
最低気温	-5	-10	4	11	17	19	21	24	17	15	12	1	

縦棒
数値の大小関係を、棒グラフで表現します。

新聞折り込みチラシによるWebアクセス効果　　　　　　　　　　　　　単位：回

日付	4月1日	4月2日	4月3日	4月4日	4月5日	4月6日	4月7日	傾向
商品案内	1,459	1,532	1,323	1,282	1,172	1,314	1,204	
店舗案内	677	623	378	423	254	351	266	
イベント案内	241	198	145	228	241	111	325	

勝敗
数値の正負を、水平線から上下に伸びる棒グラフで表現します。

人口増減数（転入－転出）比較　　　　　　　　　　　　　　　　　　単位：人

年	2012年	2013年	2014年	2015年	2016年	2017年	増減
A市	364	-89	289	430	367	-36	
B市	339	683	-40	-25	530	451	
C市	350	290	-35	154	-25	235	

スパークラインを作成する方法は、次のとおりです。

◆スパークラインのもとになるセル範囲を選択→《挿入》タブ→《スパークライン》グループの （折れ線スパークライン）または （縦棒スパークライン）または （勝敗スパークライン）→《場所の範囲》にスパークラインを作成するセルを指定

Exercise 練習問題

解答 ▶ 別冊P.5

完成図のようなグラフを作成しましょう。

 フォルダー「第8章」のブック「第8章練習問題」を開いておきましょう。

●完成図

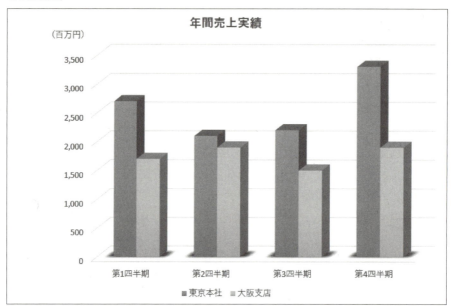

① セル範囲【B4:F8】をもとに、「四半期別売上」を表す3-D集合縦棒グラフを作成しましょう。

② グラフタイトルを「年間売上実績」に変更しましょう。

③ シート上のグラフをグラフシートに移動しましょう。

④ グラフのスタイルを「スタイル11」に変更しましょう。

⑤ グラフの色を「カラフルなパレット4」に変更しましょう。指定のグラフの色がない場合は、任意のグラフの色に変更します。

Hint 《デザイン》タブ→《グラフスタイル》グループの （グラフクイックカラー）で変更します。

⑥ 値軸の軸ラベルを表示し、軸ラベルを「(百万円)」に変更しましょう。

⑦ 値軸の軸ラベルが左に90度回転した状態になっているのを解除し、グラフの左上に移動しましょう。

⑧ グラフエリアのフォントサイズを「14」ポイントに変更し、グラフタイトルのフォントサイズを「20」ポイントに変更しましょう。

⑨ グラフのデータ系列を「東京本社」と「大阪支店」に絞り込みましょう。

※ブックに「第8章練習問題完成」という名前を付けて、フォルダー「第8章」に保存し、閉じておきましょう。

Chapter 9

第9章

Excel 2016 データを分析しよう

Check	この章で学ぶこと	183
Step1	データベース機能の概要	184
Step2	表をテーブルに変換する	186
Step3	データを並べ替える	191
Step4	データを抽出する	194
Step5	条件付き書式を設定する	197
練習問題		201

Chapter 9

この章で学ぶこと

学習前に習得すべきポイントを理解しておき、
学習後には確実に習得できたかどうかを振り返りましょう。

1	データベース機能を利用するときの表の構成や、表を作成するときの注意点を理解している。	☑☑☑ →P.184
2	テーブルで何ができるかを説明できる。	☑☑☑ →P.186
3	表をテーブルに変換できる。	☑☑☑ →P.187
4	テーブルスタイルを適用できる。	☑☑☑ →P.188
5	テーブルに集計行を表示できる。	☑☑☑ →P.190
6	テーブルのデータを並べ替えることができる。	☑☑☑ →P.191
7	複数の条件を組み合わせて、データを並べ替えることができる。	☑☑☑ →P.192
8	条件を指定して、テーブルからデータを抽出できる。	☑☑☑ →P.194
9	数値フィルターを使って、データを抽出できる。	☑☑☑ →P.196
10	条件付き書式を使って、条件に合致するデータを強調できる。	☑☑☑ →P.198
11	指定したセル範囲内で数値の大小を比較するデータバーを設定できる。	☑☑☑ →P.199

Step 1 データベース機能の概要

1 データベース機能

住所録や社員名簿、商品台帳、売上台帳などのように関連するデータをまとめたものを **「データベース」** といいます。このデータベースを管理・運用する機能が **「データベース機能」** です。データベース機能を使うと、大量のデータを効率よく管理できます。
データベース機能には、次のようなものがあります。

●並べ替え
指定した基準に従って、データを並べ替えます。

●フィルター
データベースから条件を満たすデータだけを抽出します。

2 データベース用の表

データベース機能を利用するには、表を **「列見出し」「フィールド」「レコード」** で構成する必要があります。

1 表の構成

データベース用の表では、1件分のデータを横1行で管理します。

No.	開催日	セミナー名	区分	定員	受講者数	受講率
1	2018/1/8	経営者のための経営分析講座	経営	30	30	100.0%
2	2018/1/11	マーケティング講座	経営	30	25	83.3%
3	2018/1/12	初心者のためのインターネット株取引	投資	50	50	100.0%
4	2018/1/15	初心者のための資産運用講座	投資	50	40	80.0%
5	2018/1/19	一般教養攻略講座	就職	40	25	62.5%
6	2018/1/22	人材戦略講座	経営	30	24	80.0%
7	2018/1/25	自己分析・自己表現講座	就職	40	34	85.0%
8	2018/1/26	面接試験突破講座	就職	20	20	100.0%
9	2018/2/9	初心者のためのインターネット株取引	投資	50	50	100.0%
10	2018/2/15	初心者のための資産運用講座	投資	50	42	84.0%
11	2018/2/16	一般教養攻略講座	就職	40	23	57.5%
12	2018/2/19	個人投資家のための為替投資講座	投資	50	30	60.0%
13	2018/2/22	個人投資家のための株式投資講座	投資	50	36	72.0%
14	2018/2/26	個人投資家のための不動産投資講座	投資	50	44	88.0%
15	2018/2/28	自己分析・自己表現講座	就職	40	36	90.0%

❶列見出し（フィールド名）
データを分類する項目名です。

❷フィールド
列単位のデータです。列見出しに対応した同じ種類のデータを入力します。

❸レコード
行単位のデータです。横1行に1件分のデータを入力します。

2 表作成時の注意点

データベース用の表を作成するとき、次のような点に注意します。

❶表に隣接するセルには、データを入力しない

データベースのセル範囲を自動的に認識させるには、表に隣接するセルを空白にしておきます。セル範囲を手動で選択する手間が省けるので、効率的に操作できます。

❷1枚のシートにひとつの表を作成する

1枚のシートに複数の表が作成されている場合、一方の抽出結果が、もう一方に影響することがあります。できるだけ、1枚のシートにひとつの表を作成するようにしましょう。

❸先頭行は列見出しにする

表の先頭行には、必ず列見出しを入力します。列見出しをもとに、並べ替えやフィルターが実行されます。

❹フィールドには同じ種類のデータを入力する

ひとつのフィールドには、同じ種類のデータを入力します。文字列と数値を混在させないようにしましょう。

❺1件分のデータは横1行で入力する

1件分のデータを横1行に入力します。複数行に分けて入力すると、意図したとおりに並べ替えやフィルターが行われません。

❻セルの先頭に余分な空白は入力しない

セルの先頭に余分な空白を入力してはいけません。余分な空白が入力されていると、意図したとおりに並べ替えやフィルターが行われないことがあります。

> **STEP UP インデント**
>
> セルの先頭を字下げする場合、空白を入力せずにインデントを設定します。インデントを設定しても、実際のデータは変わらないので、並べ替えやフィルターに影響しません。
>
> ◆セルを選択→《ホーム》タブ→《配置》グループの （インデントを増やす）

Step2 表をテーブルに変換する

1 テーブル

表を「**テーブル**」に変換すると、書式設定やデータベース管理が簡単に行えるようになります。テーブルには、次のような特長があります。

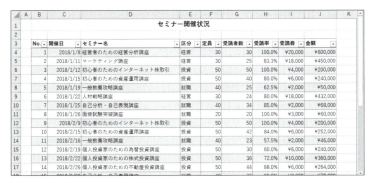

●**見やすい書式をまとめて設定できる**

テーブルスタイルが自動的に適用され、罫線や塗りつぶしの色などの書式が設定されます。1行おきに縞模様になるなどデータが見やすくなり、表全体の見栄えが整います。

テーブルスタイルはあとから変更することもできます。

●**フィルターモードになる**

列見出しに▼が表示され「**フィルターモード**」と呼ばれる状態になります。

▼を使うと、並べ替えやフィルターを簡単に実行できます。

●**いつでも列見出しを確認できる**

シートをスクロールすると列番号の部分に列見出しが表示されます。

大きな表をスクロールして確認するとき、上の行まで戻って列見出しを確認する手間が省けます。

●**集計行を追加できる**

自分で数式や関数を入力しなくても、簡単に「**集計行**」を追加でき、合計や平均などの集計ができます。

186

2 テーブルへの変換

表をテーブルに変換すると、自動的に「**テーブルスタイル**」が適用されます。テーブルスタイルは、罫線や塗りつぶしの色などの書式を組み合わせたもので、表全体の見栄えを瞬時に整えます。表をテーブルに変換しましょう。

File OPEN フォルダー「第9章」のブック「データを分析しよう」を開いておきましょう。

①セル**【B3】**をクリックします。
※表内であれば、どこでもかまいません。
②**《挿入》**タブを選択します。
③**《テーブル》**グループの (テーブル) をクリックします。

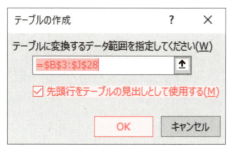

《テーブルの作成》ダイアログボックスが表示されます。
④**《テーブルに変換するデータ範囲を指定してください》**が「**＝＄B＄3:＄J＄28**」になっていることを確認します。
⑤**《先頭行をテーブルの見出しとして使用する》**を ☑ にします。
⑥**《OK》**をクリックします。

セル範囲がテーブルに変換され、テーブルスタイルが適用されます。
リボンに**《テーブルツール》**の**《デザイン》**タブが表示されます。

⑦セル**【A1】**をクリックします。
※テーブル以外であれば、どこでもかまいません。
テーブルの選択が解除されます。

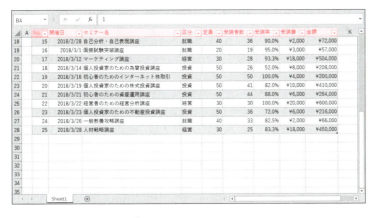

⑧セル【B4】をクリックします。
※テーブル内であれば、どこでもかまいません。
テーブルが選択されます。
⑨シートを下方向にスクロールし、列番号が列見出しに置き換わって、▼が表示されていることを確認します。

> **POINT ▶▶▶**
>
> **もとになるセル範囲の書式**
>
> もとになるセル範囲に書式を設定していると、ユーザーが設定した書式とテーブルスタイルの書式が重なって、見にくくなることがあります。
> テーブルスタイルを適用する場合は、もとになるセル範囲の書式をあらかじめクリアしておきましょう。
> また、ユーザーが設定した書式を優先し、テーブルスタイルを適用しない場合は、テーブル変換後に《デザイン》タブ→《テーブルスタイル》グループの　（テーブルクイックスタイル）→《淡色》の《なし》を選択しましょう。

> **POINT ▶▶▶**
>
> **セル範囲への変換**
>
> テーブルをもとのセル範囲に戻す方法は、次のとおりです。
> ◆テーブル内のセルを選択→《デザイン》タブ→《ツール》グループの　（範囲に変換）
> ※セル範囲に変換しても、テーブルスタイルの書式は残ります。

> **POINT ▶▶▶**
>
> **《テーブルツール》の《デザイン》タブ**
>
> テーブルが選択されているとき、リボンに《テーブルツール》の《デザイン》タブが表示され、テーブルに関するコマンドが使用できる状態になります。

3 テーブルスタイルの適用

テーブルにスタイル「**薄い緑, テーブルスタイル（淡色）21**」を適用しましょう。

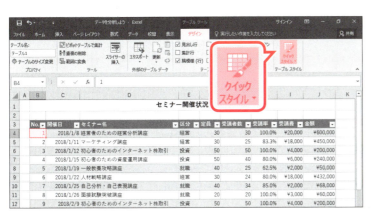

①セル【B4】をクリックします。
※テーブル内であれば、どこでもかまいません。
②《**デザイン**》タブを選択します。
③《**テーブルスタイル**》グループの　（テーブルクイックスタイル）をクリックします。

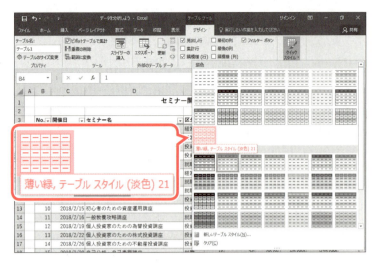

④《淡色》の《薄い緑, テーブルスタイル (淡色) 21》をクリックします。

※一覧のスタイルをポイントすると、適用結果を確認できます。
※お使いの環境によっては、表示名が異なる場合があります。

テーブルスタイルが変更されます。

その他の方法（テーブルスタイルの適用）

◆テーブルを選択→《ホーム》タブ→《スタイル》グループの [テーブルとして書式設定▼]（テーブルとして書式設定）

POINT ▶▶▶

テーブルの利用

テーブルを利用すると、データを追加したときに自動的にテーブルスタイルが適用されたり、テーブル用の数式が入力されたりします。

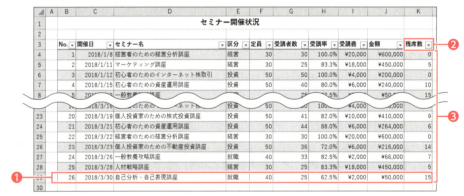

❶ レコードの追加
テーブルの最終行にレコードを追加すると、自動的にテーブル範囲が拡大され、テーブルスタイルが適用されます。

❷ 列見出しの追加
テーブルの右に列見出しを追加すると、自動的にテーブル範囲が拡大され、テーブルスタイルが適用されます。

❸ 数式の入力
テーブルに変換後、新しいフィールドにセルを参照して数式を入力すると、テーブル用の数式になり、フィールド全体に数式が入力されます。たとえば、セル【K4】にセルを参照して「=F4-G4」と入力すると、フィールド全体に数式「=[@定員]-[@受講者数]」が入力されます。
※セルをクリックしてセル位置を入力した場合、テーブル用の数式になります。セル位置を手入力した場合は、通常の数式になります。

4 集計行の表示

テーブルの最終行に集計行を表示して、合計や平均などの集計ができます。集計行は、テーブルにレコードを追加したり、レコードを並べ替えたりしても、常に最終行に表示されます。
テーブルの最終行に集計行を表示しましょう。

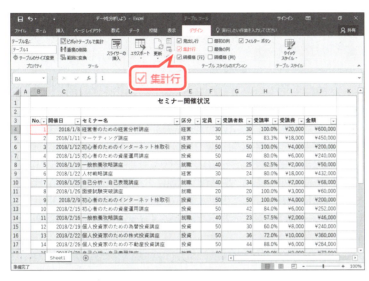

①セル【B4】をクリックします。
※テーブル内であれば、どこでもかまいません。
②《デザイン》タブを選択します。
③《テーブルスタイルのオプション》グループの《集計行》を☑にします。

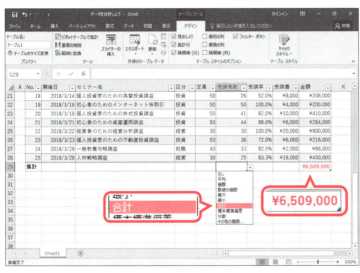

シートが自動的にスクロールされ、テーブルの最終行に「金額」の合計が表示されます。
「受講者数」の合計を表示します。
④集計行の「受講者数」のセル（セル【G29】）をクリックします。
⑤▼をクリックし、一覧から《合計》を選択します。

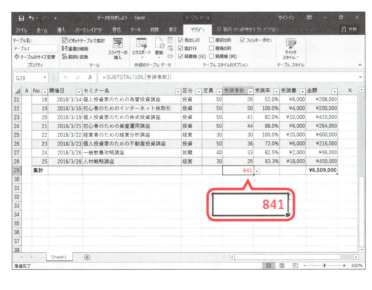

「受講者数」の合計が表示されます。

190

Step3 データを並べ替える

1 並べ替え

「**並べ替え**」を使うと、指定したキー（基準）に従って、データを並べ替えることができます。
並べ替えの順序には、「**昇順**」と「**降順**」があります。

データ	昇順	降順
数値	0→9	9→0
英字	A→Z	Z→A
日付	古→新	新→古
かな	あ→ん	ん→あ

※空白セルは、昇順でも降順でも表の末尾に並びます。
※漢字を入力すると、入力した内容が「ふりがな情報」として一緒にセルに格納されます。漢字は、そのふりがな情報をもとに並べ替えられます。

2 ひとつのキーによる並べ替え

並べ替えのキーがひとつの場合には、列見出しの▼を使うと簡単です。
「**金額**」が高い順に並べ替えましょう。

①「**金額**」の▼をクリックします。
②《**降順**》をクリックします。

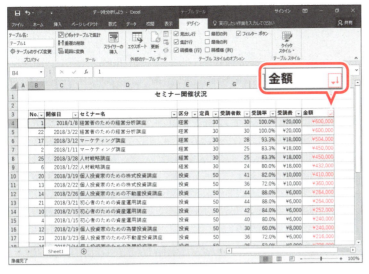

「金額」が高い順に並べ替えられます。

③「金額」の ▼ が ↓ になっていることを確認します。

※「No.」順に並べ替えておきましょう。

表をもとの順番に戻す

並べ替えを実行したあと、表をもとの順番に戻す可能性がある場合、連番を入力したフィールドをあらかじめ用意しておきます。また、並べ替えを実行した直後であれば、 ↶（元に戻す）でもとに戻ります。

データの並べ替え

表をテーブルに変換していない場合でも、表のデータを並べ替えることができます。
データを並べ替える方法は、次のとおりです。

◆キーとなるセルを選択→《データ》タブ→《並べ替えとフィルター》グループの ↑↓ （昇順）または ↓↑ （降順）

3 複数のキーによる並べ替え

複数のキーで並べ替えるには、（並べ替え）を使います。

「定員」が多い順に並べ替え、「定員」が同じ場合は「受講者数」が多い順に並べ替えましょう。

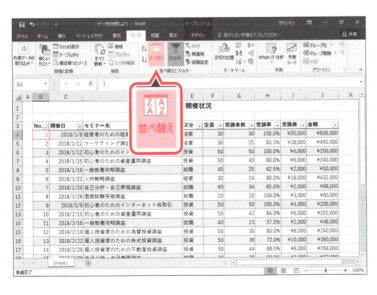

①セル【B4】をクリックします。
※テーブル内であれば、どこでもかまいません。
②《データ》タブを選択します。
③《並べ替えとフィルター》グループの （並べ替え）をクリックします。

192

《並べ替え》ダイアログボックスが表示されます。

1番目に優先されるキーを設定します。

④《最優先されるキー》の《列》の∨をクリックし、一覧から「定員」を選択します。

⑤《並べ替えのキー》が《値》になっていることを確認します。

⑥《順序》の∨をクリックし、一覧から《大きい順》を選択します。

※お使いの環境によっては、表示名が異なる場合があります。

2番目に優先されるキーを設定します。

⑦《レベルの追加》をクリックします。

⑧《次に優先されるキー》の《列》の∨をクリックし、一覧から「受講者数」を選択します。

⑨《並べ替えのキー》が《値》になっていることを確認します。

⑩《順序》の∨をクリックし、一覧から《大きい順》を選択します。

※お使いの環境によっては、表示名が異なる場合があります。

⑪《OK》をクリックします。

データが並べ替えられます。

⑫「定員」と「受講者数」の▼が↓になっていることを確認します。

※「No.」順に並べ替えておきましょう。

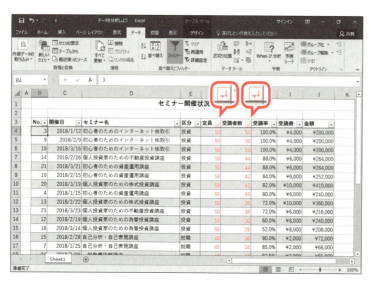

Step4 データを抽出する

1 フィルターの実行

「フィルター」を使うと、データベースから条件を満たすレコードだけを抽出できます。
条件を満たすレコードだけが表示され、条件を満たさないレコードは一時的に非表示になります。
フィルターを使って、「**区分**」が「**投資**」または「**経営**」のレコードを抽出しましょう。

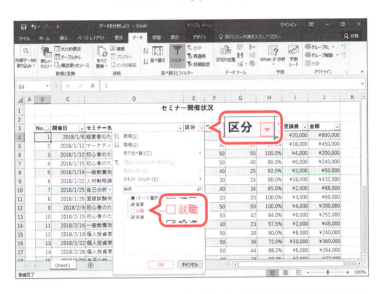

① 「区分」の▼をクリックします。
② 「就職」を□にします。
③ 《OK》をクリックします。

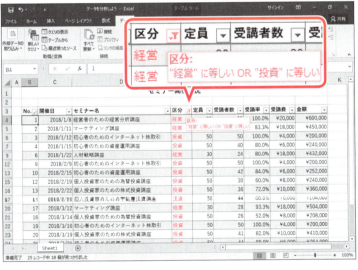

指定した条件でレコードが抽出されます。
④ 「区分」の▼が🔽になっていることを確認します。
⑤ 「区分」の🔽をポイントします。

ポップヒントに指定した条件が表示されます。

※抽出されたレコードの行番号が青色になります。また、条件を満たすレコードの件数がステータスバーに表示されます。

レコードの抽出

表をテーブルに変換していない場合でも、条件を満たすレコードを抽出することができます。
レコードを抽出する方法は、次のとおりです。
◆表内のセルを選択→《データ》タブ→《並べ替えとフィルター》グループの 🔽 （フィルター）

194

2 抽出結果の絞り込み

現在の抽出結果を、さらに「開催日」が「3月」のレコードに絞り込みましょう。

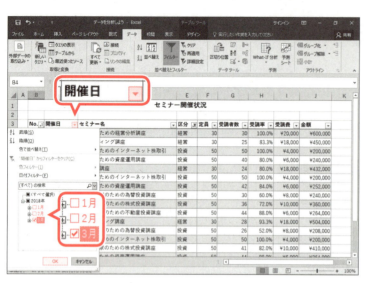

①「開催日」の ▼ をクリックします。
②《(すべて選択)》を □ にします。
※下位の項目がすべて □ になります。
③「3月」を ☑ にします。
④《OK》をクリックします。

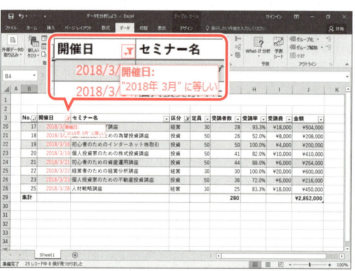

指定した条件でレコードが抽出されます。
⑤「開催日」の ▼ が ▼ になっていることを確認します。
⑥「開催日」の ▼ をポイントします。
ポップヒントに指定した条件が表示されます。

3 条件のクリア

フィルターの条件をすべてクリアして、非表示になっているレコードを再表示しましょう。

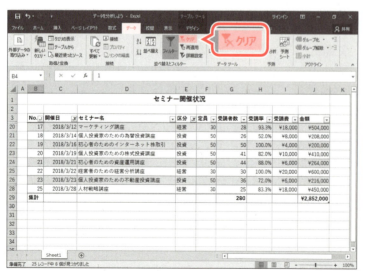

①《データ》タブを選択します。
②《並べ替えとフィルター》グループの ▼クリア (クリア)をクリックします。

すべての条件がクリアされ、すべてのレコードが表示されます。

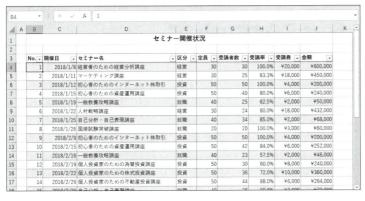

4 数値フィルター

データの種類が数値のフィールドでは、「**数値フィルター**」が用意されています。
「**～以上**」「**～未満**」「**～から～まで**」のように範囲のある数値を抽出したり、上位または下位の数値を抽出したりできます。
「**金額**」が高いレコードの上位5件を抽出しましょう。

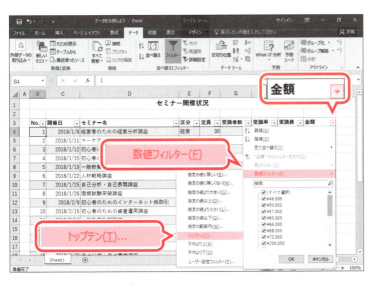

① 「**金額**」の ▼ をクリックします。
② 《**数値フィルター**》をポイントします。
③ 《**トップテン**》をクリックします。

《**トップテンオートフィルター**》ダイアログボックスが表示されます。
④ 左のボックスが《**上位**》になっていることを確認します。
⑤ 中央のボックスを「**5**」に設定します。
⑥ 右のボックスが《**項目**》になっていることを確認します。
⑦ 《**OK**》をクリックします。

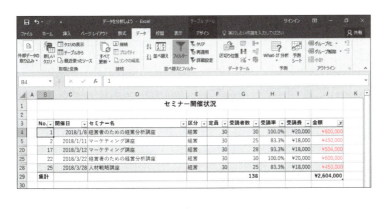

「**金額**」が高いレコードの上位5件が抽出されます。
※ クリア （クリア）をクリックし、条件をクリアしておきましょう。

Step5 条件付き書式を設定する

1 条件付き書式

「条件付き書式」を使うと、ルール（条件）に基づいてセルに特定の書式を設定したり、数値の大小関係が視覚的にわかるように装飾したりできます。
条件付き書式には、次のようなものがあります。

●セルの強調表示ルール

「指定の値より大きい」「指定の値に等しい」「重複する値」などのルールに基づいて、該当するセルに特定の書式を設定します。

●上位/下位ルール

「上位10項目」「下位10％」「平均より上」などのルールに基づいて、該当するセルに特定の書式を設定します。

地区	4月	5月	6月	合計
札幌	9,210	8,150	8,550	25,910
仙台	11,670	10,030	11,730	33,430
東京	25,930	22,820	23,970	72,720
名古屋	11,840	11,380	10,950	34,170
大阪	19,460	17,120	17,970	54,550
高松	9,950	9,640	10,130	29,720
広島	10,930	10,540	11,060	32,530
福岡	13,240	12,120	12,730	38,090
合計	112,230	101,800	107,090	321,120

●データバー

選択したセル範囲内で数値の大小関係を比較して、バーで表示します。

地区	4月	5月	6月	合計
札幌	9,210	8,150	8,550	25,910
仙台	11,670	10,030	11,730	33,430
東京	25,930	22,820	23,970	72,720
名古屋	11,840	11,380	10,950	34,170
大阪	19,460	17,120	17,970	54,550
高松	9,950	9,640	10,130	29,720
広島	10,930	10,540	11,060	32,530
福岡	13,240	12,120	12,730	38,090
合計	112,230	101,800	107,090	321,120

●カラースケール

選択したセル範囲内で数値の大小関係を比較して、段階的に色分けして表示します。

地区	4月	5月	6月	合計
札幌	9,210	8,150	8,550	↓ 25,910
仙台	11,670	10,030	11,730	↓ 33,430
東京	25,930	22,820	23,970	↑ 72,720
名古屋	11,840	11,380	10,950	↓ 34,170
大阪	19,460	17,120	17,970	→ 54,550
高松	9,950	9,640	10,130	↓ 29,720
広島	10,930	10,540	11,060	↓ 32,530
福岡	13,240	12,120	12,730	↓ 38,090
合計	112,230	101,800	107,090	321,120

●アイコンセット

選択したセル範囲内で数値の大小関係を比較して、アイコンの図柄で表示します。

2 条件に合致するデータの強調

「受講率」が90％より大きいセルに、「濃い赤の文字、明るい赤の背景」の書式を設定しましょう。

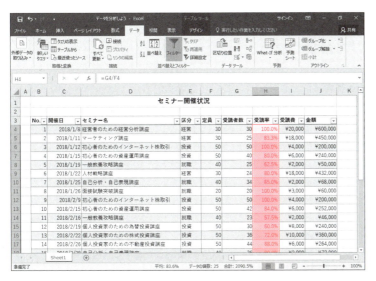

書式を設定するセル範囲を選択します。
①セル範囲【H4:H28】を選択します。

②《ホーム》タブを選択します。
③《スタイル》グループの （条件付き書式）をクリックします。
④《セルの強調表示ルール》をポイントします。
⑤《指定の値より大きい》をクリックします。

《指定の値より大きい》ダイアログボックスが表示されます。
⑥《次の値より大きいセルを書式設定》に「90%」と入力します。
※「0.9」と入力してもかまいません。
⑦《書式》が《濃い赤の文字、明るい赤の背景》になっていることを確認します。
⑧《OK》をクリックします。

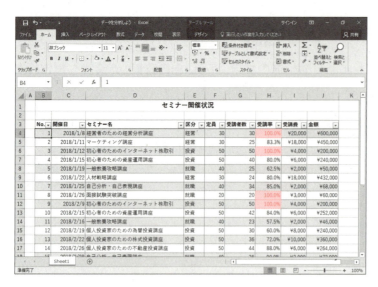

90％より大きいセルに、指定した書式が設定されます。

※セル範囲の選択を解除して、書式を確認しておきましょう。

ルールのクリア

セル範囲に設定されているすべてのルールをクリアする方法は、次のとおりです。

◆セル範囲を選択→《ホーム》タブ→《スタイル》グループの 条件付き書式 (条件付き書式)→《ルールのクリア》→《選択したセルからルールをクリア》

上位/下位ルール

上位/下位ルールを使って、ルールに該当するセルに特定の書式を設定する方法は、次のとおりです。

◆セル範囲を選択→《ホーム》タブ→《スタイル》グループの 条件付き書式 (条件付き書式)→《上位/下位ルール》→一覧から選択

3 データバーの設定

「データバー」を使うと、数値の大小がバーの長さで表示されます。
「金額」をグラデーションの青のデータバーで表示しましょう。

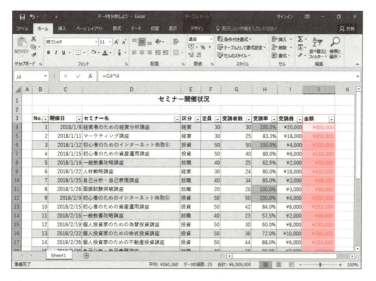

比較する対象のセル範囲を選択します。
①セル範囲【J4:J28】を選択します。

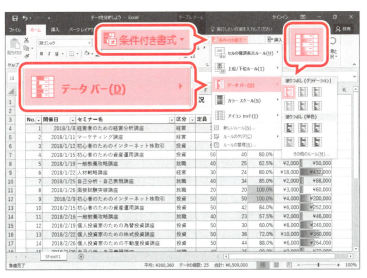

②《ホーム》タブを選択します。
③《スタイル》グループの ![条件付き書式]（条件付き書式）をクリックします。
④《データバー》をポイントします。
⑤《塗りつぶし（グラデーション）》の《青のデータバー》をクリックします。
※一覧の選択肢をポイントすると、設定後の結果を確認できます。

選択したセル範囲内で数値の大小が比較されて、データバーが表示されます。
※セル範囲の選択を解除して、書式を確認しておきましょう。
※ブックに「データを分析しよう完成」と名前を付けて、フォルダー「第9章」に保存し、閉じておきましょう。

カラースケール

カラースケールを使って、数値の大小を色の違いで示す方法は、次のとおりです。
◆セル範囲を選択→《ホーム》タブ→《スタイル》グループの ![条件付き書式]（条件付き書式）→《カラースケール》→一覧から選択

アイコンセット

アイコンセットを使って、数値の大小をアイコンの図柄で示す方法は、次のとおりです。
◆セル範囲を選択→《ホーム》タブ→《スタイル》グループの ![条件付き書式]（条件付き書式）→《アイコンセット》→一覧から選択

Exercise 練習問題

解答 ▶ 別冊P.6

次のようにデータを操作しましょう。

 フォルダー「第9章」のブック「第9章練習問題」を開いておきましょう。

● 「講座名」が「フラワーアレンジメント」のレコードを抽出

	A	B	C	D	E	F	G	H
1								
2				2017年入会者名簿				
3								
4	No.	入会月	講座名	名前	住所1	住所2	電話番号	
11	7	4月	フラワーアレンジメント	金子 よしの	神奈川県	横浜市磯子区坂下町2-4-X	045-222-XXXX	
17	13	4月	フラワーアレンジメント	松井 雄太	東京都	新宿区西新宿10-5-X	03-5555-XXXX	
18	14	4月	フラワーアレンジメント	平野 芳子	神奈川県	逗子市新宿3-4-X	046-666-XXXX	
19	15	4月	フラワーアレンジメント	安田 恵美子	埼玉県	さいたま市浦和区仲町2-4-X	048-111-XXXX	
22	18	6月	フラワーアレンジメント	北村 真紀子	東京都	中央区日本橋横山町3-8-X	03-3321-XXXX	
24	20	6月	フラワーアレンジメント	木村 理沙	東京都	千代田区飯田橋2-2-X	03-3222-XXXX	
25	21	6月	フラワーアレンジメント	夏川 義信	神奈川県	横浜市西区みなとみらい2-3-X	045-555-XXXX	
35								
36								

● 「入会月」が「9月」で「住所1」が「東京都」のレコードを抽出

	A	B	C	D	E	F	G	H
1								
2				2017年入会者名簿				
3								
4	No.	入会月	講座名	名前	住所1	住所2	電話番号	
28	24	9月	陶芸教室	佐々木 権助	東京都	中野区中野10-3-X	03-3367-XXXX	
29	25	9月	カクテル教室	丘 智宏	東京都	立川市栄町2-9-X	042-528-XXXX	
30	26	9月	中国茶の楽しみ方	吉岡 ありさ	東京都	文京区春日1-2-X	03-5352-XXXX	
34	30	9月	カクテル教室	澤辺 紀江	東京都	港区台場1-X	03-1111-XXXX	
35								
36								

①表をテーブルに変換しましょう。

②テーブルスタイルを「青, テーブルスタイル (中間) 16」に変更しましょう。指定のスタイルがない場合は、任意のスタイルに変更します。

③「名前」を基準に昇順で並べ替えましょう。

④「No.」を基準に昇順で並べ替えましょう。

⑤「講座名」が「フラワーアレンジメント」のレコードを抽出しましょう。

⑥すべての条件を解除しましょう。

⑦「入会月」が「9月」のレコードを抽出しましょう。

⑧⑦の抽出結果から、「住所1」が「東京都」のレコードを抽出しましょう。

※ブックに「第9章練習問題完成」という名前を付けて、フォルダー「第9章」に保存し、閉じておきましょう。
※Excelを終了しておきましょう。

第10章

Chapter 10

PowerPoint 2016 さあ、はじめよう

Check	この章で学ぶこと		203
Step1	PowerPointの概要		204
Step2	PowerPointを起動する		207
Step3	PowerPointの画面構成		212

Chapter 10

この章で学ぶこと

学習前に習得すべきポイントを理解しておき、
学習後には確実に習得できたかどうかを振り返りましょう。

1	PowerPointで何ができるかを説明できる。	☑☑☑ →P.204
2	PowerPointを起動できる。	☑☑☑ →P.207
3	PowerPointのスタート画面の使い方を説明できる。	☑☑☑ →P.208
4	既存のプレゼンテーションを開くことができる。	☑☑☑ →P.209
5	プレゼンテーションとスライドの違いを説明できる。	☑☑☑ →P.211
6	PowerPointの画面各部の名称や役割を説明できる。	☑☑☑ →P.212
7	表示モードの違いを説明できる。	☑☑☑ →P.213

Step 1 PowerPointの概要

1 PowerPointの概要

企画や商品の説明、研究や調査の発表など、ビジネスのさまざまな場面でプレゼンテーションは行われています。プレゼンテーションの内容を聞き手にわかりやすく伝えるためには、口頭で説明するだけでなく、スライドを見てもらいながら説明するのが一般的です。
「**PowerPoint**」は、訴求力のあるスライドを簡単に作成し、効果的なプレゼンテーションを行うためのプレゼンテーションソフトです。
PowerPointには、主に次のような機能があります。

1 効果的なスライドの作成

あらかじめ用意されている「**プレースホルダー**」と呼ばれる領域に、文字を入力するだけで、タイトルや箇条書きが配置されたスライドを作成できます。

2 表現力豊かなスライドの作成

SmartArtグラフィックや図形などのオブジェクトを挿入し、視覚的にわかりやすい資料を作成できます。

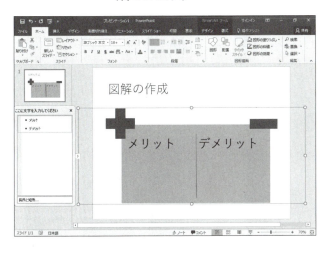

3 洗練されたデザインの利用

「**テーマ**」の機能を使って、すべてのスライドに一貫性のある洗練されたデザインを適用できます。また、「**スタイル**」の機能を使って、SmartArtグラフィックや図形などの各要素に洗練されたデザインを瞬時に適用できます。

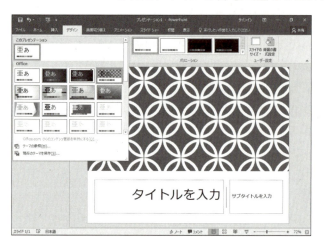
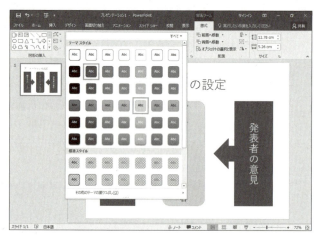

4 特殊効果の設定

「**アニメーション**」や「**画面切り替え効果**」を使って、スライドに動きを加えることができます。見る人を引きつける効果的なプレゼンテーションを作成できます。

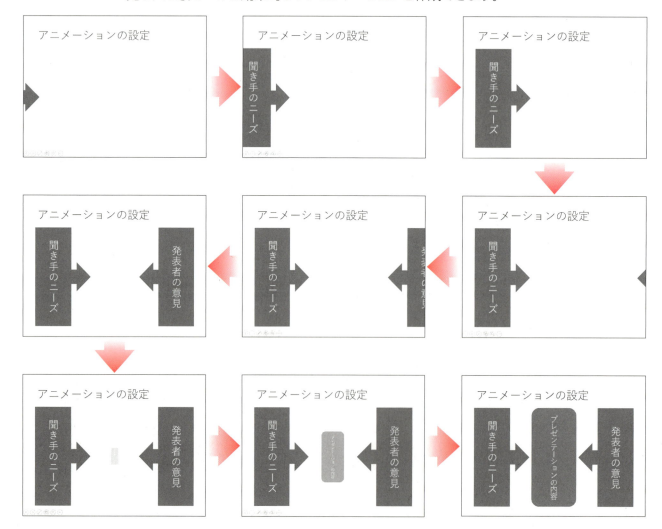

5 プレゼンテーションの実施

「**スライドショー**」の機能を使って、プレゼンテーションを行うことができます。プロジェクターで投影したり、パソコンの画面に表示したりして、指し示しながら説明できます。

6 発表者用ノートや配布資料の作成

プレゼンテーションを行う際の補足説明を記入した発表者用の「**ノート**」や、聞き手に事前に配布する「**配布資料**」を印刷できます。

●発表者用ノート

●配布資料

Step2 PowerPointを起動する

1 PowerPointの起動

PowerPointを起動しましょう。

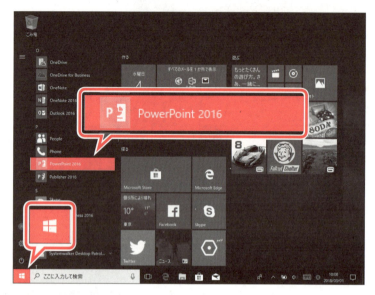

①　(スタート)をクリックします。
スタートメニューが表示されます。
②《PowerPoint 2016》をクリックします。

PowerPointが起動し、PowerPointのスタート画面が表示されます。
③タスクバーに　　が表示されていることを確認します。
※ウィンドウが最大化されていない場合は、　　(最大化)をクリックしておきましょう。

2 PowerPointのスタート画面

PowerPointが起動すると、「**スタート画面**」が表示されます。スタート画面では、これから行う作業を選択します。
スタート画面を確認しましょう。

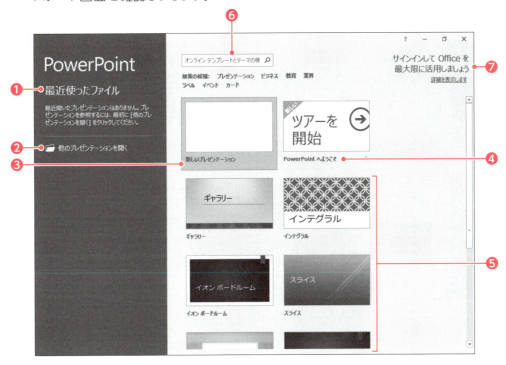

❶最近使ったファイル
最近開いたプレゼンテーションがある場合、その一覧が表示されます。
一覧から選択すると、プレゼンテーションが開かれます。

❷他のプレゼンテーションを開く
すでに保存済みのプレゼンテーションを開く場合に使います。

❸新しいプレゼンテーション
新しいプレゼンテーションを作成します。
デザインされていない白紙のスライドが表示されます。

❹PowerPointへようこそ
PowerPoint 2016の新機能を紹介するプレゼンテーションが開かれます。

❺その他のプレゼンテーション
新しいプレゼンテーションを作成します。
あらかじめデザインされたスライドが表示されます。

❻検索ボックス
あらかじめデザインされたスライドをインターネット上から検索する場合に使います。

❼サインイン
複数のパソコンでプレゼンテーションを共有する場合や、インターネット上でプレゼンテーションを利用する場合に使います。

3 プレゼンテーションを開く

すでに保存済みのプレゼンテーションをPowerPointのウィンドウに表示することを「**プレゼンテーションを開く**」といいます。

スタート画面からプレゼンテーション「**さあ、はじめよう（PowerPoint2016）**」を開きましょう。

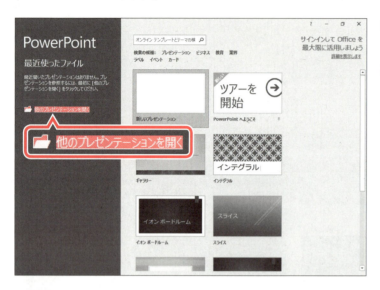

① スタート画面が表示されていることを確認します。
②《**他のプレゼンテーションを開く**》をクリックします。

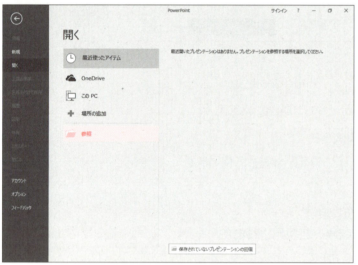

プレゼンテーションが保存されている場所を選択します。
③《**参照**》をクリックします。

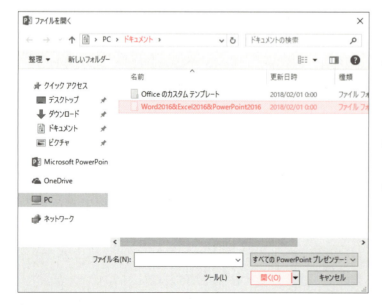

《**ファイルを開く**》ダイアログボックスが表示されます。
④《**ドキュメント**》が開かれていることを確認します。
※《ドキュメント》が開かれていない場合は、《PC》→《ドキュメント》をクリックします。
⑤ 一覧から「**Word2016&Excel2016&PowerPoint2016**」を選択します。
⑥《**開く**》をクリックします。

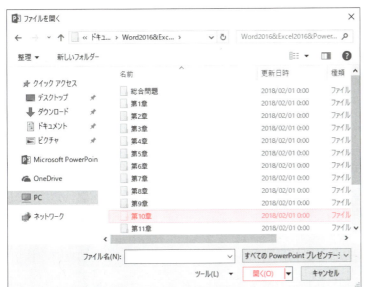

⑦一覧から「**第10章**」を選択します。
⑧《**開く**》をクリックします。

開くプレゼンテーションを選択します。
⑨一覧から「**さあ、はじめよう（PowerPoint 2016）**」を選択します。
⑩《**開く**》をクリックします。

プレゼンテーションが開かれます。
⑪タイトルバーにプレゼンテーションの名前が表示されていることを確認します。

> **POINT ▶▶▶**
>
> **プレゼンテーションを開く**
> PowerPointを起動した状態で、既存のプレゼンテーションを開く方法は、次のとおりです。
> ◆《ファイル》タブ→《開く》

4 PowerPointの基本要素

PowerPointでは、ひとつの発表で使う一連のデータをまとめてひとつのファイルで管理します。このファイルを**「プレゼンテーション」**といい、1枚1枚の資料を**「スライド」**といいます。

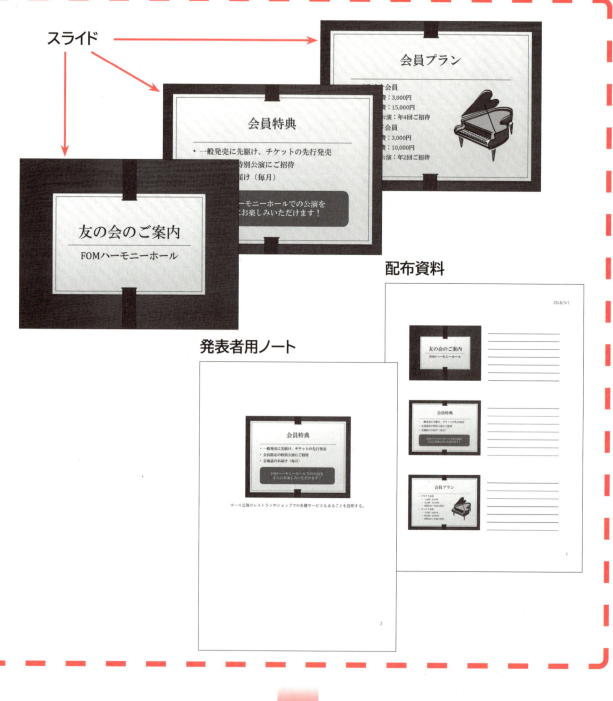

すべてをまとめて「プレゼンテーション」という

Step3 PowerPointの画面構成

1 PowerPointの画面構成

PowerPointの画面構成を確認しましょう。

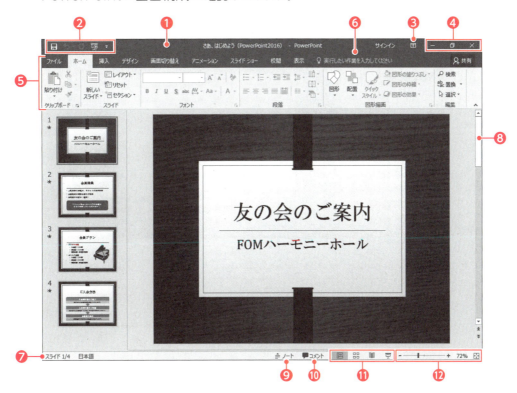

❶ **タイトルバー**
ファイル名やアプリ名が表示されます。

❷ **クイックアクセスツールバー**
よく使うコマンド（作業を進めるための指示）を登録できます。初期の設定では、■（上書き保存）、■（元に戻す）、■（繰り返し）、■（先頭から開始）の4つのコマンドが登録されています。
※タッチ対応のパソコンでは、4つのコマンドのほかに■（タッチ/マウスモードの切り替え）が登録されています。

❸ **リボンの表示オプション**
リボンの表示方法を変更するときに使います。

❹ **ウィンドウの操作ボタン**
■（最小化）
ウィンドウが一時的に非表示になり、タスクバーにアイコンで表示されます。
■（元に戻す（縮小））
ウィンドウが元のサイズに戻ります。
※■（最大化）
ウィンドウを元のサイズに戻すと、■（元に戻す（縮小））から■（最大化）に切り替わります。クリックすると、ウィンドウが最大化されて、画面全体に表示されます。
■（閉じる）
PowerPointを終了します。

❺ **リボン**
コマンドを実行するときに使います。関連する機能ごとに、タブに分類されています。
※タッチ対応のパソコンでは、《ファイル》タブと《ホーム》タブの間に、《タッチ》タブが表示される場合があります。

❻ **操作アシスト**
機能や用語の意味を調べたり、リボンから探し出せないコマンドをダイレクトに実行したりするときに使います。

❼ **ステータスバー**
スライド番号や選択されている言語などが表示されます。また、コマンドを実行すると、作業状況や処理手順などが表示されます。

❽ **スクロールバー**
スライドの表示領域を移動するときに使います。

❾ **ノート**
ノートペインの表示・非表示を切り替えます。

❿ **コメント**
《コメント》作業ウィンドウの表示・非表示を切り替えます。

⓫ **表示選択ショートカット**
表示モードを切り替えるときに使います。

⓬ **ズーム**
スライドの表示倍率を変更するときに使います。

2 PowerPointの表示モード

PowerPointには、次のような表示モードが用意されています。
表示モードを切り替えるには、表示選択ショートカットのボタンをそれぞれクリックします。

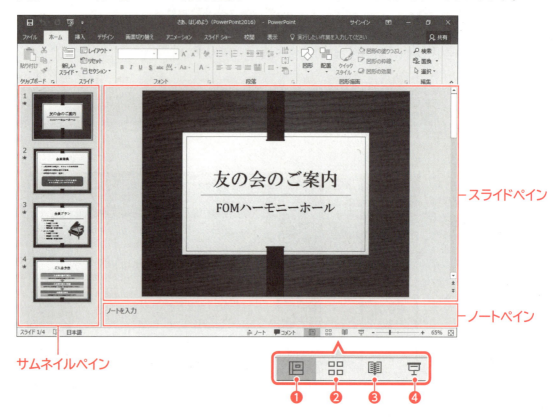

❶ 🖵（標準）
3つに区切られた作業領域が表示されます。スライドに文字を入力したりレイアウトを変更したりする場合に使います。通常、この表示モードでプレゼンテーションを作成します。

●サムネイルペイン
スライドのサムネイル（縮小版）が表示されます。スライドの選択や移動、コピーなどを行う場合に使います。

●スライドペイン
作業中のスライドが1枚ずつ表示されます。スライドのレイアウトを変更したり、図形やグラフなどを挿入したりする場合に使います。

●ノートペイン
作業中のスライドの補足説明を書き込む場合に使います。
※ノートペインは、初期の設定で非表示になっています。ノートペインの表示・非表示は、≜ノート（ノート）をクリックして切り替えます。

❷ 🔠（スライド一覧）
すべてのスライドのサムネイルが一覧で表示されます。プレゼンテーション全体の構成やバランスなどを確認できます。スライドの削除や移動、コピーなどにも適しています。

❸ 📖（閲覧表示）
スライドが1枚ずつ画面に大きく表示されます。ステータスバーやタスクバーも表示されるので、ボタンを使ってスライドを切り替えたり、ウィンドウを操作したりすることもできます。設定しているアニメーションや画面切り替え効果などを確認できます。
主に、パソコンの画面上でプレゼンテーションを行う場合に使います。

❹ 🖥（スライドショー）
スライド1枚だけが画面全体に表示され、ステータスバーやタスクバーは表示されません。設定しているアニメーションや画面切り替え効果などを確認できます。
主に、プロジェクターでスライドを投影して、聴講形式のプレゼンテーションを行う場合に使います。
※スライドショーからもとの表示モードに戻すには、[Esc]を押します。

※プレゼンテーションを保存せずに閉じ、PowerPointを終了しておきましょう。

第11章 Chapter 11

PowerPoint 2016 プレゼンテーションを作成しよう

Check	この章で学ぶこと	215
Step1	作成するプレゼンテーションを確認する	216
Step2	新しいプレゼンテーションを作成する	217
Step3	テーマを適用する	219
Step4	プレースホルダーを操作する	221
Step5	新しいスライドを挿入する	225
Step6	図形を作成する	229
Step7	SmartArtグラフィックを作成する	234
練習問題		241

Chapter 11

この章で学ぶこと

学習前に習得すべきポイントを理解しておき、
学習後には確実に習得できたかどうかを振り返りましょう。

1	新しいプレゼンテーションを作成できる。	☑☑☑ →P.217
2	スライドのサイズを変更できる。	☑☑☑ →P.218
3	プレゼンテーションにテーマを適用できる。	☑☑☑ →P.219
4	プレゼンテーションのデザインをアレンジできる。	☑☑☑ →P.220
5	スライドにタイトル・サブタイトルを入力できる。	☑☑☑ →P.221
6	プレースホルダーに書式を設定できる。	☑☑☑ →P.223
7	プレゼンテーションに新しいスライドを挿入できる。	☑☑☑ →P.225
8	箇条書きテキストのレベルを変更できる。	☑☑☑ →P.228
9	目的に合った図形を作成できる。	☑☑☑ →P.229
10	図形内に文字を追加できる。	☑☑☑ →P.231
11	図形にスタイルを適用できる。	☑☑☑ →P.232
12	伝えたい内容に応じてSmartArtグラフィックを作成できる。	☑☑☑ →P.234
13	テキストウィンドウを使って、SmartArtグラフィックに文字を入力できる。	☑☑☑ →P.236
14	SmartArtグラフィックにスタイルを適用できる。	☑☑☑ →P.238
15	SmartArtグラフィック内の文字に書式を設定できる。	☑☑☑ →P.239

Step 1 作成するプレゼンテーションを確認する

1 作成するプレゼンテーションの確認

次のようなプレゼンテーションを作成しましょう。

1枚目

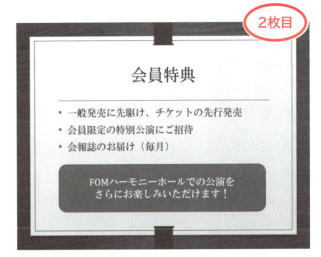

2枚目

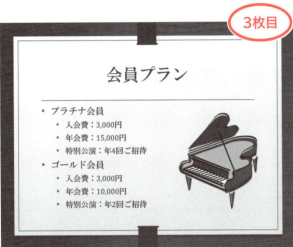

3枚目

4枚目

Step2 新しいプレゼンテーションを作成する

1 プレゼンテーションの新規作成

PowerPointを起動し、新しいプレゼンテーションを作成しましょう。

①PowerPointを起動し、PowerPointのスタート画面を表示します。
②《新しいプレゼンテーション》をクリックします。

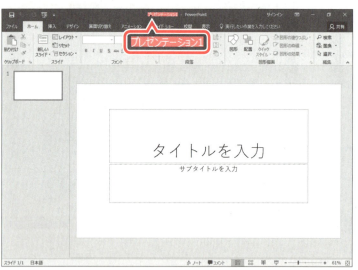

新しいプレゼンテーションが開かれ、1枚目のスライドが表示されます。
③タイトルバーに「プレゼンテーション1」と表示されていることを確認します。

> **POINT ▶▶▶**
>
> **プレゼンテーションの新規作成**
> PowerPointを起動した状態で、新しいプレゼンテーションを作成する方法は、次のとおりです。
> ◆《ファイル》タブ→《新規》→《新しいプレゼンテーション》

2 スライドのサイズ変更

スライドのサイズには、「標準(4:3)」と「ワイド画面(16:9)」の2つがあります。プレゼンテーションを表示する画面解像度の比率があらかじめわかっている場合は、その比率に合わせるとよいでしょう。
スライドのサイズを「標準(4:3)」に変更しましょう。

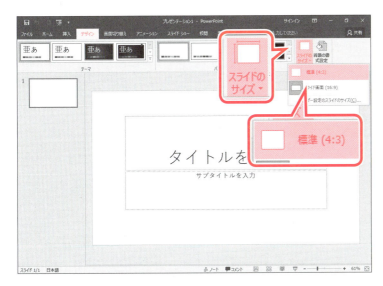

①《デザイン》タブを選択します。
②《ユーザー設定》グループの (スライドのサイズ)をクリックします。
③《標準(4:3)》をクリックします。

スライドのサイズが変更されます。

Step3 テーマを適用する

1 テーマの適用

「**テーマ**」とは、配色・フォント・効果などのデザインを組み合わせたものです。テーマを適用すると、プレゼンテーション全体のデザインを一括して変更できます。スライドごとにひとつずつ書式を設定する手間を省くことができ、統一感のある洗練されたプレゼンテーションを簡単に作成できます。

プレゼンテーションにテーマ「**オーガニック**」を適用しましょう。

①《**デザイン**》タブを選択します。
②《**テーマ**》グループの ▼ (その他)をクリックします。

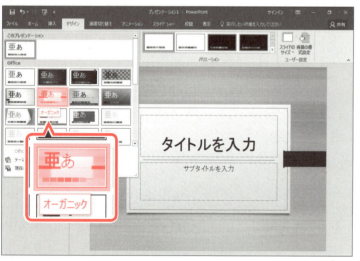

③《**Office**》の《**オーガニック**》をクリックします。
※一覧のテーマをポイントすると、適用結果を確認できます。

プレゼンテーションにテーマが適用されます。

2 バリエーションによるアレンジ

それぞれのテーマには、いくつかのバリエーションが用意されており、デザインをアレンジできます。また、「**配色**」「**フォント**」「**効果**」「**背景のスタイル**」を個別に設定して、オリジナルにアレンジすることも可能です。
プレゼンテーションに適用したテーマ「**オーガニック**」のバリエーションとフォントを変更しましょう。

①《**デザイン**》タブを選択します。
②《**バリエーション**》グループの左から2つ目のバリエーションをクリックします。

バリエーションが変更されます。
③《**バリエーション**》グループの ▼ （その他）をクリックします。

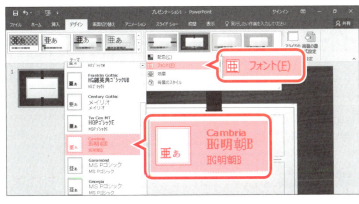

④《**フォント**》をポイントし、《**Cambria**》をクリックします。

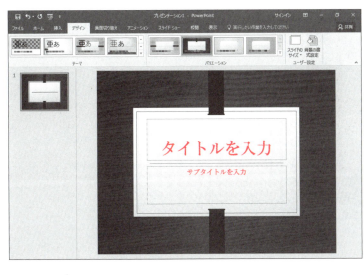

フォントが変更されます。

220

Step 4 プレースホルダーを操作する

1 プレースホルダー

スライドには、さまざまな要素を配置するための**「プレースホルダー」**と呼ばれる枠が用意されています。
タイトルを入力するプレースホルダーのほかに、箇条書きや表、グラフ、イラスト、写真などのコンテンツを配置するプレースホルダーもあります。

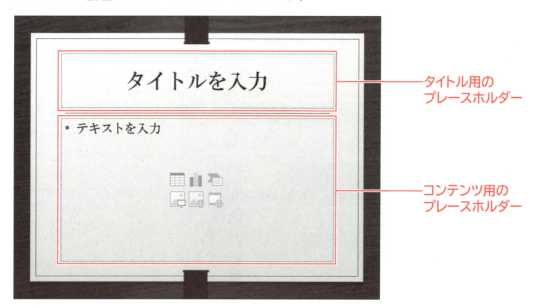

2 タイトルとサブタイトルの入力

新規に作成したプレゼンテーションの1枚目のスライドには、タイトルのスライドが表示されます。この1枚目のスライドを**「タイトルスライド」**といいます。タイトルスライドには、タイトルとサブタイトルを入力するためのプレースホルダーが用意されています。
タイトルスライドのプレースホルダーに、タイトルとサブタイトルを入力しましょう。

①**「タイトルを入力」**の文字をポイントします。
マウスポインターの形がIに変わります。
②クリックします。

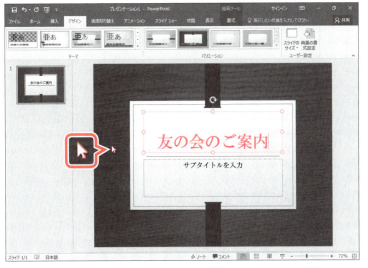

プレースホルダー内にカーソルが表示されます。

③枠線が点線で表示され、周囲に○（ハンドル）が付いていることを確認します。

④**「友の会のご案内」**と入力します。

※文字を入力し、確定後に Enter を押すと、プレースホルダー内で改行されます。誤って改行した場合は、Back Space を押します。

⑤プレースホルダー以外の場所をポイントします。

マウスポインターの形が に変わります。

⑥クリックします。

プレースホルダーの枠線や周囲の○（ハンドル）が消え、タイトルが確定されます。

⑦**「サブタイトルを入力」**をクリックします。

⑧**「FOMハーモニーホール」**と入力します。

※英字は半角で入力します。

⑨プレースホルダー以外の場所をクリックします。

プレースホルダーの枠線や周囲の○（ハンドル）が消え、サブタイトルが確定されます。

POINT ▶▶▶

プレースホルダーの枠線

マウスポインターが I の状態でプレースホルダー内の文字をクリックすると、カーソルが表示されます。また、枠線が点線で表示され、周囲に○（ハンドル）が付きます。この状態のとき、文字を入力したり、プレースホルダー内の一部の文字に書式を設定したりできます。

さらに、マウスポインターが の状態でプレースホルダーの枠線をクリックすると、プレースホルダーが選択され、枠線が実線で表示されます。この状態のとき、プレースホルダーの移動やサイズ変更をしたり、プレースホルダー内のすべての文字に書式を設定したりできます。

●プレースホルダー内にカーソルがある状態　　●プレースホルダーが選択されている状態

プレースホルダーのリセットと削除

文字が入力されているプレースホルダーを選択して、[Delete]を押すと、プレースホルダーが初期の状態（「タイトルを入力」「サブタイトルを入力」など）に戻ります。
初期の状態のプレースホルダーを選択して、[Delete]を押すと、プレースホルダーそのものが削除されます。

3 プレースホルダーの書式設定

サブタイトルのフォントサイズを「**32**」ポイントに変更しましょう。
プレースホルダー内のすべての文字のフォントサイズを変更する場合、プレースホルダーを選択しておきます。

①サブタイトルの文字をクリックします。
サブタイトルのプレースホルダー内にカーソルが表示され、枠線が点線で表示されます。
②プレースホルダーの枠線をポイントします。
マウスポインターの形が に変わります。
③クリックします。

プレースホルダーが選択されます。カーソルが消え、プレースホルダーの枠線が実線で表示されます。

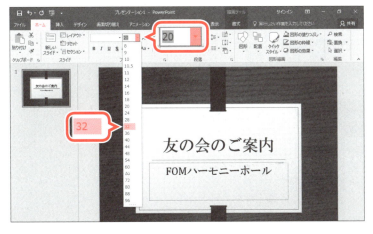

④《ホーム》タブを選択します。
⑤《フォント》グループの 20 (フォントサイズ)の をクリックし、一覧から《32》を選択します。
※一覧のフォントサイズをポイントすると、設定後の結果を確認できます。

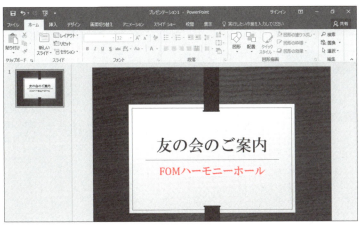

サブタイトルのフォントサイズが変更されます。
⑥プレースホルダー以外の場所をクリックします。
プレースホルダーの選択が解除され、枠線と周囲の〇（ハンドル）が消えます。

> **POINT** ▶▶▶
>
> ### プレースホルダーのサイズ変更
>
> プレースホルダーのサイズを変更する方法は、次のとおりです。
> ◆プレースホルダーを選択→右下の〇（ハンドル）をポイント→マウスポインターの形が に変わったらドラッグ

> **POINT** ▶▶▶
>
> ### プレースホルダーの移動
>
> プレースホルダーを移動する方法は、次のとおりです。
> ◆プレースホルダーを選択→プレースホルダーの枠線をポイント→マウスポインターの形が に変わったらドラッグ

Step 5 新しいスライドを挿入する

1 新しいスライドの挿入

スライドには、さまざまな種類のレイアウトが用意されており、スライドを挿入するときに選択できます。新しくスライドを挿入するときは、作成するスライドのイメージに近いレイアウトを選択すると効率的です。
スライド1の後ろに新しいスライドを3枚挿入し、それぞれにタイトルを入力しましょう。
スライドのレイアウトは、タイトルとコンテンツのプレースホルダーが配置された「**タイトルとコンテンツ**」にします。

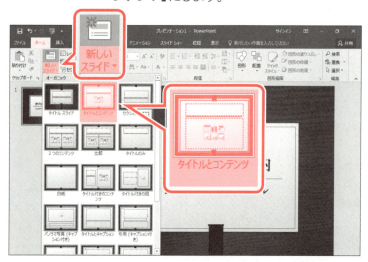

①《**ホーム**》タブを選択します。
②《**スライド**》グループの（新しいスライド）の をクリックします。
③《**タイトルとコンテンツ**》をクリックします。

スライド2が挿入されます。
④「**タイトルを入力**」をクリックします。
⑤「**会員特典**」と入力します。
※プレースホルダー以外の場所をクリックし、入力を確定しておきましょう。

⑥同様に、スライド3を挿入し、タイトルに「**会員プラン**」と入力します。
※プレースホルダー以外の場所をクリックし、入力を確定しておきましょう。

POINT ▶▶▶

スライドの挿入位置

新しいスライドは、選択されているスライドの後ろに挿入されます。

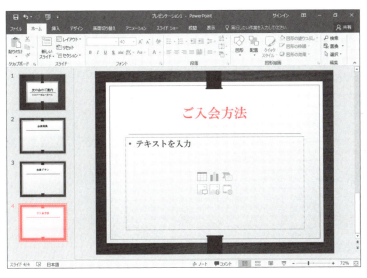

⑦同様に、スライド4を挿入し、タイトルに「**ご入会方法**」と入力します。

※プレースホルダー以外の場所をクリックし、入力を確定しておきましょう。

 スライドのレイアウトの変更

スライドのレイアウトは、あとから変更することもできます。

◆スライドを選択→《ホーム》タブ→《スライド》グループの ![レイアウト▼] （スライドのレイアウト）

2 箇条書きテキストの入力

PowerPointでは、箇条書きの文字のことを「**箇条書きテキスト**」といいます。
スライド2とスライド3に箇条書きテキストを入力しましょう。

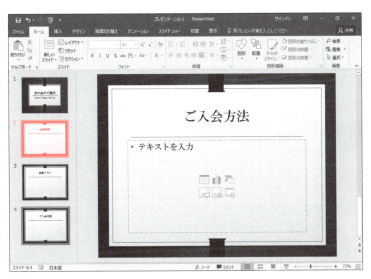

①スライド2を選択します。

スライド2が表示されます。

②「**テキストを入力**」をクリックします。
③「**一般発売に先駆け、チケットの先行発売**」と入力します。
④ Enter を押します。

行頭文字が自動的に表示されます。

226

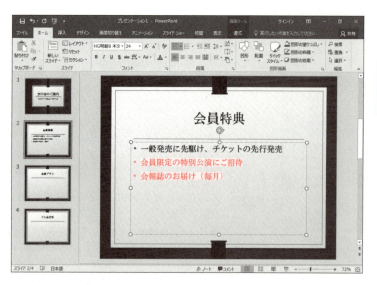

⑤同様に、次の箇条書きテキストを入力します。

> 会員限定の特別公演にご招待↵
> 会報誌のお届け（毎月）

※↵で Enter を押して改行します。
※プレースホルダー以外の場所をクリックし、入力を確定しておきましょう。

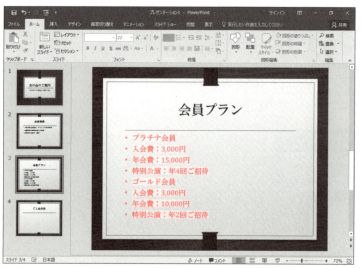

⑥同様に、スライド3に次の箇条書きテキストを入力します。

> プラチナ会員↵
> 入会費：3,000円↵
> 年会費：15,000円↵
> 特別公演：年4回ご招待↵
> ゴールド会員↵
> 入会費：3,000円↵
> 年会費：10,000円↵
> 特別公演：年2回ご招待

※プレースホルダー以外の場所をクリックし、入力を確定しておきましょう。

箇条書きテキストの改行

箇条書きテキストは Enter を押して改行すると、次の行に行頭文字が表示され、新しい項目が入力できる状態になります。
行頭文字を表示せずに前の行の続きの項目として扱うには、 Shift + Enter を押して改行します。

POINT ▶▶▶

自動調整オプション

プレースホルダー内に多くの文字を入力すると、プレースホルダーの周囲に ※ （自動調整オプション）が表示されます。
クリックすると、文字のサイズをどのように調整するか、箇条書きテキストの内容をほかのスライドに分けて表示するかなどを選択できます。

3 箇条書きテキストのレベル下げ

箇条書きテキストのレベルは、上げたり下げたりできます。
スライド3の箇条書きテキストのレベルを1段階下げましょう。

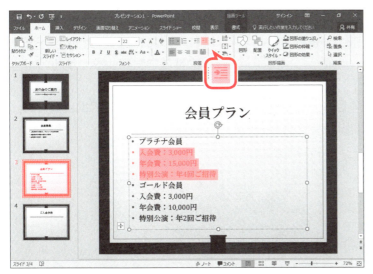

①スライド3を選択します。
②2～4行目の箇条書きテキストを選択します。
③《ホーム》タブを選択します。
④《段落》グループの （インデントを増やす）をクリックします。

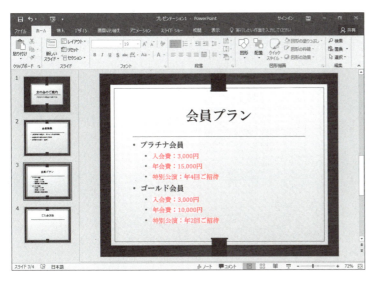

箇条書きテキストのレベルが1段階下がります。
⑤同様に、6～8行目のレベルを1段階下げます。
※プレースホルダー以外の場所をクリックし、選択を解除しておきましょう。

その他の方法（箇条書きテキストのレベル下げ）
◆箇条書きテキストを選択→ [Tab]

POINT ▶▶▶
箇条書きテキストのレベル上げ
箇条書きテキストのレベルを上げる方法は、次のとおりです。
◆箇条書きテキストを選択→《ホーム》タブ→《段落》グループの （インデントを減らす）

Step 6 図形を作成する

1 図形

PowerPointには、豊富な「**図形**」があらかじめ用意されており、スライド上に簡単に配置することができます。図形を効果的に使うことによって、特定の情報を強調したり、情報の相互関係を示したりできます。

図形は形状によって、「**線**」「**基本図形**」「**ブロック矢印**」「**フローチャート**」「**吹き出し**」などに分類されています。「**線**」以外の図形は、中に文字を追加できます。

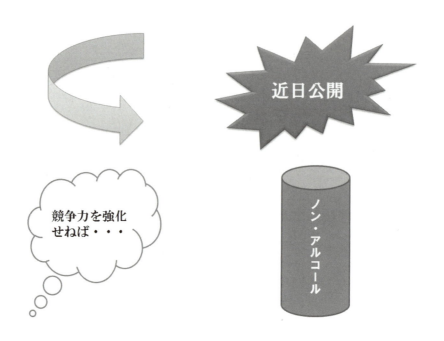

2 図形の作成

スライド2に図形「**四角形：角を丸くする**」を作成しましょう。

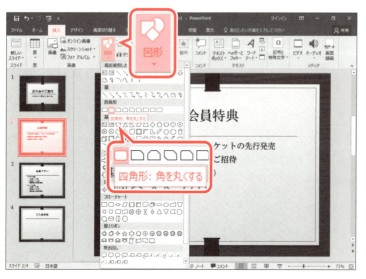

①スライド2を選択します。
②《挿入》タブを選択します。
③《図》グループの (図形)をクリックします。
④《四角形》の (四角形：角を丸くする)をクリックします。

※お使いの環境によっては、表示名が異なる場合があります。

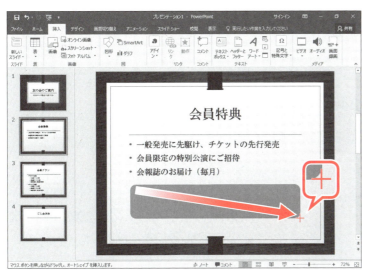

マウスポインターの形が╋に変わります。
⑤図のように左上から右下に向けてドラッグします。

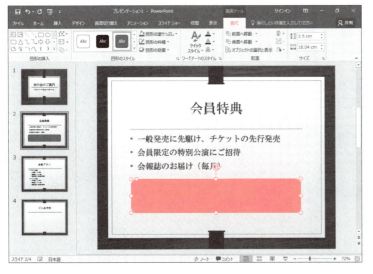

図形が作成されます。
※図形には、あらかじめスタイルが適用されています。
リボンに《描画ツール》の《書式》タブが表示されます。
⑥図形の周囲に○（ハンドル）が表示され、図形が選択されていることを確認します。

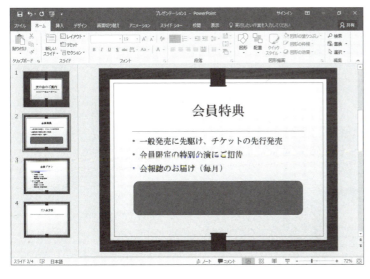

⑦図形以外の場所をクリックします。
図形の選択が解除されます。

> **POINT ▶▶▶**
> **《描画ツール》の《書式》タブ**
> 図形が選択されているとき、リボンに《描画ツール》の《書式》タブが表示され、図形に関するコマンドが使用できる状態になります。

3 図形への文字の追加

「線」以外の図形には、文字を追加できます。
作成した図形に「FOMハーモニーホールでの公演をさらにお楽しみいただけます！」という文字を追加し、フォントサイズを「24」ポイントに変更しましょう。

①図形をクリックします。
図形が選択されます。
②次の文字を入力します。

> FOMハーモニーホールでの公演を↵
> さらにお楽しみいただけます！

※英字は半角で入力します。
※↵で[Enter]を押して改行します。

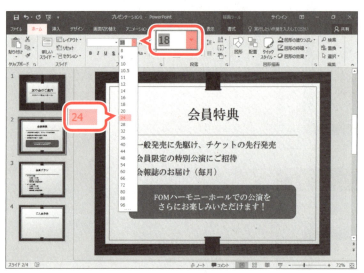

③図形の枠線をクリックします。
図形が選択されます。
※図形内に文字が入力されている場合には、図形の枠線をクリックします。
④《ホーム》タブを選択します。
⑤《フォント》グループの 18 ▼ （フォントサイズ）の ▼ をクリックし、一覧から《24》を選択します。
※一覧のフォントサイズをポイントすると、設定後の結果を確認できます。

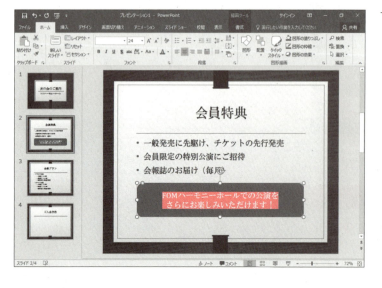

フォントサイズが変更されます。

> **POINT ▶▶▶**
>
> **図形の選択**
>
> 図形を選択する方法は、次のとおりです。
>
> | 選択対象 | 操作方法 |
> | --- | --- |
> | 図形全体 | 図形の枠線をクリック |
> | 図形内の文字 | 図形内の文字をドラッグ |
> | 複数の図形 | 1つ目の図形をクリック→ Ctrl を押しながら、2つ目以降の図形をクリック |

4 図形のスタイルの適用

「**図形のスタイル**」とは、図形を装飾するための書式の組み合わせです。塗りつぶし・枠線・効果などがあらかじめ設定されており、図形の体裁を瞬時に整えることができます。
作成した図形には、自動的にスタイルが適用されますが、あとからスタイルの種類を変更することもできます。
図形にスタイル「**グラデーション-赤、アクセント2**」を適用しましょう。

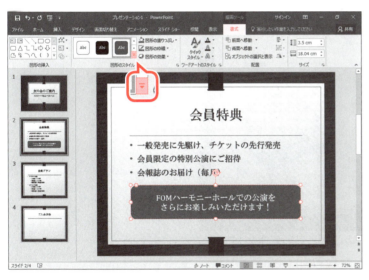

①図形が選択されていることを確認します。
②《**書式**》タブを選択します。
③《**図形のスタイル**》グループの ▼ （その他）をクリックします。

④《**テーマスタイル**》の《**グラデーション-赤、アクセント2**》をクリックします。
※一覧のスタイルをポイントすると、適用結果を確認できます。

図形にスタイルが適用されます。

Let's Try ためしてみよう

次のようにスライドを編集しましょう。

●スライド3

① スライド3に、フォルダー「第11章」の画像「ピアノ」を挿入しましょう。

Hint 《挿入》タブ→《画像》グループの (図)を使います。

② 図を参考に、画像の位置とサイズを調整しましょう。

Let's Try Answer

①
①スライド3を選択
②《挿入》タブを選択
③《画像》グループの (図)をクリック
④左側の一覧から《ドキュメント》を選択
⑤右側の一覧から《Word2016&Excel2016&PowerPoint2016》を選択
⑥《開く》をクリック
⑦一覧から「第11章」を選択
⑧《開く》をクリック
⑨一覧から「ピアノ」を選択
⑩《挿入》をクリック

②
①画像を選択
②画像の○(ハンドル)をドラッグして、サイズ変更
③画像をドラッグして、移動

Step 7 SmartArtグラフィックを作成する

1 SmartArtグラフィック

「SmartArtグラフィック」とは、複数の図形を組み合わせて、情報の相互関係を視覚的にわかりやすく表現した図解のことです。SmartArtグラフィックには、**「集合関係」「手順」「循環」「階層構造」**などの種類があらかじめ用意されており、目的のレイアウトを選択するだけでデザイン性の高い図解を作成できます。

2 SmartArtグラフィックの作成

スライド4にSmartArtグラフィックの**「分割ステップ」**を作成しましょう。

① スライド4を選択します。
② コンテンツ用のプレースホルダーの （SmartArtグラフィックの挿入）をクリックします。

《SmartArtグラフィックの選択》ダイアログボックスが表示されます。
③ 左側の一覧から《手順》を選択します。
④ 中央の一覧から《分割ステップ》を選択します。
右側に選択したSmartArtグラフィックの説明が表示されます。
⑤ 《OK》をクリックします。

234

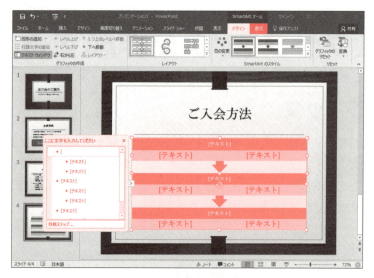

SmartArtグラフィックが作成され、テキストウィンドウが表示されます。

※SmartArtグラフィックには、あらかじめスタイルが適用されています。

※テキストウィンドウが表示されていない場合は、《SmartArtツール》の《デザイン》タブ→《グラフィックの作成》グループの テキストウィンドウ （テキストウィンドウ）をクリックします。

リボンに《SmartArtツール》の《デザイン》タブと《書式》タブが表示されます。

⑥SmartArtグラフィックの周囲に枠線が表示され、SmartArtグラフィックが選択されていることを確認します。

⑦SmartArtグラフィック以外の場所をクリックします。

SmartArtグラフィックの選択が解除され、テキストウィンドウが非表示になります。

POINT ▶▶▶

《SmartArtツール》の《デザイン》タブと《書式》タブ

SmartArtグラフィックが選択されているとき、リボンに《SmartArtツール》の《デザイン》タブと《書式》タブが表示され、SmartArtグラフィックに関するコマンドが使用できる状態になります。

POINT ▶▶▶

SmartArtグラフィックの作成

コンテンツ用のプレースホルダーが配置されていないスライドにSmartArtグラフィックを作成する方法は、次のとおりです。

◆《挿入》タブ→《図》グループの SmartArt （SmartArtグラフィックの挿入）

3 テキストウィンドウの利用

SmartArtグラフィックの図形に直接文字を入力することもできますが、「**テキストウィンドウ**」を使って文字を入力すると、図形の追加や削除、レベルの上げ下げなどを簡単に行うことができます。
テキストウィンドウを使って、SmartArtグラフィックに文字を入力しましょう。

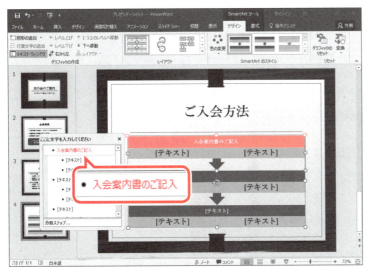

①SmartArtグラフィック内をクリックします。
SmartArtグラフィックが選択され、テキストウィンドウが表示されます。
②テキストウィンドウの1行目に「**入会案内書のご記入**」と入力します。
※文字を入力し、確定後に Enter を押すと、改行されて新しい行頭文字が追加されます。誤って改行した場合は、Back Space を押します。

SmartArtグラフィックの1番上の図形に文字が表示されます。

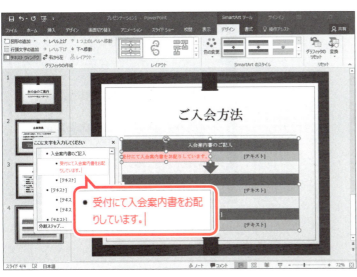

③テキストウィンドウの2行目にカーソルを移動します。
④「**受付にて入会案内書をお配りしています。**」と入力します。
SmartArtグラフィックの図形内に文字が表示されます。
3行目の箇条書きとそれに対応する図形を削除します。
⑤「**受付にて入会案内書をお配りしています。**」の後ろにカーソルが表示されていることを確認します。
⑥ Delete を押します。

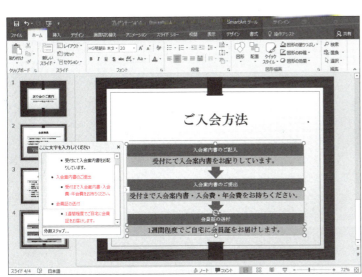

箇条書きとそれに対応する図形が削除されます。
⑦同様に、次のように文字を入力します。

> 3行目：入会案内書のご提出
> 4行目：受付まで入会案内書・入会費・年会費をお持ちください。
> 5行目：(削除)
> 6行目：会員証の送付
> 7行目：1週間程度でご自宅に会員証をお届けします。
> 8行目：(削除)

236

POINT ▶▶▶

図形の追加・削除
SmartArtグラフィックに図形を追加するには、箇条書きの後ろにカーソルを移動して Enter を押します。
SmartArtグラフィックから図形を削除するには、箇条書きの文字を範囲選択して Delete を押します。
テキストウィンドウとSmartArtグラフィックは連動しており、箇条書きの項目を追加すると、図形も追加され、箇条書きの項目を削除すると、図形も削除されます。

箇条書きテキストをSmartArtグラフィックに変換
スライドに入力済みの箇条書きテキストをSmartArtグラフィックに変換できます。
箇条書きテキストをSmartArtグラフィックに変換する方法は、次のとおりです。

◆箇条書きテキストを選択→《ホーム》タブ→《段落》グループの 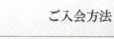 （SmartArtグラフィックに変換）

SmartArtグラフィックに変換

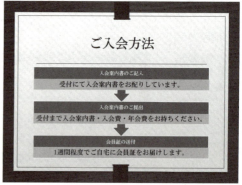

SmartArtグラフィックを箇条書きテキストに変換
SmartArtグラフィックを箇条書きテキストに変換する方法は、次のとおりです。

◆SmartArtグラフィックを選択→《SmartArtツール》の《デザイン》タブ→《リセット》グループの
 　　（SmartArtを図形またはテキストに変換）→《テキストに変換》

4 SmartArtグラフィックのスタイルの適用

「SmartArtのスタイル」とは、SmartArtグラフィックを装飾するための書式の組み合わせです。さまざまな色のパターンやデザインが用意されており、SmartArtグラフィックの見た目を瞬時に変更できます。作成したSmartArtグラフィックには、自動的にスタイルが適用されますが、あとからスタイルの種類を変更することもできます。
SmartArtグラフィックに色「**カラフル-アクセント2から3**」とスタイル「**パウダー**」を適用しましょう。

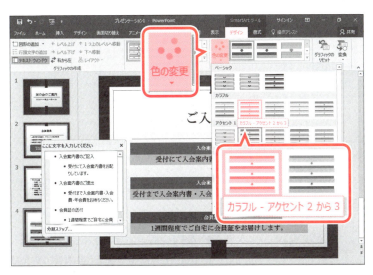

① SmartArtグラフィック内をクリックします。
SmartArtグラフィックが選択されます。
②《**SmartArtツール**》の《**デザイン**》タブを選択します。
③《**SmartArtのスタイル**》グループの (色の変更)をクリックします。
④《**カラフル**》の《**カラフル-アクセント2から3**》をクリックします。
※一覧の色をポイントすると、適用結果を確認できます。

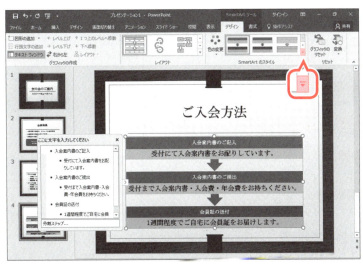

SmartArtグラフィックの色が変更されます。
⑤《**SmartArtのスタイル**》グループの (その他)をクリックします。

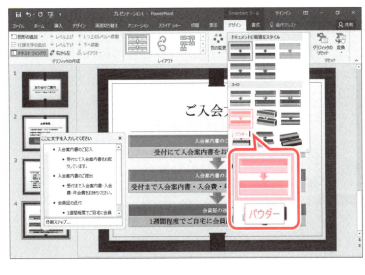

⑥《**3-D**》の《**パウダー**》をクリックします。
※一覧のスタイルをポイントすると、適用結果を確認できます。

SmartArtグラフィックにスタイルが適用されます。

5 SmartArtグラフィック内の文字の書式設定

SmartArtグラフィック内の「**入会案内書のご記入**」「**入会案内書のご提出**」「**会員証の送付**」のフォントサイズを「**24**」ポイントに変更しましょう。

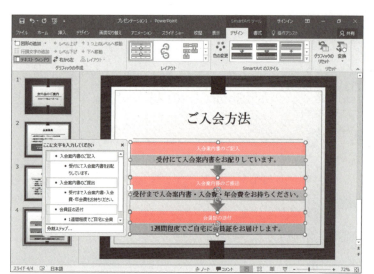

①「**入会案内書のご記入**」の図形を選択します。
② Ctrl を押しながら、「**入会案内書のご提出**」と「**会員証の送付**」の図形を選択します。

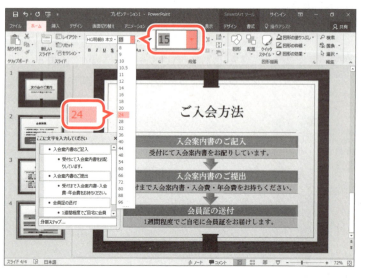

③《ホーム》タブを選択します。
④《フォント》グループの 15 （フォントサイズ）の をクリックし、一覧から《**24**》を選択します。

※一覧のフォントサイズをポイントすると、設定後の結果を確認できます。

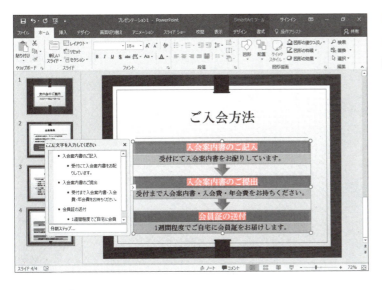

「入会案内書のご記入」「入会案内書のご提出」「会員証の送付」のフォントサイズが変更されます。

Let's Try

ためしてみよう

SmartArtグラフィック内の「受付にて入会案内書を…」「受付まで入会案内書…」「1週間程度で…」のフォントサイズを「18」ポイントに変更しましょう。

Let's Try Answer

① 「受付にて入会案内書を…」の図形を選択
② Ctrl を押しながら、「受付まで入会案内書…」と「1週間程度で…」の図形を選択
③ 《ホーム》タブを選択
④ 《フォント》グループの 20 （フォントサイズ）の をクリックし、一覧から《18》を選択

※プレゼンテーションに「プレゼンテーションを作成しよう完成」と名前を付けて、フォルダー「第11章」に保存し、閉じておきましょう。

◆《ファイル》タブ→《名前を付けて保存》→《参照》→《ドキュメント》→「Word2016&Excel2016&PowerPoint2016」の「第11章」を選択→《ファイル名》に「プレゼンテーションを作成しよう完成」と入力→《保存》

※PowerPointを終了しておきましょう。

Exercise 練習問題

解答 ▶ 別冊P.6

完成図のようなプレゼンテーションを作成しましょう。

●完成図

1枚目

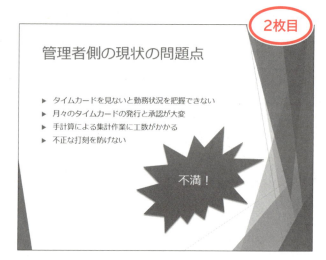
2枚目

3枚目

4枚目

①PowerPointを起動し、新しいプレゼンテーションを作成しましょう。

②プレゼンテーションにテーマ「**ファセット**」を適用しましょう。

③スライドのサイズを「**標準（4：3）**」に変更し、コンテンツのサイズを最大化しましょう。

④プレゼンテーションに適用したテーマの配色を「**マーキー**」に変更しましょう。

⑤スライド1に次のタイトルとサブタイトルを入力しましょう。

●タイトル
出退勤システムの導入

●サブタイトル
情報システム部

⑥タイトルのフォントサイズを「44」ポイント、サブタイトルのフォントサイズを「32」ポイントに変更しましょう。

⑦2枚目に「**タイトルとコンテンツ**」のレイアウトのスライドを挿入し、次のタイトルと箇条書きテキストを入力しましょう。

●タイトル
管理者側の現状の問題点

●箇条書きテキスト
・タイムカードを見ないと勤務状況を把握できない↵
・月々のタイムカードの発行と承認が大変↵
・手計算による集計作業に工数がかかる↵
・不正な打刻を防げない

※↵で Enter を押して改行します。

⑧完成図を参考に、スライド2に図形を作成し、「**不満！**」という文字を追加しましょう。

⑨図形内の文字のフォントサイズを「**28**」ポイントに変更しましょう。

⑩図形にスタイル「**光沢-赤、アクセント6**」を適用しましょう。

⑪3枚目に「**タイトルとコンテンツ**」のレイアウトのスライドを挿入し、次のタイトルと箇条書きテキストを入力しましょう。

●タイトル
利用者側の意見・要望

●箇条書きテキスト
・勤務時間・残業時間が把握しにくい↵
・出勤簿への転記に工数がかかる↵
・転記ミスに気付きにくい

※↵で Enter を押して改行します。

⑫スライド3に、フォルダー「**第11章**」の画像「**利用者**」を挿入し、完成図を参考に画像のサイズと位置を調整しましょう。

Hint 《挿入》タブ→《画像》グループの (図)を使います。

⑬4枚目に「**タイトルとコンテンツ**」のレイアウトのスライドを挿入し、次のタイトルと箇条書きテキストを入力しましょう。
　次に、箇条書きテキストの2〜3行目、5〜6行目、8行目のレベルを1段階下げましょう。

●タイトル
出退勤システム導入の↵
メリット

●箇条書きテキスト
・正確・迅速な勤怠管理↵
　・リアルタイムに勤務時間・残業時間を照会できる↵
　・勤怠のデータが自動集計される↵
・不正防止↵
　・入退室時に自動収集される↵
　・生体認証により、なりすましを防止できる↵
・他システムとの連動↵
　・人事・給与システムへデータをすばやく移行できる

※↵で Enter を押して改行します。

⑭スライド4の箇条書きテキストをSmartArtグラフィック「**縦方向リスト**」に変換しましょう。

Hint　《ホーム》タブ→《段落》グループの 🔲 （SmartArtグラフィックに変換）を使います。

⑮SmartArtグラフィックに色「**カラフル-全アクセント**」とスタイル「**グラデーション**」を適用しましょう。

※プレゼンテーションに「第11章練習問題完成」と名前を付けて、フォルダー「第11章」に保存し、閉じておきましょう。

第12章 Chapter 12

PowerPoint 2016
スライドショーを実行しよう

Check	この章で学ぶこと		245
Step1	スライドショーを実行する		246
Step2	画面切り替え効果を設定する		249
Step3	アニメーションを設定する		252
Step4	プレゼンテーションを印刷する		254
Step5	発表者ビューを利用する		258
練習問題			265

Chapter 12

この章で学ぶこと

学習前に習得すべきポイントを理解しておき、
学習後には確実に習得できたかどうかを振り返りましょう。

1	スライドショーを実行できる。	☑☑☑ →P.246
2	スライドが切り替わるときの効果を設定できる。	☑☑☑ →P.249
3	スライド上のオブジェクトにアニメーションを設定できる。	☑☑☑ →P.252
4	プレゼンテーションを印刷するレイアウトにどのような形式があるかを説明できる。	☑☑☑ →P.254
5	ノートペインにスライドの補足説明を入力できる。	☑☑☑ →P.255
6	プレゼンテーションを用途に応じて印刷できる。	☑☑☑ →P.256
7	発表者ビューを表示して、スライドショーを実行できる。	☑☑☑ →P.259
8	発表者ビューで目的のスライドにジャンプできる。	☑☑☑ →P.263

Step 1 スライドショーを実行する

1 スライドショーの実行

プレゼンテーションを行うために、スライドを画面全体に表示して、順番に閲覧していくことを「**スライドショー**」といいます。マウスでクリックしたり、Enterを押したりすると、スライドが1枚ずつ切り替わります。
スライド1からスライドショーを実行し、作成したプレゼンテーションを確認しましょう。

File OPEN フォルダー「第12章」のプレゼンテーション「スライドショーを実行しよう」を開いておきましょう。

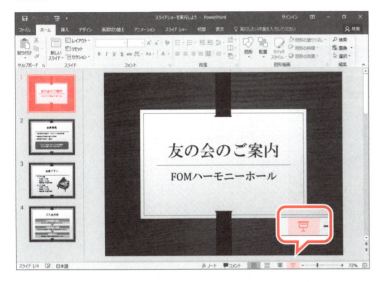

①スライド1を選択します。
②　　（スライドショー）をクリックします。

スライドショーが実行され、スライド1が画面全体に表示されます。
次のスライドを表示します。
③クリックします。
※Enterを押してもかまいません。

スライド2が表示されます。
④同様に、最後のスライドまで表示します。

スライドショーが終了すると、《**スライドショーの最後です。クリックすると終了します。**》というメッセージが表示されます。
⑤クリックします。
※ Enter を押してもかまいません。

スライドショーが終了し、標準表示モードに戻ります。

その他の方法（スライドショーの実行）

◆クイックアクセスツールバーの （先頭から開始）
◆《スライドショー》タブ→《スライドショーの開始》グループの （先頭から開始）または （このスライドから開始）
◆ F5 または Shift + F5

POINT ▶▶▶

スライドショー実行時のスライドの切り替え

スライドショー実行中に、説明に合わせてタイミングよくスライドを切り替えると効果的です。
スライドショーでスライドを切り替える主な方法は、次のとおりです。

スライドの切り替え	操作方法
次のスライドに進む	Enter
前のスライドに戻る	Back Space
特定のスライドへ移動する	スライド番号を入力→ Enter 例：「3」と入力して Enter を押すと、スライド3が表示
スライドショーを途中で終了する	Esc

レーザーポインターの利用

スライドショー実行中に、 Ctrl を押しながらスライドをドラッグすると、マウスポインターがレーザーポインターに変わります。
スライドの内容に着目してもらう場合に便利です。

Step2 画面切り替え効果を設定する

1 画面切り替え効果

「**画面切り替え効果**」を設定すると、スライドショーでスライドが切り替わるときに変化を付けることができます。モザイク状に徐々に切り替える、扉が中央から開くように切り替えるなど、さまざまな切り替えが可能です。

画面切り替え効果は、スライドごとに異なる効果を設定したりすべてのスライドに同じ効果を設定したりできます。

2 画面切り替え効果の設定

スライド1に「**キラキラ**」の画面切り替え効果を設定しましょう。
次に、同じ画面切り替え効果をすべてのスライドに適用しましょう。

①スライド1を選択します。
②《**画面切り替え**》タブを選択します。
③《**画面切り替え**》グループの ▼ (その他)をクリックします。

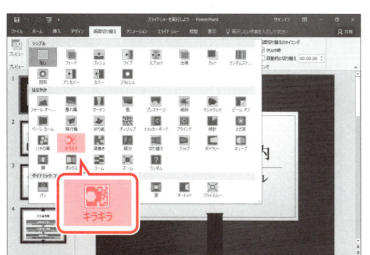

④《はなやか》の《キラキラ》をクリックします。

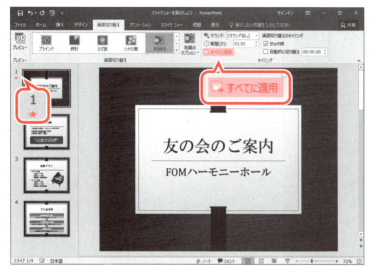

現在選択しているスライドに画面切り替え効果が設定されます。

⑤サムネイルペインのスライド1に ★ が表示されていることを確認します。

⑥《タイミング》グループの （すべてに適用）をクリックします。

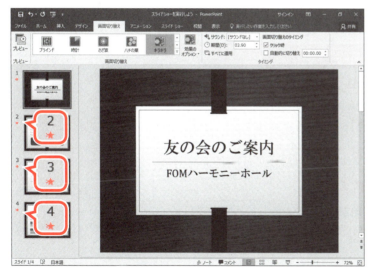

すべてのスライドに画面切り替え効果が設定されます。

⑦サムネイルペインのすべてのスライドに ★ が表示されていることを確認します。

スライドショーを実行して確認します。

⑧ スライド1が選択されていることを確認します。

⑨ （スライドショー）をクリックします。

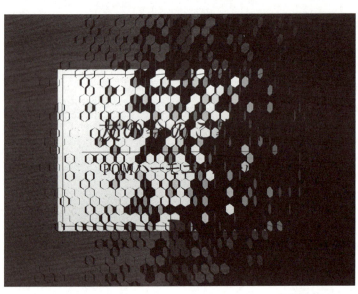

スライドが切り替わるときに画面切り替え効果を確認できます。

※すべてのスライドを確認し、スライドショーを終了しておきましょう。

POINT ▶▶▶

画面切り替え効果のプレビュー

スライドペインで画面切り替え効果を再生する方法は、次のとおりです。

◆スライドを選択→《画面切り替え》タブ→《プレビュー》グループの （画面切り替えのプレビュー）

画面切り替え効果の解除

設定した画面切り替え効果を解除する方法は、次のとおりです。

◆スライドを選択→《画面切り替え》タブ→《画面切り替え》グループの ▼ （その他）→《シンプル》の《なし》

※すべてのスライドの画面切り替え効果を解除するには、《タイミング》グループの すべてに適用 （すべてに適用）をクリックする必要があります。

Step 3 アニメーションを設定する

1 アニメーション

「**アニメーション**」とは、スライド上のタイトルや箇条書きテキスト、図形、SmartArtグラフィックなどの「**オブジェクト**」に対して、動きを付ける効果のことです。波を打つように揺れる、ピカピカと点滅する、徐々に拡大するなど、さまざまなアニメーションが用意されています。
アニメーションを使うと、重要な箇所が強調され、見る人の注目を集めることができます。

2 アニメーションの設定

アニメーションは、対象のオブジェクトを選択してから設定します。
スライド4のSmartArtグラフィックに「**開始**」の「**フロートイン**」のアニメーションを設定しましょう。

①スライド4を選択します。
②SmartArtグラフィック内をクリックします。
③《**アニメーション**》タブを選択します。
④《**アニメーション**》グループの ▽ （その他）をクリックします。

⑤《**開始**》の《**フロートイン**》をクリックします。

252

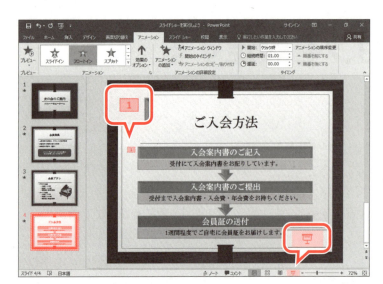

アニメーションが設定されます。

⑥SmartArtグラフィックの左側に「1」が表示されていることを確認します。

※この番号は、アニメーションの再生順序を表します。

スライドショーを実行して確認します。

⑦スライド4が選択されていることを確認します。

⑧ （スライドショー）をクリックします。

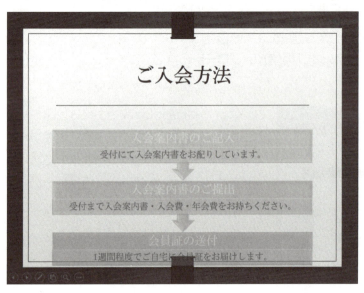

スライド4がスライドショーで表示されます。SmartArtグラフィックが表示されるときのアニメーションを確認します。

⑨クリックします。

※ Enter を押してもかまいません。

※確認できたら、 Esc を押してスライドショーを終了しておきましょう。

アニメーションの番号

アニメーションの番号は、標準表示モードで、リボンの《アニメーション》タブが選択されているときだけ表示されます。スライドショー実行中やその他のタブが選択されているときは表示されません。また、アニメーション番号は印刷されません。

アニメーションの種類

アニメーションの種類には、次の4つがあります。

種類	説明
開始	オブジェクトが表示されるときのアニメーションです。
強調	オブジェクトが表示されてからのアニメーションです。
終了	オブジェクトを非表示にするときのアニメーションです。
アニメーションの軌跡	オブジェクトがスライド上を移動するときのアニメーションです。

POINT ▶▶▶

アニメーションのプレビュー

スライドペインでアニメーションを再生する方法は、次のとおりです。

◆スライドを選択→《アニメーション》タブ→《プレビュー》グループの ★ （アニメーションのプレビュー）

アニメーションの解除

設定したアニメーションを解除する方法は、次のとおりです。

◆オブジェクトを選択→《アニメーション》タブ→《アニメーション》グループの ▼ （その他）→《なし》の《なし》

Step4 プレゼンテーションを印刷する

1 印刷のレイアウト

作成したプレゼンテーションは、スライドをそのままの形式で印刷したり、配布資料として1枚の用紙に複数のスライドを入れて印刷したりできます。
印刷のレイアウトには、次のようなものがあります。

●フルページサイズのスライド
1枚の用紙全面にスライドを1枚ずつ印刷します。

●ノート
スライドと、ノートペインに入力したスライドの補足説明が印刷されます。

●アウトライン
スライド番号と文字が印刷され、画像や表、グラフなどは印刷されません。

●配布資料
1枚の用紙に印刷するスライドの枚数を指定して印刷します。1枚の用紙に3枚のスライドを印刷するように設定した場合だけ、用紙の右半分にメモを書き込む部分が用意されます。

2 印刷の実行

ノートペインにスライドの補足説明を入力し、ノートの形式で印刷しましょう。

1 ノートペインの表示

「ノートペイン」とは、作業中のスライドに補足説明を書き込む領域のことです。
ノートペインの表示／非表示を切り替えるには、ステータスバーの ≙ ノート （ノート）をクリックします。
ノートペインを表示し、ノートペインの領域を拡大しましょう。

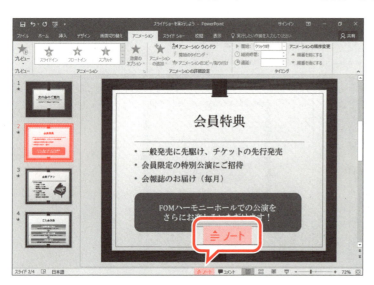

①スライド2を選択します。
② ≙ ノート （ノート）をクリックします。

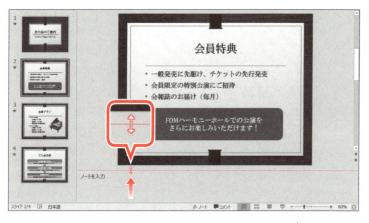

ノートペインが表示されます。
③スライドペインとノートペインの境界線をポイントします。
マウスポインターの形が↕に変わります。
④図のようにドラッグします。

ノートペインの領域が拡大されます。

2 ノートペインへの入力

スライド2のノートペインに補足説明を入力しましょう。

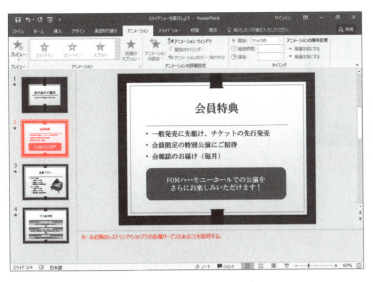

① スライド2を選択します。
② ノートペイン内をクリックします。
ノートペインにカーソルが表示されます。
③ 次のような文字を入力します。

> ホール近隣のレストランやショップでの各種サービスもあることを説明する。

ノートへのオブジェクトの挿入

ノートには文字だけでなく、グラフや図形などのオブジェクトも挿入できます。オブジェクトの挿入は、ノート表示モードで行います。
ノート表示モードに切り替える方法は、次のとおりです。
◆《表示》タブ→《プレゼンテーションの表示》グループの （ノート表示）

3 ノートの印刷

すべてのスライドをノートの形式で印刷する方法を確認しましょう。

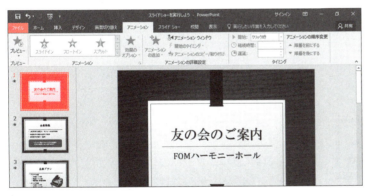

① スライド1を選択します。
②《ファイル》タブを選択します。

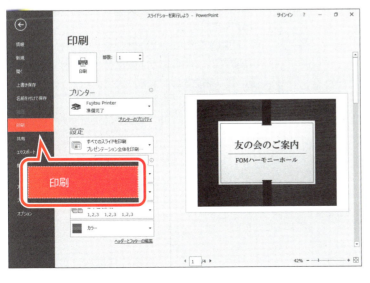

③《印刷》をクリックします。
印刷イメージが表示されます。

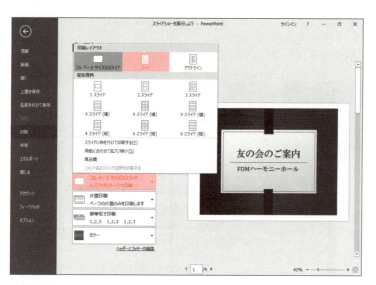

④《設定》の《フルページサイズのスライド》を クリックします。

⑤《印刷レイアウト》の《ノート》をクリックします。

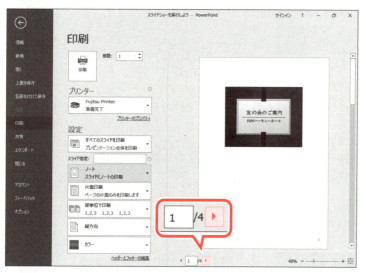

印刷イメージが変更されます。
2ページ目を表示します。
⑥ ▶ (次のページ) をクリックします。

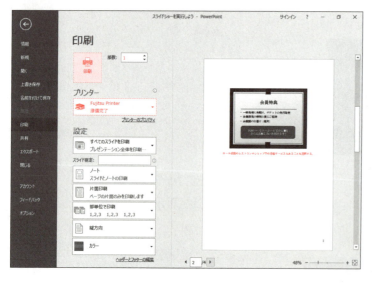

⑦入力した内容が表示されていることを確認します。

印刷を実行します。

⑧《部数》が「1」になっていることを確認します。

⑨《プリンター》に出力するプリンターの名前が表示されていることを確認します。

※表示されていない場合は、 をクリックし、一覧から選択します。

⑩《印刷》をクリックします。

※ ノート (ノート) をクリックして、ノートペインを非表示にしておきましょう。

Step 5 発表者ビューを利用する

1 発表者ビュー

「**発表者ビュー**」とは、スライドショー実行中に発表者だけに表示される画面のことです。
発表者ビューを使うと、ノートペインの補足説明やスライドショーの経過時間などを、聞き手には見せずに、発表者だけが確認できる状態になります。
この発表者ビューは、パソコンにプロジェクターを接続して、プレゼンテーションを実施するような場合に使用します。聞き手が見るプロジェクターには通常のスライドショーが表示され、発表者が見るパソコンのディスプレイには発表者ビューが表示されるというしくみです。

2 発表者ビューの表示

発表者ビューを使うのは、パソコンにプロジェクターや外付けモニターなどを追加で接続して、プレゼンテーションを実施するような場合です。
ここでは、ノートパソコンにプロジェクターを接続して、ノートパソコンのディスプレイに発表者ビュー、プロジェクターにスライドショーを表示する方法を確認しましょう。

①パソコンにプロジェクターを接続します。

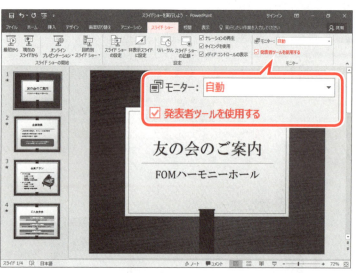

②《スライドショー》タブを選択します。
③《モニター》グループの《モニター》が《自動》になっていることを確認します。
④《モニター》グループの《発表者ツールを使用する》を☑にします。

⑤スライド1を選択します。
⑥ 🖵 （スライドショー）をクリックします。

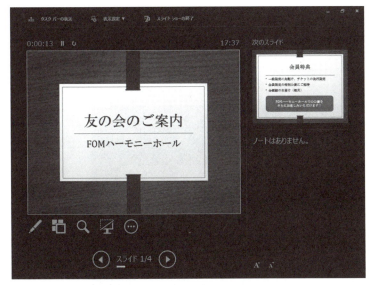

パソコンのディスプレイには、発表者ビューが表示されます。

プロジェクターには、スライド1が画面全体に表示されます。

> ⚠ **POINT ▶▶▶**
>
> ### プロジェクターを接続せずに発表者ビューを表示する
>
> プロジェクターや外付けモニターを接続しなくても、パソコンのディスプレイに発表者ビューを表示できます。本番前の練習に便利です。
> プロジェクターを接続せずに発表者ビューを表示する方法は、次のとおりです。
> ◆スライドショーを実行→スライドを右クリック→《発表者ツールを表示》

3 発表者ビューの画面構成

発表者ビューの画面構成を確認しましょう。

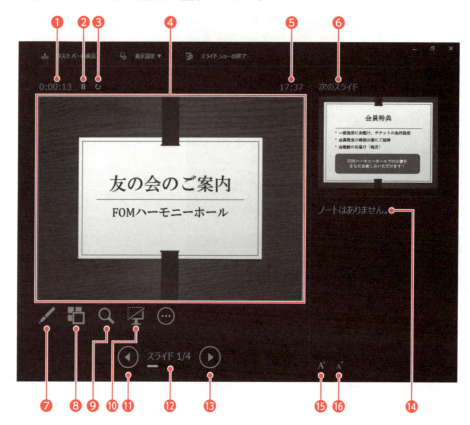

❶ **タイマー**

スライドショーの経過時間が表示されます。

❷ **⏸（タイマーを停止します）**

タイマーのカウントを一時的に停止します。
クリックすると、⏸ が ▶ に変わります。
▶ をクリックすると、タイマーのカウントが再開します。

❸ **⟳（タイマーを再スタートします）**

タイマーをリセットして、「0:00:00」に戻します。
※お使いの環境によっては、表示名が異なる場合があります。

❹ **現在のスライド**

プロジェクターに表示されているスライドです。

❺ **現在の時刻**

現在の時刻が表示されます。

❻ **次のスライド**

次に表示されるスライドです。

❼ **✎（ペンとレーザーポインターツール）**

ペンや蛍光ペンを使って、スライドに書き込みできます。
※書き込み中の画面からもとの画面に戻るには、[Esc]を押します。

❽ ■ (すべてのスライドを表示します)

すべてのスライドを一覧で表示します。
※一覧からもとの画面に戻るには、Escを押します。

❾ 🔍 (スライドを拡大します)

プロジェクターにスライドの一部を拡大して表示します。
※拡大した画面からもとの画面に戻るには、Escを押します。

❿ ■ (スライドショーをカットアウト/カットイン(ブラック)します)

画面を黒くして、表示中のスライドを一時的に非表示にします。
※黒い画面からもとの画面に戻るには、Escを押します。

⓫ ◀ (前のアニメーションまたはスライドに戻る)

前のアニメーションまたはスライドを表示します。
※お使いの環境によっては、表示名が異なる場合があります。

⓬ スライド番号/全スライド枚数

表示中のスライドのスライド番号とすべてのスライドの枚数です。
クリックすると、すべてのスライドが一覧で表示されます。
※一覧からもとの画面に戻るには、Escを押します。

⓭ ▶ (次のアニメーションまたはスライドに進む)

次のアニメーションまたはスライドを表示します。
※お使いの環境によっては、表示名が異なる場合があります。

⓮ ノート

ノートペインに入力したスライドの補足説明が表示されます。

⓯ A (テキストを拡大します)

ノートの文字を拡大して表示します。

⓰ A (テキストを縮小します)

ノートの文字を縮小して表示します。

4 スライドショーの実行

発表者ビューを使って、スライドショーを実行しましょう。

①発表者ビューにスライド1が表示されていることを確認します。
②▶(次のアニメーションまたはスライドに進む)をクリックします。
※スライド上をクリックするか、または、Enterを押してもかまいません。

262

スライド2が表示されます。

③発表者ビューのノートに補足説明が表示されていることを確認します。

5 目的のスライドへジャンプ

発表者ビューの ▦ (すべてのスライドを表示します) を使うと、スライドの一覧から目的のスライドを選択してジャンプできます。プロジェクターにはスライドの一覧は表示されず、表示中のスライドから目的のスライドに一気にジャンプしたように見えます。

発表者ビューを使って、スライド4にジャンプしましょう。

① ▦ (すべてのスライドを表示します) をクリックします。

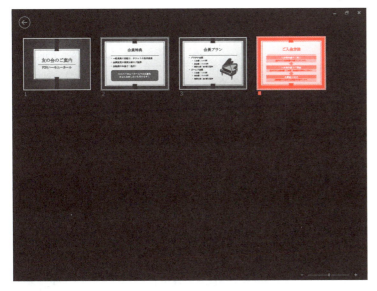

すべてのスライドの一覧が表示されます。
※プロジェクターには一覧は表示されず、直前のスライドが表示されたままの状態になります。

②スライド4をクリックします。

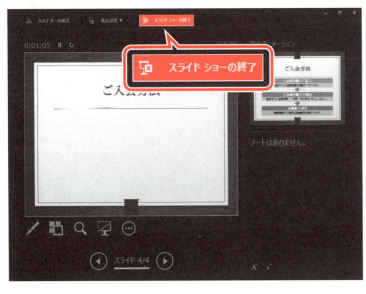

発表者ビューにスライド4が表示されます。
※プロジェクターにもスライド4が表示されます。

スライドショーを終了します。

③《スライドショーの終了》をクリックします。

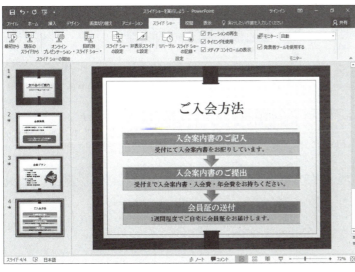

スライドショーが終了します。
※プレゼンテーションに「スライドショーを実行しよう完成」と名前を付けて、フォルダー「第12章」に保存し、閉じておきましょう。
※パソコンからプロジェクターを取り外しておきましょう。

Exercise 練習問題

解答 ▶ 別冊P.8

完成図のようなプレゼンテーションを作成しましょう。

File OPEN フォルダー「第12章」のプレゼンテーション「第12章練習問題」を開いておきましょう。

●完成図

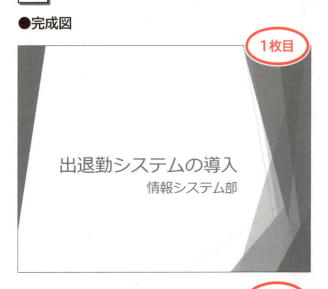
1枚目

2枚目

3枚目

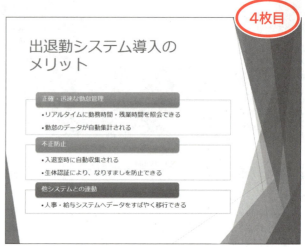
4枚目

①すべてのスライドに「**ランダムストライプ**」の画面切り替え効果を設定しましょう。

②スライド2の図形に「**開始**」の「**バウンド**」のアニメーションを設定しましょう。

③スライド4のSmartArtグラフィックに「**開始**」の「**フェード**」のアニメーションを設定しましょう。

④スライド1からスライドショーを実行しましょう。

⑤スライド4のノートペインに次のように入力しましょう。

> 出退勤システム導入のメリットを3点ご紹介します。

※ノートペインを非表示にしておきましょう。

⑥スライドをノートで印刷しましょう。

※プレゼンテーションに「第12章練習問題完成」と名前を付けて、フォルダー「第12章」に保存し、閉じておきましょう。

※PowerPointを終了しておきましょう。

第13章 Chapter 13

アプリ間でデータを共有しよう

Check	この章で学ぶこと ………………………………………	267
Step1	Excelの表をWordの文書に貼り付ける ……………	268
Step2	ExcelのデータをWordの文書に差し込んで印刷する…	277
Step3	Wordの文書をPowerPointのプレゼンテーションで利用する…	285

Chapter 13

この章で学ぶこと

学習前に習得すべきポイントを理解しておき、
学習後には確実に習得できたかどうかを振り返りましょう。

1	「貼り付け」と「リンク貼り付け」の違いを説明できる。	☐☐☐ →P.269
2	Excelの表をWordに貼り付けることができる。	☐☐☐ →P.272
3	Excelの表をWordにリンク貼り付けすることができる。	☐☐☐ →P.273
4	リンク貼り付けした表を更新できる。	☐☐☐ →P.275
5	差し込み印刷に必要なデータを説明できる。	☐☐☐ →P.278
6	差し込み印刷の手順を理解し、ひな形の文書や宛先リストを設定できる。	☐☐☐ →P.279
7	宛先リストのフィールド（項目）をひな形の文書に挿入できる。	☐☐☐ →P.282
8	宛先リストを差し込んだ結果を文書に表示できる。	☐☐☐ →P.282
9	データを差し込んで文書を印刷できる。	☐☐☐ →P.283
10	Wordの表示モードをアウトライン表示に切り替えて、アウトラインレベルを設定できる。	☐☐☐ →P.287
11	作成済みのWordの文書を利用してプレゼンテーションを作成できる。	☐☐☐ →P.290

Step 1　Excelの表をWordの文書に貼り付ける

1　作成する文書の確認

次のような文書を作成しましょう。

No.0201
2018 年 10 月 2 日

支店長各位

販売促進部長

第 2 四半期売上実績と第 3 四半期売上目標について

2018 年度第 2 四半期の売上実績の全国分を集計しましたので、下記のとおりお知らせします。また、各支店の第 3 四半期の売上目標を設定しましたので、併せてお知らせします。目標達成のために、拡販活動にご尽力いただきますようよろしくお願いします。

記

1. 第 2 四半期売上実績

単位：千円

支店名	7 月	8 月	9 月	合計
仙台	2,872	3,543	3,945	10,360
東京	4,223	3,345	4,936	12,504
名古屋	3,021	3,877	4,619	11,517
大阪	3,865	2,149	4,027	10,041
広島	2,511	1,856	3,375	7,742
合計	16,492	14,770	20,902	52,164

　　　　　　　　　　　　　　　　　　　　　　　Excelの表の貼り付け

2. 第 3 四半期売上目標

単位：千円

支店名	10 月	11 月	12 月	合計
仙台	3,300	3,300	3,900	10,500
東京	3,900	4,100	4,600	12,600
名古屋	3,500	3,700	4,700	11,900
大阪	3,300	3,800	4,700	11,800
広島	2,800	3,000	3,400	9,200
合計	16,800	17,900	21,300	56,000

　　　　　　　　　　　　　　　　　　　　　　　Excelの表のリンク貼り付け

以上

2 データの共有

データを異なるアプリ間で共有することができます。たとえば、Excelで作成した表をWordの文書に貼り付けることができます。
データの共有方法には、「**貼り付け**」や「**リンク貼り付け**」などがあります。

1 貼り付け

「**貼り付け**」とは、あるファイルのデータを、別のアプリのファイルに埋め込むことです。たとえば、Excelの表をWordの文書に貼り付けた場合、貼り付け元のExcelの表を変更しても、Wordの文書に貼り付けられた表は更新されません。

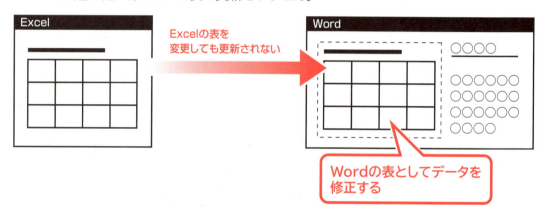

2 リンク貼り付け

「**リンク貼り付け**」とは、あるファイルのデータ（貼り付け元）と別のアプリのファイル（貼り付け先）の2つの情報を関連付け、参照関係（リンク）を作ることです。貼り付け元と貼り付け先のデータが連携されます。

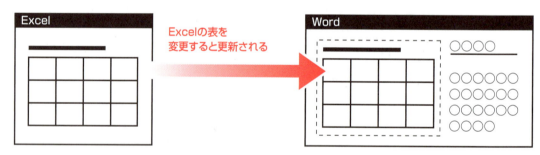

3 複数アプリの起動

WordとExcelのデータを共有するために、2つのアプリを起動します。

1 WordとExcelの起動

Wordを起動し、フォルダー「**第13章**」の文書「**アプリ間でデータを共有しよう-1**」を開きましょう。
次に、Excelを起動し、ブック「**売上管理**」を開きましょう。

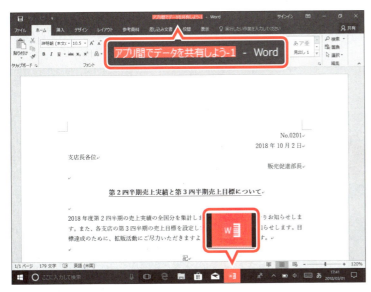

①Wordを起動します。
※ ■ (スタート)→《Word 2016》をクリックします。
②タスクバーに ■ が表示されていることを確認します。
③文書「**アプリ間でデータを共有しよう-1**」を開きます。
※《他の文書を開く》→《参照》→《ドキュメント》→「Word2016&Excel2016&PowerPoint2016」→「第13章」→一覧から「アプリ間でデータを共有しよう-1」を選択します。

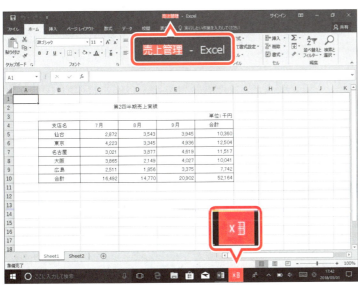

④Excelを起動します。
※ ■ (スタート)→《Excel 2016》をクリックします。
⑤タスクバーに ■ が表示されていることを確認します。
⑥ブック「**売上管理**」を開きます。
※《他のブックを開く》→《参照》→《ドキュメント》→「Word2016&Excel2016&PowerPoint2016」→「第13章」→一覧から「売上管理」を選択します。

2 複数アプリの切り替え

複数のウィンドウを表示している場合、アプリを切り替えて、作業対象のウィンドウを前面に表示します。作業対象のウィンドウを**「アクティブウィンドウ」**といいます。
タスクバーを使って、アプリを切り替えましょう。

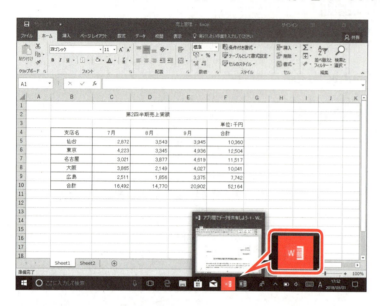

①タスクバーの ![W] をクリックします。

Wordがアクティブウィンドウになり、最前面に表示されます。

※タスクバーの ![X] と ![W] をクリックし、アプリが切り替えられることを確認しておきましょう。

4 Excelの表の貼り付け

Excelの表をWordの文書に貼り付けます。もとのExcelの表が修正された場合でも貼り付け先のWordの文書は修正されないようにします。
Excelのブック「**売上管理**」のシート「**Sheet1**」にある表を、Wordの文書「**アプリ間でデータを共有しよう-1**」に貼り付けましょう。

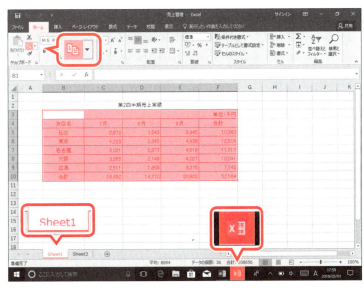

① タスクバーの ［Excel］ をクリックし、Excelをアクティブウィンドウにします。
② シート「**Sheet1**」が表示されていることを確認します。
表を範囲選択します。
③ セル範囲 **【B3:F10】** を選択します。
表をコピーします。
④ **《ホーム》** タブを選択します。
⑤ **《クリップボード》** グループの ［コピー］ をクリックします。

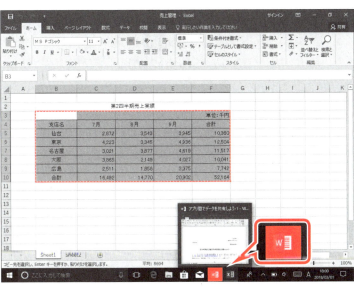

コピーされた範囲が点線で囲まれます。
Wordに切り替えます。
⑥ タスクバーの ［Word］ をクリックします。

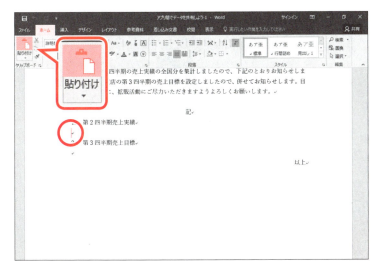

Wordの文書が表示されます。
表を貼り付ける位置を指定します。
⑦ 「**1.第2四半期売上実績**」の下の行にカーソルを移動します。
⑧ **《ホーム》** タブを選択します。
⑨ **《クリップボード》** グループの ［貼り付け］ をクリックします。

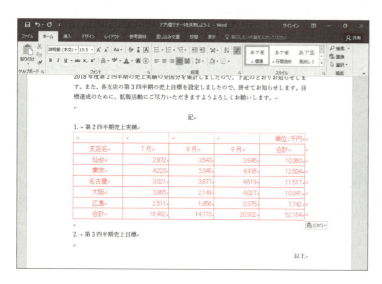

Excelの表が、Wordの文書に貼り付けられます。

貼り付けた表の書式の変更

Excelの表をWordに貼り付けるとWordの表として扱えます。そのため、貼り付けた表は、Wordで作成した表と同様に書式などを変更できます。

5 Excelの表のリンク貼り付け

Excelの表をWordの文書にリンク貼り付けします。リンク貼り付けを行うと、もとのExcelの表が修正された場合は、貼り付け先のWordの文書が更新されます。
Excelのブック「売上管理」のシート「Sheet2」にある表を、Wordの文書「アプリ間でデータを共有しよう-1」にリンク貼り付けしましょう。

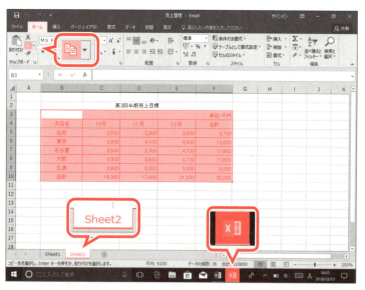

Excelに切り替えます。
①タスクバーの ■ をクリックします。
②シート「Sheet2」のシート見出しをクリックします。
表を範囲選択します。
③セル範囲【B3:F10】を選択します。
表をコピーします。
④《ホーム》タブを選択します。
⑤《クリップボード》グループの ■ (コピー)をクリックします。

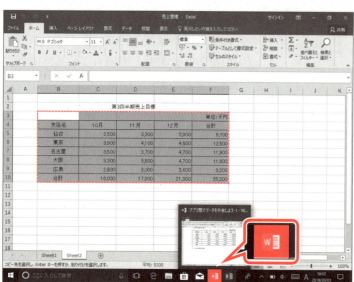

コピーされた範囲が点線で囲まれます。
Wordに切り替えます。
⑥タスクバーの ■ をクリックします。

Wordの文書が表示されます。
表を貼り付ける位置を指定します。

⑦「2.第3四半期売上目標」の下の行にカーソルを移動します。

⑧《ホーム》タブを選択します。

⑨《クリップボード》グループの (貼り付け)の をクリックします。

⑩ (リンク(元の書式を保持))をクリックします。

Excelの表が、Wordの文書にリンク貼り付けされます。

 グラフの貼り付け

Excelで作成したグラフをWordの文書に貼り付けることができます。

◆Excelのグラフを選択→《ホーム》タブ→《クリップボード》グループの (コピー)→Wordの文書のコピー先をクリック→《ホーム》タブ→《クリップボード》グループの (貼り付け)

※ (貼り付け)で貼り付けると、グラフは「リンク貼り付け」されます。貼り付け方法を変更する場合は、 (貼り付け)の をクリックして、一覧から貼り付け方法を選択します。

また、Wordの文書にリンク貼り付けしたグラフを編集する方法は、次のとおりです。

◆Wordのグラフを選択→《グラフツール》の《デザイン》タブ→《データ》グループの (データを編集します)

 図として貼り付け

Excelの表を図として貼り付けると、表の編集はできなくなりますが、表の周りに文字列を折り返して表示したり、枠や影を付けたりして、デザイン効果を高めることができます。
表を図として貼り付ける方法は、次のとおりです。

◆Excelの表を選択→《ホーム》タブ→《クリップボード》グループの (コピー)→Wordの文書のコピー先をクリック→《ホーム》タブ→《クリップボード》グループの (貼り付け)の → (図)

6 表のデータの変更

Excelの表のデータを変更して、Wordの文書にリンク貼り付けした表にその修正が反映されることを確認します。

「2.第3四半期売上目標」の仙台支店の10月のデータを修正しましょう。

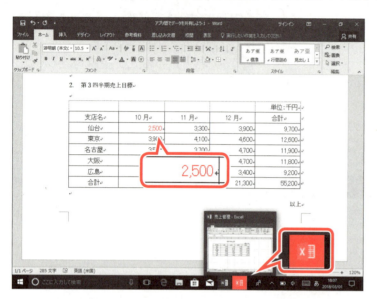

① 仙台支店の10月のデータが「**2,500**」であることを確認します。
② タスクバーの ![x] をクリックして、Excelのブックに切り替えます。

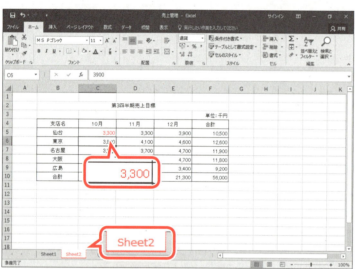

Excelのブックが表示されます。
③ シート「**Sheet2**」が表示されていることを確認します。

仙台支店のデータを「2,500」から「3,300」に変更します。
④ セル【**C5**】に「**3300**」と入力します。

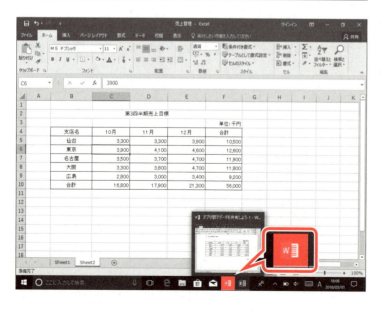

Wordの文書に変更が反映されることを確認します。
⑤ タスクバーの ![w] をクリックして、Wordの文書に切り替えます。

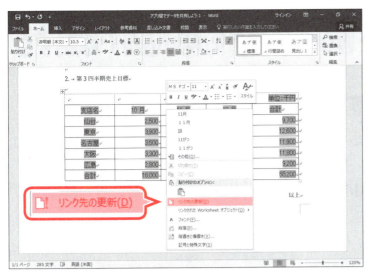

Wordの文書が表示されます。
リンクの更新を行います。
⑥「2.第3四半期売上目標」の表を右クリックします。
※表内であれば、どこでもかまいません。
⑦《リンク先の更新》をクリックします。

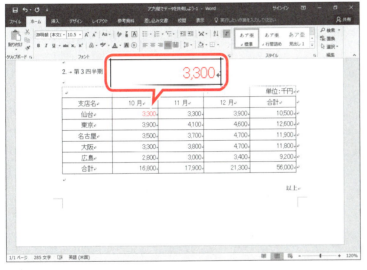

リンクが更新され、修正した内容がWordの文書に反映されます。
※Wordの文書に「アプリ間でデータを共有しよう-1完成」と名前を付けて、フォルダー「第13章」に保存し、閉じておきましょう。
※Excelのブック「売上管理」を保存せずに閉じ、Excelを終了しておきましょう。

 その他の方法（リンクの更新）

◆表を選択→ F9

Step 2 ExcelのデータをWordの文書に差し込んで印刷する

1 作成する文書の確認

Wordの文書に、Excelで作成した宛先データを差し込んで、次のような文書を作成しましょう。

●ひな形の文書 Wordの文書「アプリ間でデータを共有しよう-2」

●宛先リスト Excelのブック「社員名簿」

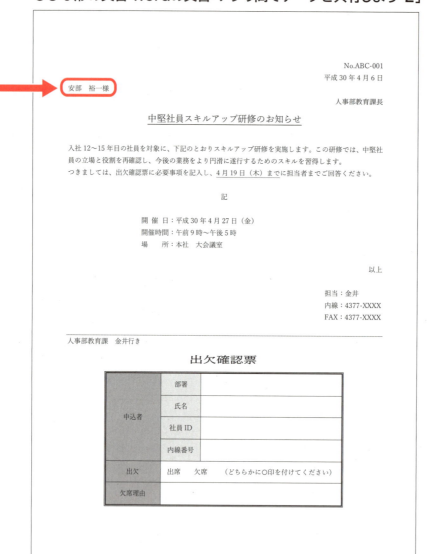

2 差し込み印刷

「**差し込み印刷**」とは、WordやExcelなどで作成した別のファイルのデータを、文書の指定した位置に差し込んで印刷する機能です。

文書の宛先だけを差し替えて印刷したり、宛名ラベルを作成したりできるので、同じ内容の案内状や挨拶状を複数の宛先に送付する場合に便利です。

差し込み印刷を行う場合は、《**差し込み文書**》タブを使います。この《**差し込み文書**》タブには、データを差し込む文書や宛先のリストを指定するボタン、差し込む内容を指定するボタンなどさまざまなボタンが用意されています。基本的には、《**差し込み文書**》タブの左から順番に操作していくと差し込み印刷ができるようになっています。

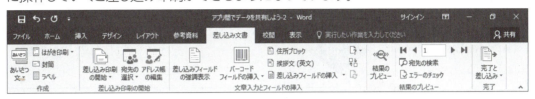

差し込み印刷では、次の2種類のファイルを準備します。

●ひな形の文書

データの差し込み先となる文書です。すべての宛先に共通の内容を入力します。ひな形の文書には、「**レター**」や「**封筒**」、「**ラベル**」などの種類があります。通常のビジネス文書は、「**レター**」にあたります。

●宛先リスト

郵便番号や住所、氏名など、差し込むデータが入力されたファイルです。
WordやExcelで作成したファイルのほか、Accessなどで作成したファイルも使うことができます。

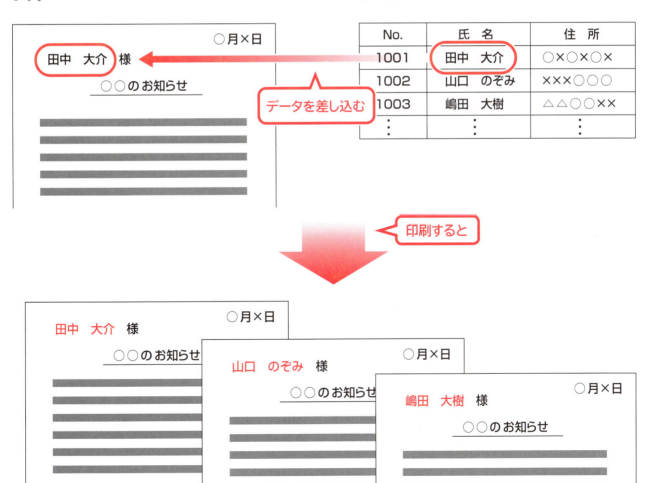

3 差し込み印刷の手順

差し込み印刷を行うときの手順は、次のとおりです。

1 差し込み印刷の開始

ひな形の文書を新規作成します。または、既存の文書を指定します。

2 宛先の選択

宛先リストを新規作成します。または、既存の宛先リストを選択します。

3 差し込みフィールドの挿入

差し込みフィールドをひな形の文書に挿入します。

4 結果のプレビュー

差し込んだ結果をプレビューして確認します。

5 文書の印刷

差し込んだ結果を印刷します。

4 差し込み印刷の実行

Wordの文書「**アプリ間でデータを共有しよう-2**」にExcelのブック「**社員名簿**」のデータを差し込んで印刷しましょう。

 フォルダー「第13章」の文書「アプリ間でデータを共有しよう-2」を開いておきましょう。

1 ひな形の文書の指定

Wordの文書「**アプリ間でデータを共有しよう-2**」をひな形の文書として指定しましょう。

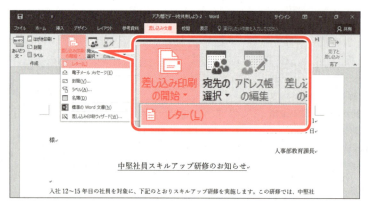

①《**差し込み文書**》タブを選択します。
ひな形の文書の種類を選択します。
②《**差し込み印刷の開始**》グループの (差し込み印刷の開始)をクリックします。
③《**レター**》をクリックします。

2 宛先リストの選択

Excelのブック「**社員名簿**」のシート「**Sheet1**」を宛先リストとして選択しましょう。

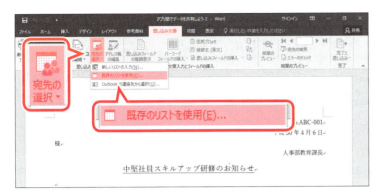

①《**差し込み文書**》タブを選択します。
②《**差し込み印刷の開始**》グループの (宛先の選択)をクリックします。
③《**既存のリストを使用**》をクリックします。

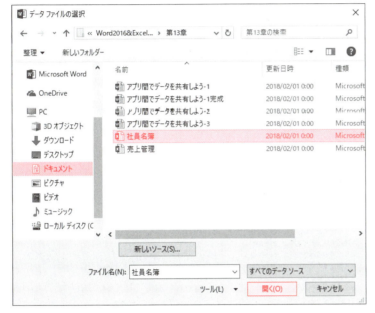

《**データファイルの選択**》ダイアログボックスが表示されます。
Excelのブックが保存されている場所を選択します。
④左側の一覧から《**ドキュメント**》を選択します。
※《ドキュメント》が表示されていない場合は、《PC》をクリックします。
⑤右側の一覧から「**Word2016&Excel2016 &PowerPoint2016**」を選択します。
⑥《**開く**》をクリックします。
⑦一覧から「**第13章**」を選択します。
⑧《**開く**》をクリックします。
⑨一覧からブック「**社員名簿**」を選択します。
⑩《**開く**》をクリックします。

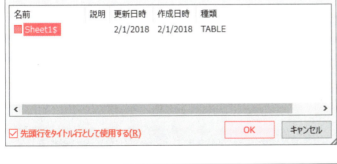

《**テーブルの選択**》ダイアログボックスが表示されます。
差し込むデータのあるシートを選択します。
⑪「**Sheet1$**」をクリックします。
⑫《**先頭行をタイトル行として使用する**》を☑にします。
⑬《**OK**》をクリックします。

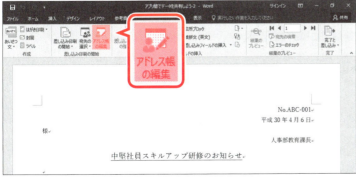

宛先リストを確認します。
⑭《**差し込み印刷の開始**》グループの (アドレス帳の編集)をクリックします。

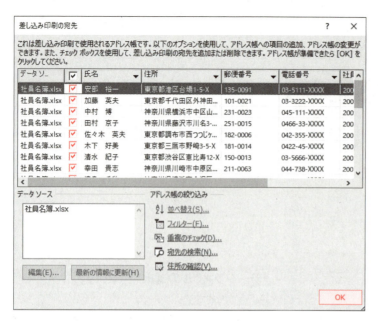

《差し込み印刷の宛先》ダイアログボックスが表示されます。

⑮すべてのレコードがになっていることを確認します。

⑯《OK》をクリックします。

《差し込み印刷の宛先》ダイアログボックス

《差し込み印刷の宛先》ダイアログボックスでは、宛先リストの並べ替えや抽出などの編集ができます。各部の名称と役割は、次のとおりです。

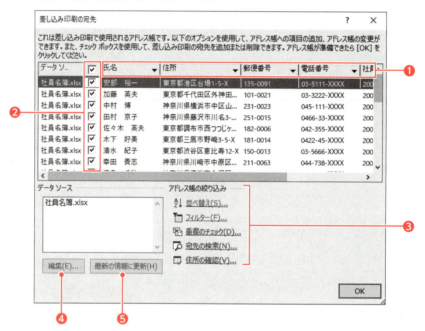

❶列見出し
列見出しをクリックすると、データを並べ替えることができます。▼をクリックすると、条件を指定してデータを抽出したり、並べ替えたりできます。

❷チェックボックス
宛先として差し込むデータを個別に指定できます。
☑:宛先として差し込みます。
☐:宛先として差し込みません。

❸アドレス帳の絞り込み
宛先リストに対して、並べ替えや抽出を行ったり、重複しているフィールドがないかをチェックしたりできます。

❹編集
差し込んだ宛先リストを編集します。

❺最新の情報に更新
宛先リストを再度読み込んで、変更内容を確認します。

3 差し込みフィールドの挿入

「**氏名**」の差し込みフィールドをひな形の文書に挿入しましょう。

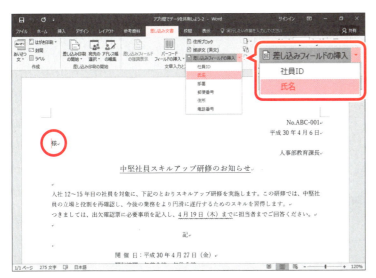

①「**様**」の前にカーソルを移動します。
②《**差し込み文書**》タブを選択します。
③《**文章入力とフィールドの挿入**》グループの ■差し込みフィールドの挿入 ▼ (差し込みフィールドの挿入) の ▼ をクリックします。
④《**氏名**》をクリックします。

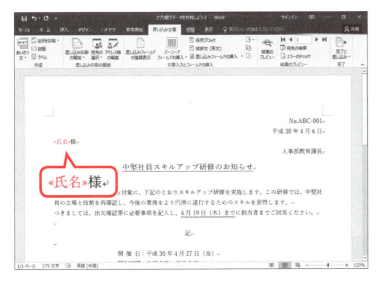

《**氏名**》が挿入されます。

4 結果のプレビュー

ひな形の文書に宛先リストを差し込んで表示しましょう。

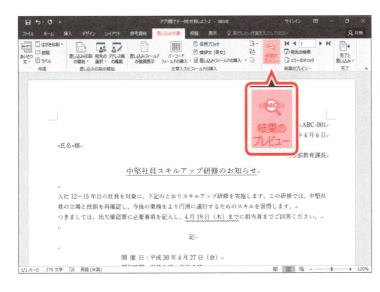

①《**差し込み文書**》タブを選択します。
②《**結果のプレビュー**》グループの (結果のプレビュー) をクリックします。

282

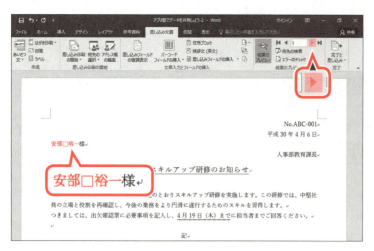

ひな形の文書に1件目の宛先が表示されます。次の宛先を表示します。

③《結果のプレビュー》グループの ▶ (次のレコード)をクリックします。

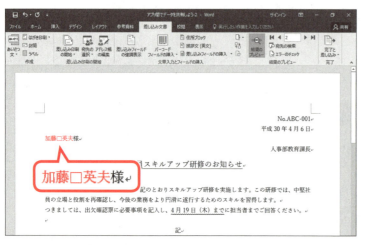

2件目の宛先が表示されます。

※ ▶ (次のレコード)をクリックして、2件目以降の宛先データを確認しておきましょう。

※前の宛先を表示するには、◀ (前のレコード)をクリックします。

5 文書の印刷

1件目と2件目の宛先をひな形の文書に差し込んで印刷しましょう。

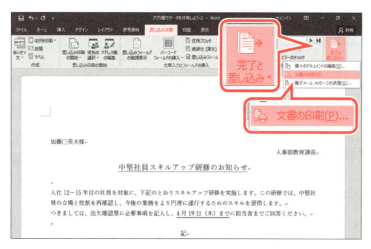

①《差し込み文書》タブを選択します。
②《完了》グループの (完了と差し込み) をクリックします。
③《文書の印刷》をクリックします。

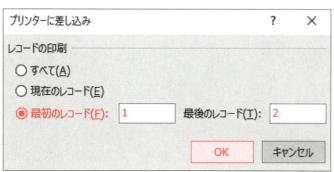

《プリンターに差し込み》ダイアログボックスが表示されます。

④《最初のレコード》を ◉ にします。
⑤《最初のレコード》に「1」と入力します。
⑥《最後のレコード》に「2」と入力します。
⑦《OK》をクリックします。

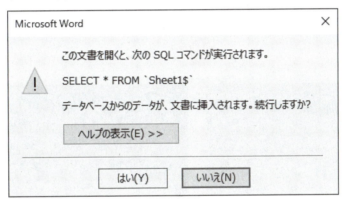

《印刷》ダイアログボックスが表示されます。

⑧《OK》をクリックします。

宛先が差し込まれた文書が2件分印刷されます。

※文書に「アプリ間でデータを共有しよう-2完成」と名前を付けて、フォルダー「第13章」に保存し、閉じておきましょう。

ひな形の文書の保存

ひな形の文書を保存すると、差し込み印刷の設定も保存されます。再度、文書を印刷するとき、差し込み印刷を設定する必要はありません。
また、保存したひな形の文書を開いたときに、次のようなメッセージが表示された場合は、《はい》をクリックします。

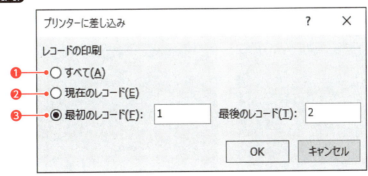

《プリンターに差し込み》ダイアログボックス

《プリンターに差し込み》ダイアログボックスでは、印刷する宛先を指定することができます。

❶すべて
文書に差し込まれたすべての宛先を印刷します。

❷現在のレコード
現在、文書に表示されている宛先を印刷します。

❸最初のレコード・最後のレコード
文書に差し込まれた宛先の中から、範囲を指定して印刷します。

Step3 Wordの文書をPowerPointのプレゼンテーションで利用する

1 作成するプレゼンテーションの確認

次のようなプレゼンテーションを作成しましょう。

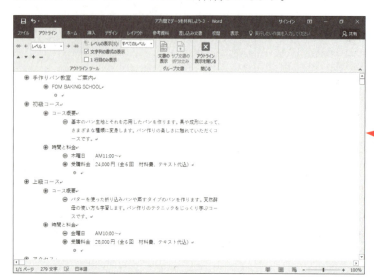

Wordのアウトライン機能を使うと…

簡単にスライドを作成できる

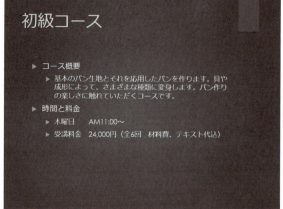

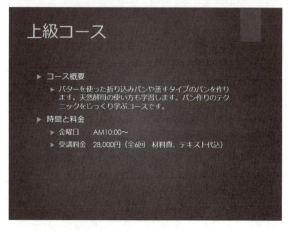

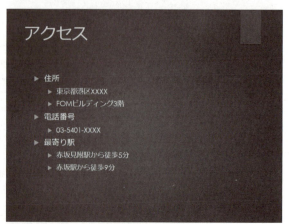

2 Wordの文書をもとにしたスライドの作成

プレゼンテーションで説明する内容をWordの文書にまとめている場合、Wordで作成した文書を活用して、効率的にPowerPointのスライドを作成することができます。
Wordの文書をもとに、プレゼンテーションを作成する手順は、次のとおりです。

1 Wordでのアウトラインレベルの設定

スライドのタイトルにしたい段落のアウトラインレベルを「レベル1」、箇条書きテキストにしたい段落のアウトラインレベルを「レベル2」や「レベル3」に設定しておきます。

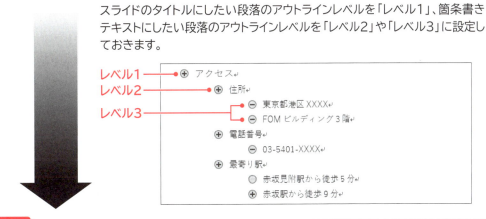

2 PowerPointでWordの文書を開く

PowerPointでWordの文書を開きます。Wordで設定したアウトラインレベルに応じて、タイトルや箇条書きテキストが表示されます。

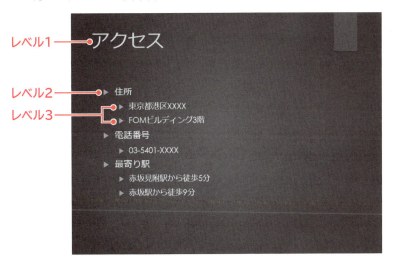

3 Wordによるアウトラインレベルの設定

Wordの表示モードをアウトライン表示に切り替えて、アウトラインレベルを設定しましょう。

 フォルダー「第13章」の文書「アプリ間でデータを共有しよう-3」を開いておきましょう。

1 表示モードの切り替え

「アウトライン表示」は、文書を見出しごとに折りたたんだり、展開したりして表示できる表示モードです。文書の内容を系統立てて整理する場合に便利です。
Wordの表示モードをアウトライン表示に切り替えましょう。

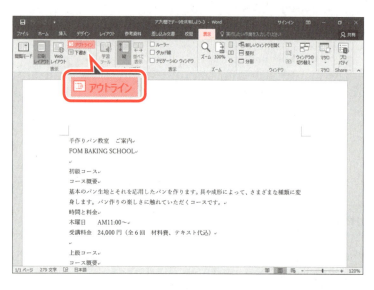

①《表示》タブを選択します。
②《表示》グループの アウトライン （アウトライン表示）をクリックします。

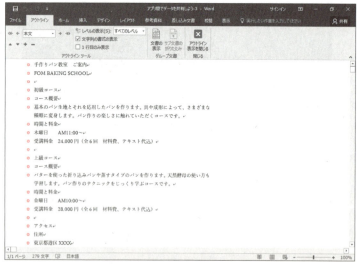

表示モードがアウトライン表示に切り替わり、段落の先頭にアウトライン記号の ○ が表示されます。

> **POINT ▶▶▶**
>
> **アウトライン記号**
>
> アウトライン表示では、段落の先頭にアウトライン記号が表示されます。
> アウトライン記号には、次の3種類があります。
>
> | アウトライン記号 | 説明 |
> | --- | --- |
> | ⊕ | 下位レベルのある見出し |
> | ⊖ | 下位レベルのない見出し |
> | ○ | 本文 |

第13章 アプリ間でデータを共有しよう

2 アウトラインレベルの設定

Wordの文書「アプリ間でデータを共有しよう-3」に、次のようにアウトラインレベルを設定しましょう。

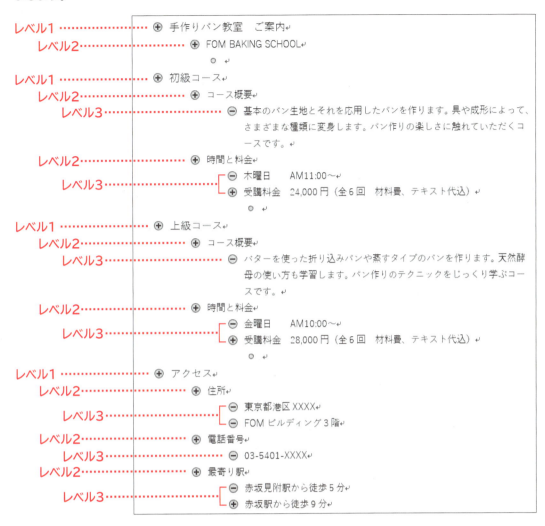

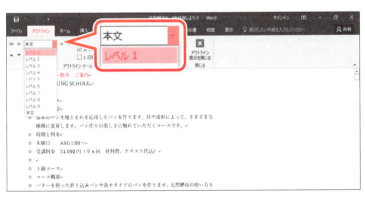

①「**手作りパン教室　ご案内**」の行にカーソルがあることを確認します。

②《**アウトライン**》タブを選択します。

③《**アウトラインツール**》グループの ［本文］ （アウトラインレベル）の ▼ をクリックし、一覧から《**レベル1**》を選択します。

※アウトラインレベルを設定すると、ナビゲーションウィンドウが表示される場合があります。 ✕ （閉じる）をクリックして、非表示にしておきましょう。

アウトラインレベルが「**レベル1**」になります。

④「FOM BAKING SCHOOL」の行にカーソルを移動します。

⑤《アウトラインツール》グループの 本文 （アウトラインレベル）の▼をクリックし、一覧から《レベル2》を選択します。

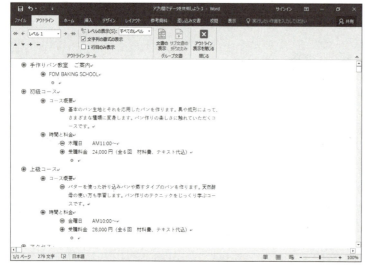

アウトラインレベルが「レベル2」になります。

⑥同様に、以降の段落にアウトラインレベルを設定します。

※ Ctrl を押しながら、複数の段落をまとめて選択すると効率的です。

※文書に「アプリ間でデータを共有しよう-3完成」と名前を付けて、フォルダー「第13章」に保存し、Wordを終了しておきましょう。

POINT ▶▶▶

ナビゲーションウィンドウ

「ナビゲーションウィンドウ」とは、文書の構成を確認できるウィンドウです。アウトラインレベルを設定した見出しが階層表示されます。表示された見出しをクリックするだけで、目的の場所へジャンプしたり、見出しをドラッグするだけで、見出し単位で文章を入れ替えたりできます。

ナビゲーションウィンドウを表示する方法は、次のとおりです。

◆《表示》タブ→《表示》グループの《☑ナビゲーションウィンドウ》

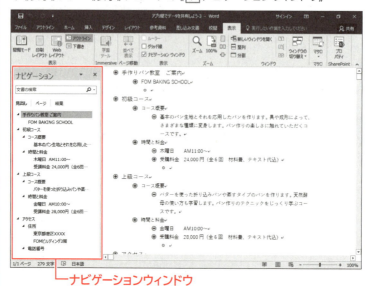

4 PowerPointでWordの文書を開く

PowerPointでWordの文書を開くと、Wordの文書をもとにスライドが作成されます。

1 PowerPointでWordの文書を開く

PowerPointでWordの文書「アプリ間でデータを共有しよう-3完成」を開いて、新規のプレゼンテーションを作成しましょう。

①PowerPointを起動します。
※ ⊞（スタート）→《PowerPoint2016》をクリックします。
②《他のプレゼンテーションを開く》をクリックします。

文書が保存されている場所を選択します。
③《参照》をクリックします。

《ファイルを開く》ダイアログボックスが表示されます。
④《ドキュメント》が開かれていることを確認します。
※《ドキュメント》が開かれていない場合は、《PC》をクリックします。
⑤一覧から「Word2016&Excel2016&PowerPoint2016」を選択します。
⑥《開く》をクリックします。
⑦一覧から「第13章」を選択します。
⑧《開く》をクリックします。
⑨《すべてのPowerPointプレゼンテーション》をクリックし、一覧から《すべてのファイル》を選択します。
⑩一覧から「アプリ間でデータを共有しよう-3完成」を選択します。
⑪《開く》をクリックします。

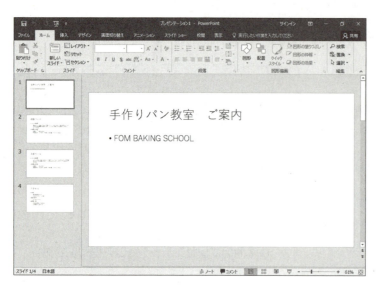

Wordの文書をもとに、新規のプレゼンテーションが作成されます。

⑫各スライドにデータが取り込まれていることを確認します。

⑬アウトラインレベルの「**レベル1**」を設定した段落がスライドのタイトル、「**レベル2**」と「**レベル3**」を設定した段落が箇条書きテキストになっていることを確認します。

2 スライドのリセット

Wordの文書から取り込んだ文字には、Wordの書式が残っています。すべてのスライドの書式をリセットしましょう。

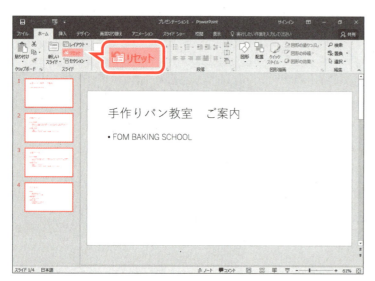

①スライド1を選択します。

②[Shift]を押しながら、スライド4を選択します。

※[Shift]を押しながらスライドをクリックすると、隣接する複数のスライドをまとめて選択できます。

③《**ホーム**》タブを選択します。

④《**スライド**》グループの [リセット] （リセット）をクリックします。

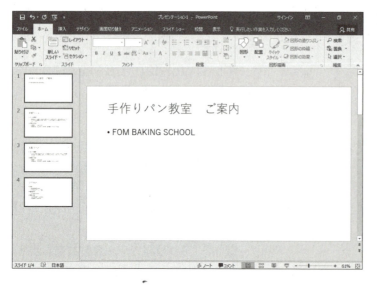

スライドの書式がリセットされます。

3 スライドのレイアウトの変更

作成したスライドは、あとからレイアウトの種類を変更することができます。
スライド1のレイアウトを「**タイトルとテキスト**」から「**タイトルスライド**」に変更しましょう。

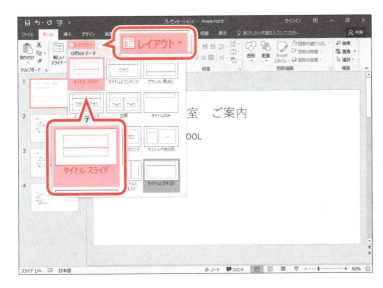

①スライド1を選択します。
②《**ホーム**》タブを選択します。
③《**スライド**》グループの レイアウト ▼ （スライドのレイアウト）をクリックします。
④《**タイトルスライド**》をクリックします。

スライドのレイアウトが変更されます。

 **ためしてみよう**

次のようにプレゼンテーションを編集しましょう。

① プレゼンテーションにテーマ「イオン」を適用しましょう。
② スライドのサイズを「標準（4：3）」に変更し、コンテンツのサイズを最大化しましょう。

Let's Try Answer

①
①《デザイン》タブを選択
②《テーマ》グループの ▼ （その他）をクリック
③《Office》の《イオン》をクリック

②
①《デザイン》タブを選択
②《ユーザー設定》グループの ▯ （スライドのサイズ）をクリック
③《標準（4：3）》をクリック
④《最大化》をクリック

※プレゼンテーションに「手作りパン教室完成」と名前を付けて、フォルダー「第13章」に保存し、閉じておきましょう。
※PowerPointを終了しておきましょう。

Exercise

総合問題

総合問題1	295
総合問題2	297
総合問題3	299
総合問題4	301
総合問題5	303
総合問題6	305
総合問題7	307
総合問題8	309
総合問題9	311
総合問題10	313

Exercise 総合問題1

解答 ▶ 別冊P.9

完成図のような文書を作成しましょう。

●完成図

平成 30 年 3 月 9 日

お客様各位

株式会社よくわかるパソコン教室　竹芝校

無料体験セミナーのご案内

　拝啓　早春の候、時下ますますご清祥の段、お慶び申し上げます。平素は格別のご高配を賜り、厚く御礼申し上げます。
　このたび、竹芝校の開校 10 周年を記念いたしまして、下記のとおり無料体験セミナーをご用意いたしました。ぜひ、ふるってご参加ください。
　なお、お申し込みは、3 月 26 日必着で同封のハガキをご返送ください。

敬具

記

- 開　催　日　平成 30 年 4 月 6 日（金）
- 時　　　間　午後 1 時～午後 3 時
- コ　ー　ス　名　はじめてのスマートフォン講座
- 場　　　所　よくわかるパソコン教室　竹芝校
- お問い合わせ　03-3355-XXXX（担当：椎野）

以上

---

①Wordを起動し、新しい文書を作成しましょう。

②次のようにページを設定しましょう。

用紙サイズ	：A4
印刷の向き	：縦
1ページの行数	：25行

③次のように文章を入力しましょう。
※入力を省略する場合は、フォルダー「総合問題」の文書「総合問題1」を開き、④に進みましょう。

Hint あいさつ文は、《挿入》タブ→《テキスト》グループの (あいさつ文の挿入)を使って入力しましょう。

平成30年3月9日
お客様各位
株式会社よくわかるパソコン教室□竹芝校

無料体験セミナーのご案内

拝啓□早春の候、時下ますますご清祥の段、お慶び申し上げます。平素は格別のご高配を賜り、厚く御礼申し上げます。
□このたび、竹芝校の開校10周年を記念いたしまして、下記のとおりセミナーをご用意いたしました。ぜひ、ご参加ください。
□なお、お申し込みは、3月26日必着で同封のハガキをご返送ください。
　　　　　　　　　　　　　　　　　　　　　　　　　　　　　　　　　　敬具

　　　　　　　　　　　　　　　　　　記
開催日□平成30年4月6日（金）
時間□午後1時～午後3時
コース名□はじめてのスマートフォン講座
場所□よくわかるパソコン教室□竹芝校
お問い合わせ□03-3355-XXXX（担当：椎野）
　　　　　　　　　　　　　　　　　　　　　　　　　　　　　　　　　　以上

※ で Enter を押して改行します。
※□は全角空白を表します。
※「～」は「から」と入力して変換します。

④発信日付「**平成30年3月9日**」と発信者名「**株式会社よくわかるパソコン教室　竹芝校**」をそれぞれ右揃えにしましょう。

⑤タイトル「**無料体験セミナーのご案内**」の「**無料体験**」を本文中の「**セミナーをご用意…**」の前にコピーしましょう。

⑥タイトル「**無料体験セミナーのご案内**」に次の書式を設定しましょう。

フォント　　　　：HGP明朝B
フォントサイズ：20ポイント
太字
中央揃え

---

⑦「ご参加ください。」の前に「**ふるって**」を挿入しましょう。

⑧記書き文の行に8文字分の左インデントを設定しましょう。

⑨記書き文の「**開催日**」「**時間**」「**コース名**」「**場所**」を6文字分の幅に均等に割り付けましょう。

⑩記書き文の行に「■」の行頭文字を設定しましょう。

※文書に「総合問題1完成」と名前を付けて、フォルダー「総合問題」に保存し、閉じておきましょう。

Exercise 総合問題2

解答 ▶ 別冊P.10

完成図のような文書を作成しましょう。

File OPEN ▶ フォルダー「総合問題」の文書「総合問題2」を開いておきましょう。

●完成図

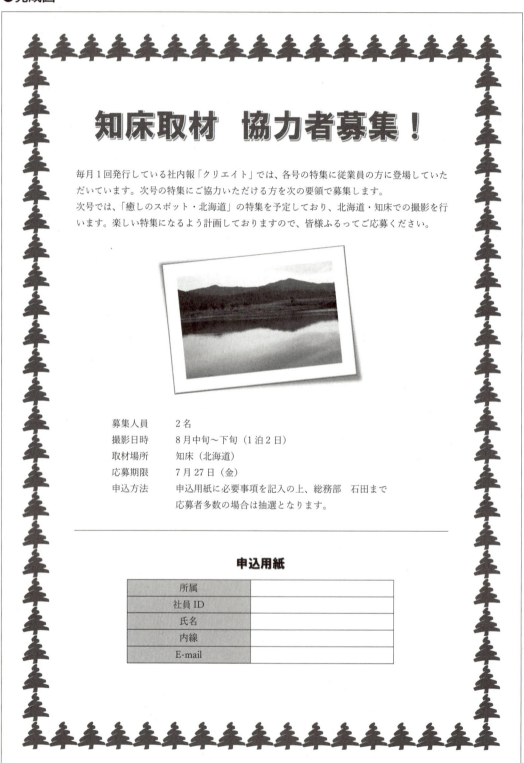

①「知床取材　協力者募集！」に次の書式を設定しましょう。指定の文字の効果がない場合は、任意の文字の効果を設定します。

> フォント　　　　：HGP創英角ゴシックUB
> フォントサイズ　：36ポイント
> 文字の効果　　 ：塗りつぶし：青、アクセントカラー5；輪郭：白、背景色1；影（ぼかしなし）：青、アクセントカラー5
> 中央揃え

②「募集人員…」の上の行にフォルダー「総合問題」の画像「知床」を挿入しましょう。

③画像の文字列の折り返しを「上下」に設定しましょう。

④画像にスタイル「回転、白」を設定しましょう。

⑤完成図を参考に、画像の位置とサイズを調整しましょう。

⑥「募集人員」で始まる行から「応募者多数の…」で始まる行に4文字分の左インデントを設定しましょう。

⑦「申込用紙」に次の書式を設定しましょう。指定の文字の効果がない場合は、任意の文字の効果を設定します。

> フォント　　　　：HGP創英角ゴシックUB
> フォントサイズ　：14ポイント
> 文字の効果　　 ：塗りつぶし：黒、文字色1；影

⑧文末に5行2列の表を作成しましょう。
　また、次のように文字を入力しましょう。

所属	
社員ID	
氏名	
内線	
E-mail	

⑨完成図を参考に、列の幅を変更しましょう。

⑩表の1列目を「青、アクセント1、白+基本色60％」に塗りつぶしましょう。

⑪表の1列目の項目名をセル内で中央揃えにしましょう。

⑫表を行内で中央揃えにしましょう。

⑬完成図を参考に、ページ罫線を設定しましょう。

※文書に「総合問題2完成」と名前を付けて、フォルダー「総合問題」に保存し、閉じておきましょう。

Exercise 総合問題3

解答 ▶ 別冊P.11

完成図のような文書を作成しましょう。

 フォルダー「総合問題」の文書「総合問題3」を開いておきましょう。

●完成図

ひまわりスポーツクラブ入会申込書

下記のとおり、ひまわりスポーツクラブへの入会を申し込みます。

　　　　　　　　　　　　　　　　　　　　　　　　平成　　年　　月　　日

●入会コース

会員種別	レギュラー ・ プール ・ スタジオ ・ ゴルフ ・ テニス
コース種別	フルタイム ・ 午前 ・ 午後 ・ ナイト ・ ホリデイ

※丸印を付けてください。

●会員情報

お名前	印
フリガナ	
生年月日	年　　　　月　　　　日
ご住所	〒
電話番号	
緊急連絡先	
ご職業	
備考	

【弊社記入欄】

受付日	
受付担当	

① タイトル「**ひまわりスポーツクラブ入会申込書**」に次の書式を設定しましょう。

> フォント　　　　：HG創英角ゴシックUB
> フォントサイズ：18ポイント
> フォントの色　　：オレンジ、アクセント2、黒+基本色25%
> 二重下線
> 中央揃え

②「●入会コース」の下の行に、2行2列の表を作成しましょう。
　また、次のように、表に文字を入力しましょう。

会員種別	レギュラー□・□プール□・□スタジオ□・□ゴルフ□・□テニス
コース種別	フルタイム□・□午前□・□午後□・□ナイト□・□ホリデイ

※□は全角空白を表します。

③ 完成図を参考に、「●入会コース」の表の1列目の列幅を変更しましょう。

④「●入会コース」の表の1列目を「**緑、アクセント6、白+基本色40%**」で塗りつぶしましょう。

⑤「●会員情報」の表の「**電話番号**」の下に1行挿入しましょう。
　また、挿入した行の1列目に「**緊急連絡先**」と入力しましょう。

⑥ 完成図を参考に、「●会員情報」の表のサイズを変更しましょう。
　また、「**ご住所**」と「**備考**」の行の高さを変更しましょう。

> **Hint** 行の高さを変更するには、行の下側の罫線をドラッグします。

⑦ 完成図を参考に、「●会員情報」の表内の文字の配置を調整しましょう。

⑧「【弊社記入欄】」の表の3～5列目を削除しましょう。

> **Hint** 列を削除するには、Back Spaceを使います。

⑨「【弊社記入欄】」の表全体を行内の右端に配置しましょう。

⑩「【弊社記入欄】」の文字と表の開始位置がそろうように、「【弊社記入欄】」の行に適切な文字数分の左インデントを設定しましょう。

※文書に「総合問題3完成」と名前を付けて、フォルダー「総合問題」に保存し、閉じておきましょう。
※Wordを終了しておきましょう。

Exercise 総合問題4

解答 ▶ 別冊P.12

完成図のような表を作成しましょう。

●完成図

	A	B	C	D	E	F	G	H	I	J
1		週間入場者数								
2										
3			第1週	第2週	第3週	第4週	合計	平均	年代別構成比	
4		10代以下	12,453	13,425	15,432	13,254	54,564	13,641	21.7%	
5		20代	21,531	23,405	28,541	24,854	98,331	24,583	39.1%	
6		30代	12,324	13,584	19,543	14,683	60,134	15,034	23.9%	
7		40代	8,452	7,483	8,253	8,246	32,434	8,109	12.9%	
8		50代以上	1,250	2,254	1,482	1,243	6,229	1,557	2.5%	
9		合計	56,010	60,151	73,251	62,280	251,692	62,923	100.0%	
10										

①Excelを起動し、新しいブックを作成しましょう。

②次のようにデータを入力しましょう。

	A	B	C	D	E	F	G	H	I	J
1		週間入場者数								
2										
3			第1週	第2週	第3週	第4週	合計	平均	年代別構成比	
4		10代以下	12453	13425	15432	13254				
5		20代	21531	23405	28541	24854				
6		30代	12324	13584	19543	14683				
7		40代	8452	7483	8253	8246				
8		50代以上	1250	2254	1482	1243				
9		合計								
10										

③セル【C9】に「第1週」の合計を求めましょう。
次に、セル【C9】の数式をセル範囲【D9:F9】にコピーしましょう。

④セル【G4】に「10代以下」の「合計」を求めましょう。

⑤セル【H4】に「10代以下」の「平均」を求めましょう。
次に、セル【G4】とセル【H4】の数式をセル範囲【G5:H9】にコピーしましょう。

⑥セル【I4】に「10代以下」の「年代別構成比」を求めましょう。
次に、セル【I4】の数式をセル範囲【I5:I9】にコピーしましょう。

Hint「年代別構成比」は「各年代の合計÷入場者の合計」で求めます。

⑦セル【B1】に次の書式を設定しましょう。

> フォントサイズ ：12ポイント
> フォントの色　 ：濃い赤
> 太字

⑧セル範囲【B3:I9】に格子線を引きましょう。

⑨セル範囲【B3:I3】に次の書式を設定しましょう。

> 塗りつぶしの色 ：緑、アクセント6、白+基本色40%
> 中央揃え

⑩セル範囲【C4:H9】の数値に3桁区切りカンマを付けましょう。

⑪セル範囲【I4:I9】の数値を小数点第1位までの「％（パーセント）」で表示しましょう。

⑫I列の列幅を自動調整し、最適な列幅にしましょう。

※ブックに「総合問題4完成」と名前を付けて、フォルダー「総合問題」に保存し、閉じておきましょう。

Exercise 総合問題5

解答 ▶ 別冊P.13

完成図のような表とグラフを作成しましょう。

 フォルダー「総合問題」のブック「総合問題5」を開いておきましょう。

●完成図

	A	B	C	D	E	F	G	H	I	J
1										
2					DVDジャンル別売上金額					
3										
4									単位：千円	
5			洋画	邦画	ドラマ	音楽	アニメ	合計	売上構成比	
6		駅前店	1,260	280	640	380	550	3,110	44.5%	
7		南町店	940	200	350	250	300	2,040	29.2%	
8		北町店	680	150	420	160	430	1,840	26.3%	
9		合計	2,880	630	1,410	790	1,280	6,990	100.0%	
10		平均	960	210	470	263	427	2,330		
11										

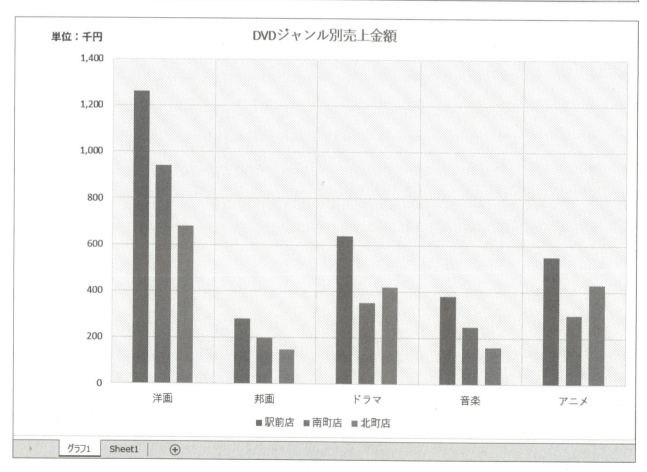

①C～I列の列幅を「11」に変更しましょう。

②セル【I4】を右揃えにしましょう。

③表内のすべての合計を求めましょう。

> **Hint** 合計する数値と、合計を表示するセル範囲を選択して Σ（合計）をクリックすると、縦横の合計を一度に求めることができます。

④セル【C10】に「洋画」の平均を求め、セル【H10】までコピーしましょう。

⑤セル【I6】に売上総合計に対する店舗ごとの「売上構成比」を求めましょう。
　次に、セル【I6】の数式をセル範囲【I7:I9】にコピーしましょう。

> **Hint**「売上構成比」は「各店舗の合計÷全体の合計」で求めます。

⑥セル範囲【C6:H10】に3桁区切りカンマを付けましょう。

⑦セル範囲【I6:I9】を小数点第1位までの「％（パーセント）」で表示しましょう。

⑧セル範囲【B5:G8】をもとに、2-Dの集合縦棒グラフを作成しましょう。

⑨グラフタイトルを「**DVDジャンル別売上金額**」に変更しましょう。

⑩グラフを新しいシートに移動しましょう。

⑪グラフのスタイルを「**スタイル7**」に変更しましょう。

⑫値軸の軸ラベルを表示し、軸ラベルを「**単位：千円**」に変更しましょう。

⑬値軸の軸ラベルが左に90度回転した状態になっているのを解除し、グラフの左上に移動しましょう。

⑭グラフエリアのフォントサイズを「**12**」ポイントに変更し、グラフタイトルのフォントサイズを「**16**」ポイントに変更しましょう。

※ブックに「総合問題5完成」と名前を付けて、フォルダー「総合問題」に保存し、閉じておきましょう。

Exercise 総合問題6

解答 ▶ 別冊P.14

次のようにデータを操作しましょう。

フォルダー「総合問題」のブック「総合問題6」を開いておきましょう。

● 「入社年」が「2012/4」以降のレコードを抽出

	A	B	C	D	E	F	G	H	I
1									
2					売上実績				
3								単位：百万円	
4									
5		社員番号	氏名	地区	入社年	今期目標	今期実績	達成率	
8		294520	田中 知夏	千葉	2013/4	45,000	48,900	108.7%	
32		284100	堂本 直人	東京	2012/4	38,000	30,100	79.2%	
35		321210	堀越 恵子	東京	2016/4	33,000	31,200	94.5%	
43		312155	斉藤 理恵	横浜	2015/10	35,000	26,600	76.0%	
45		300012	高城 健一	横浜	2014/4	29,000	33,800	116.6%	
49		296900	和田 由美	横浜	2013/4	32,000	33,100	103.4%	
50									

● テーブルの最終行に「今期実績」の集計行を表示し、「達成率」の集計行を非表示

	A	B	C	D	E	F	G	H	I
1									
2					売上実績				
3								単位：百万円	
4									
5		社員番号	氏名	地区	入社年	今期目標	今期実績	達成率	
6		133111	曽根 学	千葉	1997/4	29,000	29,600	102.1%	
7		220026	高木 祐子	千葉	2006/4	40,000	31,200	78.0%	
8		294520	田中 知夏	千葉	2013/4	45,000	48,900	108.7%	
9		220023	塚越 孝太	千葉	2006/4	30,000	31,300	104.3%	
10		278251	中村 健一	千葉	2011/10	35,000	30,700	87.7%	
11		262000	藤本 真一	千葉	2010/4	45,000	48,900	108.7%	
12		181210	森山 光輝	千葉	2002/4	36,000	23,700	65.8%	
13		220074	八木 俊一	千葉	2006/4	32,000	33,600	105.0%	
14		251200	青田 浩介	東京	2009/4	32,000	23,100	72.2%	
15		220001	秋田 勉	東京	2006/4	31,000	30,500	98.4%	
16		245260	阿部 次郎	東京	2008/4	28,000	22,800	81.4%	
17		247100	上田 伸二	東京	2008/4	28,000	27,800	99.3%	
43		312155	斉藤 理恵	横浜	2015/10	35,000	26,600	76.0%	
44		252510	笹川 栄子	横浜	2009/10	30,000	29,900	99.7%	
45		300012	高城 健一	横浜	2014/4	29,000	33,800	116.6%	
46		274120	中野 博	横浜	2011/4	27,000	22,400	83.0%	
47		220099	中村 勇人	横浜	2006/4	30,000	22,300	74.3%	
48		279874	堀田 隆弘	横浜	2011/10	27,000	28,700	106.3%	
49		296900	和田 由美	横浜	2013/4	32,000	33,100	103.4%	
50		集計					1,252,300		
51									

①セル範囲【F6:G49】に3桁区切りカンマを付けましょう。

②セル【H6】に達成率を求めましょう。

Hint 「達成率」は「今期実績÷今期目標」で求めます。

③セル【H6】を小数点第1位までの「％(パーセント)」で表示しましょう。

④セル【H6】の数式を、セル範囲【H7:H49】にコピーしましょう。

⑤A列の列幅を「2」に変更しましょう。

⑥表をテーブルに変換しましょう。

⑦テーブルスタイルを「**緑, テーブルスタイル(中間)21**」に変更しましょう。指定のスタイルがない場合は、任意のスタイルに変更します。

⑧「氏名」を基準に昇順で並べ替えましょう。

⑨「地区」を基準に昇順で並べ替えましょう。

⑩「入社年」が「2012/4」以降のレコードを抽出しましょう。

Hint 《日付フィルター》の《指定の値より後》を使います。

⑪フィルターのすべての条件を解除しましょう。

⑫「達成率」が100％より大きいセルに、「**濃い緑の文字、緑の背景**」の書式を設定しましょう。

⑬テーブルの最終行に「今期実績」の集計を表示し、「達成率」の集計を非表示にしましょう。

※ブックに「総合問題6完成」と名前を付けて、フォルダー「総合問題」に保存し、閉じておきましょう。
※Excelを終了しておきましょう。

Exercise 総合問題7

解答 ▶ 別冊P.15

完成図のようなプレゼンテーションを作成しましょう。

●完成図

1枚目：会社説明会 / 株式会社FOM不動産

2枚目：会社概要
- 社名：株式会社FOM不動産
- 代表者：富士太郎
- 設立：1982年4月
- 本社：東京都港区芝X-X-X

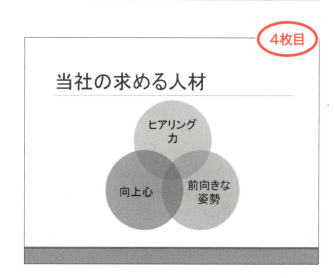

3枚目：事業内容
- 不動産売買仲介業務
- 事務所・オフィスの賃貸仲介業務
- 新築・中古不動産の受託販売業務

「もっと住みやすく」をサポートします

4枚目：当社の求める人材
- ヒアリング力
- 向上心
- 前向きな姿勢

①PowerPointを起動し、新しいプレゼンテーションを作成しましょう。

②スライドのサイズを「標準（4：3）」に変更しましょう。

③プレゼンテーションにテーマ「レトロスペクト」を適用しましょう。

④プレゼンテーションに適用したテーマの配色を「マーキー」に変更しましょう。

⑤スライド1に次のタイトルとサブタイトルを入力しましょう。

●タイトル
会社説明会

●サブタイトル
株式会社FOM不動産

⑥2枚目に「**タイトルとコンテンツ**」のレイアウトのスライドを挿入し、タイトルと箇条書きテキストを入力しましょう。

●タイトル
会社概要
●箇条書きテキスト
社名：株式会社FOM不動産
代表者：富士太郎
設立：1982年4月
本社：東京都港区芝X-X-X

※英数字は半角で入力します。

⑦3枚目に「**タイトルとコンテンツ**」のレイアウトのスライドを挿入し、タイトルと箇条書きテキストを入力しましょう。

●タイトル
事業内容

●箇条書きテキスト
不動産売買仲介業務
事務所・オフィスの賃貸仲介業務
新築・中古不動産の受託販売業務

⑧完成図を参考に、スライド3に図形を作成しましょう。

⑨図形に「**「もっと住みやすく」をサポートします**」という文字を追加し、フォントサイズを「**24**」ポイントに変更しましょう。

⑩図形にスタイル「**パステル-アクア、アクセント1**」を設定しましょう。指定のスタイルがない場合は、任意のスタイルを設定します。

⑪4枚目に「**タイトルとコンテンツ**」のレイアウトのスライドを挿入し、タイトルに「**当社の求める人材**」と入力しましょう。

⑫スライド4にSmartArtグラフィック「**基本ベン図**」を作成し、テキストウィンドウを使って文字を入力しましょう。

ヒアリング力
前向きな姿勢
向上心

⑬SmartArtグラフィックに色「**カラフル-全アクセント**」とスタイル「**グラデーション**」を設定しましょう。

⑭SmartArtグラフィック内のすべての文字のフォントサイズを「**28**」ポイントに変更しましょう。

⑮スライド1からスライドショーを実行しましょう。

※プレゼンテーションに「**総合問題7完成**」と名前を付けて、フォルダー「**総合問題**」に保存し、閉じておきましょう。

Exercise 総合問題8

解答 ▶ 別冊P.16

完成図のようなプレゼンテーションを作成しましょう。

 フォルダー「総合問題」のプレゼンテーション「総合問題8」を開いておきましょう。

●完成図

1枚目

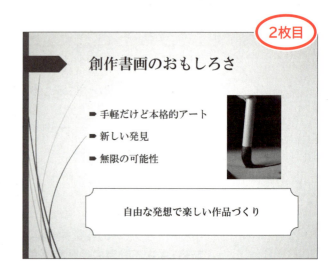

2枚目

3枚目

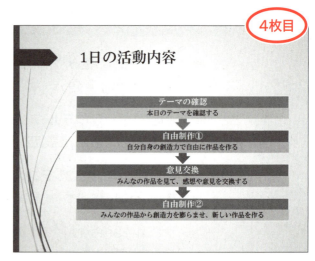

4枚目

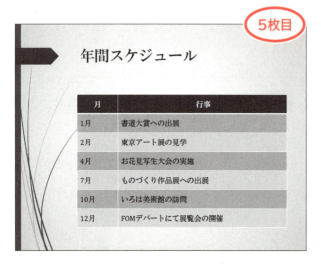

5枚目

①スライド2のプレースホルダーの行間を標準の1.5倍に設定しましょう。

Hint 行間を設定するには、《ホーム》タブ→《段落》グループの (行間)を使います。

②スライド2にフォルダー「**総合問題**」の画像「**筆**」を挿入しましょう。

③完成図を参考に、画像のサイズと位置を変更しましょう。

④完成図を参考に、スライド2に図形「**ブローチ**」を作成しましょう。

⑤図形に「**自由な発想で楽しい作品づくり**」という文字を追加し、フォントサイズを「**24**」ポイントに変更しましょう。

⑥図形にスタイル「**枠線のみ-濃い赤、アクセント1**」を設定しましょう。

⑦図形に「**強調**」の「**パルス**」のアニメーションを設定しましょう。

⑧スライド4のSmartArtグラフィックに、「**開始**」の「**ズーム**」のアニメーションを設定しましょう。

⑨すべてのスライドに「**観覧車**」の画面切り替え効果を設定しましょう。

⑩スライド1からスライドショーを実行しましょう。

※プレゼンテーションに「総合問題8完成」と名前を付けて、フォルダー「総合問題」に保存し、閉じておきましょう。
※PowerPointを終了しておきましょう。

Exercise 総合問題9

解答 ▶ 別冊P.17

完成図のような文書を作成しましょう。

フォルダー「総合問題」のWordの文書「総合問題9報告書」とExcelのブック「総合問題9売上表」を開いておきましょう。その後、Excelに切り替えておきましょう。

●完成図

2018年7月6日
営業部

CDジャンル別売上報告書

2018年4月から6月のCDジャンル別の売上金額は、次のとおりです。

1. 売上表

単位：千円

ジャンル	4月	5月	6月	合計
ジャズ	1,731	1,542	1,684	4,957
ポップス	3,801	3,417	3,501	10,719
演歌	1,008	1,543	1,205	3,756
クラシック	2,645	2,431	2,530	7,606
ロック	2,854	3,361	2,641	8,856
合計	12,039	12,294	11,561	35,894

2. 売上グラフ

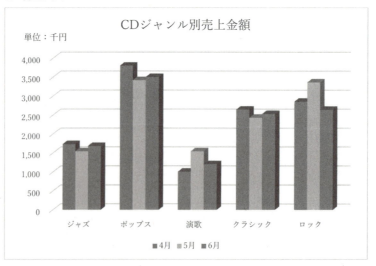

①セル【B2】のタイトルのフォントサイズを「14」ポイントに設定しましょう。

②セル範囲【B2:F2】を結合し、結合されたセルの中央にタイトルを配置しましょう。

③セル範囲【B4:E9】をもとに、「CDジャンル別売上金額」を表す3-D集合縦棒グラフを作成し、セル範囲【B12:G26】の位置に配置しましょう。

④グラフタイトルを「CDジャンル別売上金額」に変更しましょう。

⑤グラフの色を「カラフルなパレット3」に変更しましょう。指定のグラフの色がない場合は、任意のグラフの色に変更します。

Hint グラフの色を変更するには、《デザイン》タブ→《グラフスタイル》グループの (グラフクイックカラー)を使います。

⑥値軸の軸ラベルを表示し、軸ラベルを「単位:千円」に変更しましょう。

⑦値軸の軸ラベルが左に90度回転した状態になっているのを解除し、グラフの左上に移動しましょう。

⑧完成図を参考に、プロットエリアのサイズを変更しましょう。

Hint プロットエリアのサイズを変更するには、プロットエリアを選択した状態で、○(ハンドル)をドラッグします。

⑨セル【C7】のデータを「1008」に変更し、合計のデータが再計算され、グラフが更新されることを確認しましょう。

⑩セル範囲【B3:F10】をWordの文書「総合問題9報告書」の「1.売上表」の下の行に貼り付けましょう。

⑪グラフをWordの文書「総合問題9報告書」の「2.売上グラフ」の下の行に貼り付けましょう。

※Wordの文書に「総合問題9報告書完成」、Excelのブックに「総合問題9売上表完成」と名前を付けて、フォルダー「総合問題」に保存し、閉じておきましょう。
※WordとExcelを終了しておきましょう。

Exercise 総合問題10

解答 ▶ 別冊P.18

完成図のようなプレゼンテーションを作成しましょう。

 フォルダー「総合問題」の文書「総合問題10アウトライン」を開いておきましょう。

●完成図

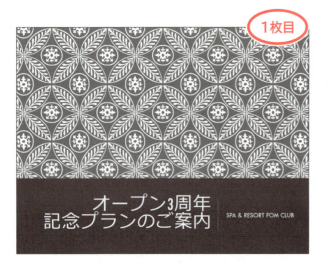

1枚目

2枚目

3枚目

4枚目

5枚目

①次の段落にアウトラインレベルを設定しましょう。

段落	アウトラインレベル
「お電話」	レベル2
「ホームページ」	
「メール」	
「フリーダイヤル：0120-XXX-XXX」	レベル3
「http://www.fom.xx.xx/」	
「fom-fuji.taro@fom.xx.xx」	

※文書に「総合問題10アウトライン完成」と名前を付けて、フォルダー「総合問題」に保存し、閉じておきましょう。
※Wordを終了しておきましょう。

②PowerPointで、Wordの文書**「総合問題10アウトライン完成」**を開いて、新規のプレゼンテーションを作成しましょう。

③すべてのスライドの書式をリセットしましょう。

④スライドのサイズを**「標準（4：3）」**に変更し、コンテンツのサイズを最大化しましょう。

⑤プレゼンテーションにテーマ**「インテグラル」**を適用しましょう。

⑥プレゼンテーションに適用したテーマ**「インテグラル」**のバリエーションと配色を次のように変更しましょう。

> バリエーション：左から4番目、上から2番目
> 配色　　　　　：シック

⑦スライド1のレイアウトを**「タイトルスライド」**に変更し、**「オープン3周年」**の後ろで改行しましょう。

⑧スライド2にフォルダー**「総合問題」**の画像**「温泉」**を挿入しましょう。

⑨完成図を参考に、スライド2の画像のサイズと位置を変更しましょう。

⑩スライド2の画像に**「開始」**の**「図形」**のアニメーションを設定しましょう。

⑪スライド3にフォルダー**「総合問題」**の画像**「和室」**を挿入しましょう。

⑫完成図を参考に、スライド3の画像のサイズと位置を変更しましょう。

⑬スライド3の画像に**「開始」**の**「図形」**のアニメーションを設定しましょう。

⑭すべてのスライドに**「出現」**の画面切り替え効果を設定しましょう。

⑮スライド1からスライドショーを実行しましょう。

⑯スライド4のノートペインに次のように入力しましょう。

オープン3周年を記念して、お得なプランをご用意しています。お早めにご予約ください。

※ノートペインを非表示にしておきましょう。

⑰スライドをノートで印刷しましょう。

※プレゼンテーションに「総合問題10完成」と名前を付けて、フォルダー「総合問題」に保存し、閉じておきましょう。
※PowerPointを終了しておきましょう。

Index

索引

Index 索引

記号
$（ドル） ……………………………………… 138,139

数字
3桁区切りカンマの表示 …………………………… 144

A
AVERAGE関数 ……………………………………… 136

E
Excelの概要 ………………………………………… 102
Excelの画面構成 …………………………………… 109
Excelの起動 ………………………………… 104,270
Excelの基本要素 …………………………………… 108
Excelのスタート画面 ……………………………… 105
Excelの表示モード ………………………………… 111
Excelの表の貼り付け ……………………………… 272
Excelの表のリンク貼り付け ……………………… 273
Excelへようこそ …………………………………… 105

M
MAX関数 ……………………………………………… 137
MIN関数 ……………………………………………… 137

P
PowerPointでWordの文書を開く ……………… 290
PowerPointの概要 ………………………………… 204
PowerPointの画面構成 …………………………… 212
PowerPointの起動 ………………………………… 207
PowerPointの基本要素 …………………………… 211
PowerPointのスタート画面 ……………………… 208
PowerPointの表示モード ………………………… 213
PowerPointへようこそ …………………………… 208

S
SmartArtグラフィック …………………………… 234
SmartArtグラフィック内の文字の書式設定 …… 239
SmartArtグラフィックの作成 …………………… 234
SmartArtグラフィックのスタイルの適用 ……… 238
SmartArtグラフィックを箇条書きテキストに変換 … 237
SmartArtのスタイル ……………………………… 238
SUM関数 ……………………………………………… 133

W
Webレイアウト ……………………………………… 17
Wordの概要 …………………………………………… 10
Wordの画面構成 …………………………………… 16
Wordの起動 ………………………………… 12,270
Wordの終了 ………………………………………… 23
Wordのスタート画面 ……………………………… 13
Wordの表示モード ………………………………… 17
Wordの文書をもとにしたスライドの作成 ……… 286
Wordへようこそ …………………………………… 13

あ
アート効果 …………………………………………… 69
アート効果の設定 …………………………………… 69
アイコンセット ………………………………… 197,200
あいさつ文の挿入 …………………………………… 31
アウトライン ………………………………………… 254
アウトライン記号 …………………………………… 287
アウトライン表示 …………………………………… 287
アウトラインレベルの設定 ………………………… 288
明るさの調整 ………………………………………… 70
アクティブウィンドウ ………………………… 108,271
アクティブシート …………………………………… 108
アクティブシートの保存 …………………………… 128
アクティブセル ………………………………… 108,110
アクティブセルの指定 ……………………………… 120
アクティブセルの保存 ……………………………… 128
値軸 …………………………………………………… 172

値軸の書式設定	178	円グラフの構成要素	162
新しいシート	110	円グラフの作成	160
新しいスライドの挿入	225	演算記号	122
新しいブックの作成	117		
新しいプレゼンテーション	208		
新しいプレゼンテーションの作成	217		

お

オートフィル	126
オートフィルオプション	127
オートフィルのドラッグの方向	127
おすすめグラフ	169
オブジェクト	252
折り返して全体を表示する	149

新しい文書の作成	27
宛先リスト	278
宛先リストの選択	280
アニメーション	252
アニメーションの解除	253
アニメーションの種類	253
アニメーションの設定	252
アニメーションの番号	253
アニメーションのプレビュー	253

か

カーソル	16
解除（アニメーション）	253
解除（箇条書き）	46
解除（下線）	44
解除（画面切り替え効果）	251
解除（均等割り付け）	45
解除（罫線）	140
解除（斜体）	44
解除（セル内の配置）	147
解除（セルの塗りつぶし）	93,141
解除（表示形式）	145
解除（太字）	44
解除（ページ罫線）	75
改ページプレビュー	111
囲み線	44
箇条書き	46
箇条書きテキストの改行	227
箇条書きテキストの入力	226
箇条書きテキストのレベル上げ	228
箇条書きテキストのレベル下げ	228
箇条書きテキストをSmartArtグラフィックに変換	237
箇条書きの解除	46
箇条書きの設定	46
下線の解除	44
下線の設定	44
画像	63
画像の明るさの調整	70
画像の移動	68

い

移動（画像）	68
移動（グラフ）	164
移動（プレースホルダー）	224
移動（文字）	38
移動（ワードアート）	62
印刷（グラフ）	168
印刷（差し込み印刷）	279
印刷（ノート）	256
印刷（表）	152,154
印刷（プレゼンテーション）	254
印刷（文書）	47
印刷レイアウト	17
インデント	41,185

う

ウィンドウの操作ボタン	16,109,212
上書き（文字）	35
上書き保存	50

え

閲覧の再開	22
閲覧表示	213
閲覧モード	17,18
円グラフ	160

索引

画像の色の変更 …………………………… 70
画像のコントラストの調整 ……………… 70
画像のサイズ変更 ………………………… 67
画像の挿入 ………………………………… 63
画像の枠線の変更 ………………………… 71
画面切り替え効果 ………………………… 249
画面切り替え効果の解除 ………………… 251
画面切り替え効果の設定 ………………… 249
画面切り替え効果のプレビュー ………… 251
カラースケール ……………………… 197,200
関数 ………………………………………… 133
関数の入力 ………………………………… 133

き

記書きの入力 ……………………………… 33
起動（Excel） ………………………… 104,270
起動（PowerPoint） ……………………… 207
起動（Word） …………………………… 12,270
行 …………………………………………… 81,108
強制改行 …………………………………… 149
行の削除 ………………………………… 84,151
行の選択 ………………………………… 84,125
行の挿入 ………………………………… 83,150
行の高さの変更 ………………………… 87,148
行番号 ……………………………………… 110
切り離し円の作成 ………………………… 167
均等割り付けの解除 ……………………… 45
均等割り付けの設定 …………………… 45,92

く

クイックアクセスツールバー ……… 16,109,212
クイック分析 ……………………………… 140
空白のブック ……………………………… 105
グラフエリア ………………………… 162,172
グラフエリアの書式設定 ………………… 176
グラフ機能 ………………………………… 159
グラフシート ……………………………… 173
グラフ書式コントロール ………………… 180
グラフスタイル …………………………… 180
グラフタイトル ……………………… 162,172
グラフタイトルの入力 …………………… 163

グラフの移動 ……………………………… 164
グラフの色の変更 ………………………… 167
グラフの印刷 ……………………………… 168
グラフの更新 ……………………………… 168
グラフの構成要素 …………………… 162,172
グラフのサイズ変更 ……………………… 165
グラフの削除 ……………………………… 168
グラフの作成 ………………………… 160,170
グラフのスタイルの適用 ………………… 166
グラフの配置 ……………………………… 165
グラフの場所の変更 ……………………… 173
グラフの貼り付け ………………………… 274
グラフのレイアウトの設定 ……………… 175
グラフフィルター …………………… 179,180
グラフフィルターの利用 ………………… 179
グラフ要素 ………………………………… 180
グラフ要素の書式設定 …………………… 175
グラフ要素の選択 ………………………… 163
グラフ要素の非表示 ……………………… 175
グラフ要素の表示 ………………………… 174
クリア（条件） …………………………… 195
クリア（データ） ………………………… 124
クリア（ルール） ………………………… 199
繰り返し …………………………………… 41
クリップボード ………………………… 36,38

け

罫線の解除 ………………………………… 140
罫線の種類の変更 ………………………… 94
罫線の設定 ………………………………… 140
罫線の太さの変更 ………………………… 94
検索ボックス ………………………… 13,105,208

こ

合計 ………………………………………… 133
降順 ………………………………………… 191
項目軸 ……………………………………… 172
コピー（数式） …………………………… 127
コピー（文字） …………………………… 36
コメント …………………………………… 212
コントラストの調整 ……………………… 70

さ

最近使ったファイル	13,105,208
再計算	122
最小化	16,109,212
最小値	137
サイズ変更（画像）	67
サイズ変更（グラフ）	165
サイズ変更（スライド）	218
サイズ変更（表）	84
サイズ変更（プレースホルダー）	224
最大化	16,109,212
最大値	137
サインイン	13,105,208
削除（行）	84,151
削除（グラフ）	168
削除（シート）	112
削除（図形）	237
削除（表）	84
削除（プレースホルダー）	223
削除（文字）	34
削除（列）	84,151
差し込み印刷	278
差し込み印刷の実行	279
差し込み結果のプレビュー	282
差し込みフィールドの挿入	282
サブタイトルの入力	221
サムネイルペイン	213

し

シート	108
シートの切り替え	113
シートの削除	112
シートの挿入	112
シート見出し	110
字送りの範囲	35
軸ラベル	172
軸ラベルの書式設定	175
字詰めの範囲	35
自動調整オプション	227
自動保存	50
斜体の解除	44
斜体の設定	44,143
ジャンプ	263
集計行の表示	190
終了（Word）	23
縮小して全体を表示する	149
上位/下位ルール	197,199
条件付き書式	197
条件のクリア	195
昇順	191
小数点以下の桁数の表示	145
書式設定（SmartArtグラフィック）	239
書式設定（値軸）	178
書式設定（グラフエリア）	176
書式設定（グラフ要素）	175
書式設定（軸ラベル）	175
書式設定（表）	140
書式設定（プレースホルダー）	223
新規作成（ブック）	117
新規作成（プレゼンテーション）	217
新規作成（文書）	27

す

図	63
垂直方向の配置	146
水平線の挿入	97
数式のコピー	127
数式の再計算	122
数式の入力	121
数式バー	110
数式バーの展開	110
数値	118
数値の入力	120
数値フィルター	196
ズーム	16,110,212
スクロール	17
スクロールバー	16,110,212
図形	229
図形の削除	237
図形の作成	229
図形のスタイルの適用	232
図形の選択	232
図形の追加	237
図形への文字の追加	231

スタート画面	13, 105, 208	セル範囲への変換	188
スタイル（SmartArtグラフィック）	238	セルを結合して中央揃え	147
スタイル（グラフ）	166	全セル選択ボタン	110
スタイル（図）	70	選択（行）	84, 125
スタイル（図形）	232	選択（グラフ要素）	163
スタイル（セル）	143	選択（図形）	232
スタイル（テーブル）	187, 188	選択（セル範囲）	125
スタイル（表）	95	選択（データ要素）	168
ステータスバー	16, 110, 212	選択（範囲）	34, 125
図として貼り付け	274	選択（表）	84
図のスタイル	70	選択（文字）	34
図のスタイルの適用	70	選択（列）	84, 125
図のリセット	70	選択領域	16
スパークライン	180		
すべてクリア	124		
スライド（PowerPoint）	211	**そ**	
スライド一覧	213	操作アシスト	16, 110, 212
スライドショー	213, 246	操作の繰り返し	41
スライドショーの実行	246, 262	相対参照	138
スライドの切り替え	248	挿入（あいさつ文）	31
スライドのサイズ変更	218	挿入（画像）	63
スライドの挿入	225	挿入（行）	83, 150
スライドのリセット	291	挿入（差し込みフィールド）	282
スライドのレイアウトの変更	226, 292	挿入（シート）	112
スライドペイン	213	挿入（水平線）	97
		挿入（スライド）	225
		挿入（日付）	29
せ		挿入（文字）	35
絶対参照	138	挿入（列）	84, 151
セル	81, 108, 110	挿入（ワードアート）	57
セル内の配置の解除	147	挿入オプション	151
セル内の配置の設定	90, 146	その他のブック	105
セルの強調表示ルール	197, 198	その他のプレゼンテーション	208
セルの均等割り付け	92	その他の文書	13
セルの結合	88, 147		
セルの参照	138	**た**	
セルのスタイルの適用	143	タイトルスライド	221
セルの塗りつぶしの解除	93, 141	タイトルの入力	221
セルの塗りつぶしの設定	93, 141	タイトルバー	16, 109, 212
セルの分割	89	縦棒グラフ	170
セルの編集状態	123	縦棒グラフの構成要素	172
セル範囲	125	縦棒グラフの作成	170
セル範囲の選択	125	縦横の合計	135

段落………………………………………………………35
段落罫線……………………………………………96
段落罫線の設定……………………………………96
段落番号……………………………………………46

ち

中央揃え……………………………………40,146
抽出…………………………………………………194
抽出結果の絞り込み………………………………195

つ

通貨の表示…………………………………………144

て

データ系列……………………………………162,172
データの確定………………………………………120
データのクリア……………………………………124
データの修正………………………………………123
データの種類………………………………………118
データの抽出………………………………………194
データの並べ替え…………………………………191
データの入力………………………………………118
データバー……………………………………197,199
データベース………………………………………184
データベース機能…………………………………184
データ要素…………………………………………162
データ要素の選択…………………………………168
データラベル………………………………………162
テーブル……………………………………………186
テーブルスタイル…………………………………187
テーブルスタイルの適用…………………………188
テーブルの利用……………………………………189
テーブルへの変換…………………………………187
テーマ…………………………………………75,219
テーマのバリエーション…………………………220
テキストウィンドウ………………………………236

と

頭語と結語の入力……………………………………31
閉じる（文書）………………………………………21
閉じる（ボタン）……………………………16,109,212

な

ナビゲーションウィンドウ………………………289
名前ボックス………………………………………110
名前を付けて保存………………………………49,50
並べ替え…………………………………………184,191

に

入力（箇条書きテキスト）………………………226
入力（関数）………………………………………133
入力（記書き）………………………………………33
入力（グラフタイトル）…………………………163
入力（サブタイトル）……………………………221
入力（数式）………………………………………121
入力（数値）………………………………………120
入力（タイトル）…………………………………221
入力（データ）……………………………………118
入力（頭語と結語）…………………………………31
入力（ノートペイン）……………………………256
入力（日付）………………………………………121
入力（文章）…………………………………………29
入力（文字列）……………………………………119
入力（連続データ）………………………………126
入力オートフォーマット………………………31,33
入力モードの切り替え……………………………121

の

ノート…………………………………………212,254
ノートの印刷………………………………………256
ノートペイン…………………………………213,255
ノートペインの表示………………………………255
ノートペインへの入力……………………………256

は

パーセントの表示…………………………………144
配置ガイド……………………………………………62
配布資料……………………………………………254
白紙の文書……………………………………………13
発表者ビュー………………………………………258
発表者ビューの画面構成…………………………261
発表者ビューの表示………………………………259
バリエーション……………………………………220

貼り付け	269
貼り付けのオプション	37
貼り付けのプレビュー	37
範囲	125
範囲選択	34,125
凡例	162,172

ひ

引数	133
引数の自動認識	137
左インデント	41
日付と時刻	29
日付の挿入	29
日付の入力	121
ひな形の文書	278
ひな形の文書の指定	279
ひな形の文書の保存	284
表示形式	143
表示形式の解除	145
表示形式の設定	143
表示選択ショートカット	16,110,212
表示倍率の変更	19
表示モード	17,111,213
表示モードの切り替え	287
標準(表示モード)	111,213
表の印刷	152,154
表のサイズ変更	84
表の削除	84
表の作成	81
表の書式設定	90,140
表のスタイル	95
表の選択	84
表の配置の変更	92
表のレイアウトの変更	83
表をテーブルに変換	186
開く(ブック)	106
開く(プレゼンテーション)	209
開く(文書)	14,290

ふ

ファイル名	50
フィールド	184
フィールド名	184
フィルター	184,194
フィルターの実行	194
フィルターモード	186
フィルハンドル	126
フィルハンドルのダブルクリック	128
フォントサイズの設定	42,59,142
フォントの色の設定	43,142
フォントの設定	42,59,142
複数アプリの切り替え	271
ブック	108
ブックの新規作成	117
ブックを開く	106
太字の解除	44
太字の設定	44,143
フルページサイズのスライド	254
プレースホルダー	221
プレースホルダーの移動	224
プレースホルダーのサイズ変更	224
プレースホルダーの削除	223
プレースホルダーの書式設定	223
プレースホルダーのリセット	223
プレースホルダーの枠線	223
プレゼンテーション	211
プレゼンテーションの印刷	254
プレゼンテーションの新規作成	217
プレゼンテーションを開く	209
プロットエリア	162,172
文章の入力	29
文書の印刷	47
文書の自動保存	50
文書の新規作成	27
文書の保存	49
文書を閉じる	21
文書を開く	14

へ

平均	136
ページ罫線	74
ページ罫線の解除	75
ページ罫線の設定	74
ページ設定	27,153

ページ設定の保存……………………………… 154
ページレイアウト……………………………… 111
編集記号………………………………………… 29
編集記号の表示………………………………… 29
編集状態………………………………………… 123

ほ

他のブックを開く……………………………… 105
他のプレゼンテーションを開く……………… 208
他の文書を開く………………………………… 13
保存……………………………………………… 49
ボタンの形状…………………………………… 30

ま

マウスポインター……………………………… 16

み

右揃え…………………………………………… 40
見出しスクロールボタン……………………… 110
ミニツールバー………………………………… 43

も

目的のスライドへジャンプ…………………… 263
文字の移動……………………………………… 38
文字の均等割り付け…………………………… 45
文字の効果の設定……………………………… 73
文字のコピー…………………………………… 36
文字の削除……………………………………… 34
文字の挿入……………………………………… 35
文字列…………………………………………… 118
文字列の折り返し……………………………… 65
文字列の強制改行……………………………… 149
文字列の入力…………………………………… 119
元に戻す………………………………………… 35
元に戻す（縮小）……………………… 16,109,212

ら

ライブレイアウト……………………………… 68

り

リアルタイムプレビュー……………………… 43
リセット（図）………………………………… 70
リセット（スライド）………………………… 291
リセット（プレースホルダー）……………… 223
リボン………………………………… 16,110,212
リボンの表示オプション…………… 16,109,212
リンクの更新…………………………………… 275
リンク貼り付け………………………………… 269

る

ルールのクリア………………………………… 199

れ

レイアウト（グラフ）………………………… 175
レイアウト（スライド）………………… 226,292
レイアウトオプション………………………… 58
レーザーポインター…………………………… 248
レコード………………………………………… 184
レコードの抽出………………………………… 194
列………………………………………… 81,108
列の削除…………………………………… 84,151
列の選択…………………………………… 84,125
列の挿入…………………………………… 84,151
列幅の自動調整………………………………… 149
列幅の変更……………………………… 86,87,148
列番号…………………………………………… 110
列見出し………………………………………… 184
連続データの入力……………………………… 126

わ

ワークシート…………………………………… 108
ワードアート…………………………………… 57
ワードアートの移動…………………………… 62
ワードアートの形状の変更…………………… 61
ワードアートの挿入…………………………… 57
ワードアートのフォントサイズの設定……… 59
ワードアートのフォントの設定……………… 59
ワードアートの枠線…………………………… 60

Romanize ローマ字・かな対応表

	あ	い	う	え	お
	A	I	U	E	O
あ	ぁ	ぃ	ぅ	ぇ	ぉ
	LA	LI	LU	LE	LO
	XA	XI	XU	XE	XO
	か	き	く	け	こ
	KA	KI	KU	KE	KO
か	きゃ	きぃ	きゅ	きぇ	きょ
	KYA	KYI	KYU	KYE	KYO
	さ	し	す	せ	そ
	SA	SI / SHI	SU	SE	SO
さ	しゃ	しぃ	しゅ	しぇ	しょ
	SYA / SHA	SYI	SYU / SHU	SYE / SHE	SYO / SHO
	た	ち	つ	て	と
	TA	TI / CHI	TU / TSU	TE	TO
			っ		
			LTU / XTU		
た	ちゃ	ちぃ	ちゅ	ちぇ	ちょ
	TYA / CYA / CHA	TYI / CYI	TYU / CYU / CHU	TYE / CYE / CHE	TYO / CYO / CHO
	てゃ	てぃ	てゅ	てぇ	てょ
	THA	THI	THU	THE	THO
	な	に	ぬ	ね	の
な	NA	NI	NU	NE	NO
	にゃ	にぃ	にゅ	にぇ	にょ
	NYA	NYI	NYU	NYE	NYO
	は	ひ	ふ	へ	ほ
	HA	HI	HU / FU	HE	HO
は	ひゃ	ひぃ	ひゅ	ひぇ	ひょ
	HYA	HYI	HYU	HYE	HYO
	ふぁ	ふぃ		ふぇ	ふぉ
	FA	FI		FE	FO
	ふゃ	ふぃ	ふゅ	ふぇ	ふょ
	FYA	FYI	FYU	FYE	FYO
	ま	み	む	め	も
ま	MA	MI	MU	ME	MO
	みゃ	みぃ	みゅ	みぇ	みょ
	MYA	MYI	MYU	MYE	MYO

	や	い	ゆ	いぇ	よ
	YA	YI	YU	YE	YO
や	ゃ		ゅ		ょ
	LYA / XYA		LYU / XYU		LYO / XYO
	ら	り	る	れ	ろ
ら	RA	RI	RU	RE	RO
	りゃ	りぃ	りゅ	りぇ	りょ
	RYA	RYI	RYU	RYE	RYO
わ	わ	うぃ	う	うぇ	を
	WA	WI	WU	WE	WO
ん	ん				
	NN				
	が	ぎ	ぐ	げ	ご
が	GA	GI	GU	GE	GO
	ぎゃ	ぎぃ	ぎゅ	ぎぇ	ぎょ
	GYA	GYI	GYU	GYE	GYO
	ざ	じ	ず	ぜ	ぞ
	ZA	ZI / JI	ZU	ZE	ZO
ざ	じゃ	じぃ	じゅ	じぇ	じょ
	JYA / ZYA / JA	JYI / ZYI	JYU / ZYU / JU	JYE / ZYE / JE	JYO / ZYO / JO
	だ	ぢ	づ	で	ど
	DA	DI	DU	DE	DO
	ぢゃ	ぢぃ	ぢゅ	ぢぇ	ぢょ
だ	DYA	DYI	DYU	DYE	DYO
	でゃ	でぃ	でゅ	でぇ	でょ
	DHA	DHI	DHU	DHE	DHO
	どぁ	どぃ	どぅ	どぇ	どぉ
	DWA	DWI	DWU	DWE	DWO
	ば	び	ぶ	べ	ぼ
ば	BA	BI	BU	BE	BO
	びゃ	びぃ	びゅ	びぇ	びょ
	BYA	BYI	BYU	BYE	BYO
	ぱ	ぴ	ぷ	ぺ	ぽ
ぱ	PA	PI	PU	PE	PO
	ぴゃ	ぴぃ	ぴゅ	ぴぇ	ぴょ
	PYA	PYI	PYU	PYE	PYO
ヴ	ヴぁ	ヴぃ	ヴ	ヴぇ	ヴぉ
	VA	VI	VU	VE	VO

っ
後ろに「N」以外の子音を2つ続ける
例：だった→DATTA

単独で入力する場合
LTU　XTU

よくわかる
Microsoft® Word 2016 & Microsoft® Excel® 2016 & Microsoft® PowerPoint® 2016
<改訂版>
(FPT1721)

2018年2月4日　初版発行

著作／制作：富士通エフ・オー・エム株式会社

発行者：大森　康文

発行所：FOM出版（富士通エフ・オー・エム株式会社）
〒105-6891　東京都港区海岸1-16-1　ニューピア竹芝サウスタワー
http://www.fujitsu.com/jp/fom/

印刷／製本：アベイズム株式会社

表紙デザインシステム：株式会社アイロン・ママ

- ■本書は、構成・文章・プログラム・画像・データなどのすべてにおいて、著作権法上の保護を受けています。本書の一部あるいは全部について、いかなる方法においても複写・複製など、著作権法上で規定された権利を侵害する行為を行うことは禁じられています。
- ■本書に関するご質問は、ホームページまたは郵便にてお寄せください。
  <ホームページ>
  上記ホームページ内の「FOM出版」から「QAサポート」にアクセスし、「QAフォームのご案内」から所定のフォームを選択して、必要事項をご記入の上、送信してください。
  <郵便>
  次の内容を明記の上、上記発行所の「FOM出版 デジタルコンテンツ開発部」まで郵送してください。
  ・テキスト名　・該当ページ　・質問内容（できるだけ操作状況を詳しくお書きください）
  ・ご住所、お名前、電話番号
  　※ご住所、お名前、電話番号など、お知らせいただきました個人に関する情報は、お客様ご自身とのやり取りのみに使用させていただきます。ほかの目的のために使用することは一切ございません。
  なお、次の点に関しては、あらかじめご了承ください。
  ・ご質問の内容によっては、回答に日数を要する場合があります。
  ・本書の範囲を超えるご質問にはお答えできません。　・電話やFAXによるご質問には一切応じておりません。
- ■本製品に起因してご使用者に直接または間接的損害が生じても、富士通エフ・オー・エム株式会社はいかなる責任も負わないものとし、一切の賠償などは行わないものとします。
- ■本書に記載された内容などは、予告なく変更される場合があります。
- ■落丁・乱丁はお取り替えいたします。

© FUJITSU FOM LIMITED 2018
Printed in Japan

FOM出版 テキストのご案内

Microsoft Word 2016 & Microsoft Excel 2016 <改訂版>

- 定価：2,000円（税抜）
- 型番：FPT1722
- ISBN978-4-86510-350-2

FOM出版が提供する動画視聴サービス「FOM出版ムービー・ナビ」
Word、Excel、PowerPointの各機能を簡潔に解説する動画約150点を配信！
2018年3月 配信スタート！
詳しくは本書をご確認ください。

Word・Excelの基本操作を効率よく学習したい方に最適なテキストです。文書作成・データ管理など、ビジネスシーンに不可欠な基本操作をわかりやすく解説しています。また、WordとExcelを連携してデータを共有する操作方法など、仕事に役立つ内容もご紹介しています。

最新刊

Microsoft Word 2016 & Microsoft Excel 2016 & Microsoft PowerPoint 2016 <改訂版>

- 定価：2,400円（税抜）
- 型番：FPT1721
- ISBN978-4-86510-349-6

FOM出版が提供する動画視聴サービス「FOM出版ムービー・ナビ」
Word、Excel、PowerPointの各機能を簡潔に解説する動画約150点を配信！
2018年3月 配信スタート！
詳しくは本書をご確認ください。

Word・Excel・PowerPointの基本操作を効率よく学習したい方に最適なテキストです。文書作成・データ管理・プレゼンテーション資料作成など、ビジネスシーンに不可欠な基本操作をわかりやすく解説しています。また、各アプリを連携してデータを共有する操作方法など、仕事に役立つ内容もご紹介しています。

Microsoft Excel 2016 演習問題集

- 定価：1,000円（税抜）
- 型番：FPT1708
- ISBN978-4-86510-339-7

Microsoft Word 2016 演習問題集

- 定価：1,000円（税抜）
- 型番：FPT1709
- ISBN978-4-86510-340-3

自信がつくプレゼンテーション 引きつけて離さないテクニック <改訂版>

- 定価：1,800円（税抜）
- 型番：FPT1713
- ISBN978-4-86510-342-7

ITパスポート試験 対策テキスト&過去問題集 平成30-31年度版

- 自動採点付き過去問題プログラムCD-ROM
- 定価：2,200円（税抜）
- 型番：FPT1705
- ISBN978-4-86510-338-0

好評発売中

FOM出版のテキストのオンラインショップ ▶ FOM Direct
https://directshop.fom.fujitsu.com/shop/
ご注文は 0120-81-8128

※この広告は2018年1月現在のものです。予告なく変更することがありますので、ご了承ください。

緑色の用紙の内側に、小冊子が添付されています。
この用紙を1枚めくっていただき、小冊子の根元を持って、
ゆっくりとはずしてください。

よくわかる

Microsoft Word 2016 &
Microsoft Excel 2016 &
Microsoft PowerPoint 2016

解答

練習問題解答 …………………………………………………1
総合問題解答 …………………………………………………9

Answer 練習問題解答

第2章　練習問題

①
①Wordを起動し、Wordのスタート画面を表示
②《白紙の文書》をクリック

②
①《レイアウト》タブを選択
②《ページ設定》グループの ▫ (ページ設定)をクリック
③《用紙》タブを選択
④《用紙サイズ》が《A4》になっていることを確認
⑤《余白》タブを選択
⑥《印刷の向き》の《縦》をクリック
⑦《文字数と行数》タブを選択
⑧《行数だけを指定する》を ◉ にする
⑨《行数》を「25」に設定
⑩《OK》をクリック

③
省略

④
①「平成30年1月16日」の行にカーソルを移動
②《ホーム》タブを選択
③《段落》グループの ≡ (右揃え)をクリック
④「株式会社エフ・オー・エム」と「代表取締役　相田健一」の行を選択
⑤ F4 を押す
⑥「担当：開発部　森田」と「電話番号：03-XXXX-XXXX」の行を選択
⑦ F4 を押す

⑤
①「モニター募集のご案内」の行を選択
②《ホーム》タブを選択
③《フォント》グループの 游明朝(本文) (フォント)の ▼ をクリックし、一覧から《HGS明朝E》を選択
④《フォント》グループの 10.5 (フォントサイズ)の ▼ をクリックし、一覧から《20》を選択
⑤《フォント》グループの B (太字)をクリック
⑥《フォント》グループの I (斜体)をクリック
⑦《段落》グループの ≡ (中央揃え)をクリック

⑥
①「下記のとおり」を選択
②《ホーム》タブを選択
③《クリップボード》グループの ✂ (切り取り)をクリック
④「モニターを」の後ろにカーソルを移動
⑤《クリップボード》グループの ▫ (貼り付け)をクリック

⑦
①「ご応募をお待ちしております。」の前にカーソルを移動
②「皆様の」と入力

⑧
①「使用製品…」で始まる行から「応募条件…」で始まる行までを選択
②《ホーム》タブを選択
③《段落》グループの ▸≡ (インデントを増やす)を6回クリック

⑨
①「使用製品…」で始まる行から「応募条件…」で始まる行までを選択
②《ホーム》タブを選択
③《段落》グループの ≡ (箇条書き)の ▼ をクリック
④《◆》をクリック

⑩
①《ファイル》タブを選択
②《印刷》をクリック
③印刷イメージを確認
④《部数》が「1」になっていることを確認
⑤《プリンター》に出力するプリンターの名前が表示されていることを確認
⑥《印刷》をクリック

第3章　練習問題

①
①1行目にカーソルを移動
②《挿入》タブを選択
③《テキスト》グループの 　(ワードアートの挿入)をクリック
④《塗りつぶし(グラデーション)：ゴールド、アクセントカラー4；輪郭：ゴールド、アクセントカラー4》(左から3番目、上から2番目)をクリック
※お使いの環境によっては、表示名が異なる場合があります。
⑤「ここに文字を入力」が選択されていることを確認
⑥「Stone Spa FOM」と入力
※編集記号を表示している場合、ワードアートの半角空白は「・」のように表示されます。「・」は印刷されません。

②
①ワードアートを選択
②《ホーム》タブを選択
③《フォント》グループの 36 (フォントサイズ)の をクリックし、一覧から《72》を選択

③
①ワードアートを選択
②ワードアートの枠線をドラッグして、移動
③ワードアートの○(ハンドル)をドラッグして、サイズ変更

④
①1行目にカーソルを移動
②《挿入》タブを選択
③《図》グループの 　(ファイルから)をクリック
④フォルダー「第3章」を開く
⑤一覧から「石」を選択
⑥《挿入》をクリック

⑤
①画像を選択
② 　(レイアウトオプション)をクリック
③《文字列の折り返し》の 　(背面)をクリック
④ 　(閉じる)をクリック

⑥
①画像を選択
②画像をドラッグして、移動
③画像の○(ハンドル)をドラッグして、サイズ変更

⑦
①「■岩盤浴」を選択
②[Ctrl]を押しながら、「■アロマトリートメント」と「■岩盤浴セットコース」を選択
③《ホーム》タブを選択
④《フォント》グループの 　(文字の効果と体裁)をクリック
⑤一覧から《塗りつぶし：オレンジ、アクセントカラー2；輪郭：オレンジ、アクセントカラー2》の文字の効果を選択
※お使いの環境によっては、表示名が異なる場合があります。
※選択を解除しておきましょう。

⑧
①「■岩盤浴」の下の行にカーソルを移動
②《挿入》タブを選択
③《図》グループの 　(ファイルから)をクリック
④フォルダー「第3章」を開く
⑤一覧から「spa」を選択
⑥《挿入》をクリック

⑨
①画像を選択
② 　(レイアウトオプション)をクリック
③《文字列の折り返し》の 　(四角形)をクリック
④ 　(閉じる)をクリック

⑩
①画像を選択
②《書式》タブを選択
③《図のスタイル》グループの 　(その他)をクリック
④《対角を丸めた四角形、白》(左から4番目、上から3番目)をクリック

⑪
①画像を選択
②《書式》タブを選択
③《図のスタイル》グループの 図の枠線 (図の枠線)をクリック
④《太さ》をポイントし、《3pt》をクリック

⑫
①画像を選択
②画像の○(ハンドル)をドラッグして、サイズ変更
③画像をドラッグして、移動

第4章　練習問題

①
①[Ctrl]+[End]を押す
②《挿入》タブを選択
③《表》グループの (表の追加)をクリック
④下に3マス分、右に4マス分の位置をクリック

②
省略

③
①表内をポイント
②2行目と3行目の境界線の左側をポイント
③ をクリック
④挿入した行の1列目に「電話番号」と入力

④
①表全体を選択
②列の右側の罫線をポイントし、マウスポインターの形が に変わったら、ダブルクリック

⑤
①1行2～4列目のセルを選択
②《表ツール》の《レイアウト》タブを選択
③《結合》グループの (セルの結合)をクリック
④2行2～4列目のセルを選択
⑤[F4]を押す
⑥3行2～4列目のセルを選択
⑦[F4]を押す

⑥
①表全体を選択
②《表ツール》の《レイアウト》タブを選択
③《配置》グループの (中央揃え)をクリック

⑦
①表全体を選択
②《ホーム》タブを選択
③《段落》グループの (中央揃え)をクリック

⑧
①1列目を選択
②[Ctrl]を押しながら、「来場予定日」のセルを選択
③《ホーム》タブを選択
④《フォント》グループの B (太字)をクリック
⑤《表ツール》の《デザイン》タブを選択
⑥《表のスタイル》グループの (塗りつぶし)の をクリック
⑦《標準の色》の《オレンジ》(左から3番目)をクリック

⑨
①表全体を選択
②《表ツール》の《デザイン》タブを選択
③《飾り枠》グループの (ペンのスタイル)の をクリック
④《━━━━━━》をクリック
⑤《飾り枠》グループの 0.5 pt (ペンの太さ)の をクリック
⑥《1.5pt》をクリック
⑦《飾り枠》グループの (罫線)の 罫線 をクリック
⑧《外枠》をクリック

⑩
①「FAX：03-3366-XXXX」の下の行を選択
②《ホーム》タブを選択
③《段落》グループの (罫線)の をクリック
④《線種とページ罫線と網かけの設定》をクリック
⑤《罫線》タブを選択
⑥《設定対象》が《段落》になっていることを確認
⑦左側の《種類》の《指定》をクリック
⑧中央の《種類》の《----------------》をクリック
⑨《プレビュー》の をクリック
⑩《OK》をクリック

第6章　練習問題

①
①Excelを起動し、Excelのスタート画面を表示
②《空白のブック》をクリック

②
省略

③
①セル【E4】をクリック
②「=」を入力

③セル【B4】をクリック
④「+」を入力
⑤セル【C4】をクリック
⑥「+」を入力
⑦セル【D4】をクリック
⑧ Enter を押す

④
①セル【B7】をクリック
②「=」を入力
③セル【B4】をクリック
④「+」を入力
⑤セル【B5】をクリック
⑥「+」を入力
⑦セル【B6】をクリック
⑧ Enter を押す

⑤
①セル【E4】をクリック
②セル【E4】の右下の■（フィルハンドル）をセル【E6】までドラッグ

⑥
①セル【B7】をクリック
②セル【B7】の右下の■（フィルハンドル）をセル【E7】までドラッグ

⑦
①セル【A1】をダブルクリック
②「新作デザート注文数」に修正
③ Enter を押す

第7章　練習問題

①
①セル【B2】をクリック
②《ホーム》タブを選択
③《フォント》グループの 11 （フォントサイズ）の をクリックし、一覧から《18》を選択

②
①列番号【C】から列番号【G】を選択
②選択した列の右側の境界線をポイントし、マウスポインターの形が ↔ に変わったら、ダブルクリック

③
①セル【D11】をクリック
②《ホーム》タブを選択
③《編集》グループの Σ （合計）をクリック
④数式バーに「=SUM(D5:D10)」と表示されていることを確認
⑤ Enter を押す
⑥セル【D11】をクリック
⑦セル【D11】の右下の■（フィルハンドル）をセル【E11】までドラッグ

④
①セル【F5】をクリック
②「=E5/D5」と入力
③ Enter を押す
④セル【F5】をクリック
⑤セル【F5】の右下の■（フィルハンドル）をセル【F11】までドラッグ

⑤
①セル【G5】をクリック
②「=E5/$E$11」と入力
③ Enter を押す
④セル【G5】をクリック
⑤セル【G5】の右下の■（フィルハンドル）をセル【G11】までドラッグ

⑥
①セル範囲【D5:E11】を選択
②《ホーム》タブを選択
③《数値》グループの , （桁区切りスタイル）をクリック

⑦
①セル範囲【F5:G11】を選択
②《ホーム》タブを選択
③《数値》グループの % （パーセントスタイル）をクリック

⑧
①セル範囲【B4:G11】を選択
②《ホーム》タブを選択
③《フォント》グループの （格子）をクリック
※ 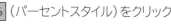 （格子）になっていない場合は、 （下罫線）の をクリックし、一覧から《格子》を選択します。

⑨
①セル範囲【B4:G4】を選択
②《ホーム》タブを選択
③《フォント》グループの (塗りつぶしの色)の をクリック
④《テーマの色》の《ゴールド、アクセント4、白+基本色40%》(左から8番目、上から4番目)をクリック
⑤《配置》グループの ≡ (中央揃え)をクリック

⑩
①セル範囲【B11:C11】を選択
②《ホーム》タブを選択
③《配置》グループの (セルを結合して中央揃え)をクリック

第8章 練習問題

①
①セル範囲【B4:F8】を選択
②《挿入》タブを選択
③《グラフ》グループの (縦棒/横棒グラフの挿入)をクリック
④《3-D縦棒》の《3-D集合縦棒》(左から1番目)をクリック

②
①グラフを選択
②グラフタイトルをクリック
③グラフタイトルを再度クリック
④「グラフタイトル」を削除し、「年間売上実績」と入力

③
①グラフを選択
②《デザイン》タブを選択
③《場所》グループの (グラフの移動)をクリック
④《新しいシート》を◉にする
⑤《OK》をクリック

④
①グラフを選択
②《デザイン》タブを選択
③《グラフスタイル》グループの (その他)をクリック
④《スタイル11》(左から5番目、上から2番目)をクリック

⑤
①グラフを選択
②《デザイン》タブを選択
③《グラフスタイル》グループの (グラフクイックカラー)をクリック
④《カラフル》の《カラフルなパレット4》(上から4番目)をクリック
※お使いの環境によっては、表示名が異なる場合があります。

⑥
①グラフを選択
②《デザイン》タブを選択
③《グラフのレイアウト》グループの (グラフ要素を追加)をクリック
④《軸ラベル》をポイント
⑤《第1縦軸》をクリック
⑥軸ラベルが選択されていることを確認
⑦軸ラベルをクリック
⑧「軸ラベル」を削除し、「(百万円)」と入力
⑨軸ラベル以外の場所をクリック

⑦
①軸ラベルをクリック
②《ホーム》タブを選択
③《配置》グループの (方向)をクリック
④《左へ90度回転》をクリック
⑤軸ラベルの枠線をドラッグして、移動

⑧
①グラフエリアをクリック
②《ホーム》タブを選択
③《フォント》グループの 9 (フォントサイズ)の をクリックし、一覧から《14》を選択
④グラフタイトルをクリック
⑤《フォント》グループの 16.8 (フォントサイズ)の をクリックし、一覧から《20》を選択

⑨
①グラフを選択
②グラフ書式コントロールの (グラフフィルター)をクリック
③《値》をクリック
④《系列》の「名古屋支店」「福岡支店」を□にする
⑤《適用》をクリック
⑥ (グラフフィルター)をクリック

第9章　練習問題

①
①セル【A4】をクリック
※表内であれば、どこでもかまいません。
②《挿入》タブを選択
③《テーブル》グループの (テーブル)をクリック
④《テーブルに変換するデータ範囲を指定してください》が「=$A$4:$G$34」になっていることを確認
⑤《先頭行をテーブルの見出しとして使用する》を✓にする
⑥《OK》をクリック

②
①セル【A5】をクリック
※テーブル内であれば、どこでもかまいません。
②《デザイン》タブを選択
③《テーブルスタイル》グループの (テーブルクイックスタイル)をクリック
④《中間》の《青,テーブルスタイル(中間)16》(左から2番目、上から3番目)をクリック
※お使いの環境によっては、表示名が異なる場合があります。

③
①「名前」の▼をクリック
②《昇順》をクリック

④
①「No.」の▼をクリック
②《昇順》をクリック

⑤
①「講座名」の▼をクリック
②《(すべて選択)》を□にする
③「フラワーアレンジメント」を✓にする
④《OK》をクリック
※7件のレコードが抽出されます。

⑥
①《データ》タブを選択
②《並べ替えとフィルター》グループの (クリア)をクリック

⑦
①「入会月」の▼をクリック
②《(すべて選択)》を□にする
③「9月」を✓にする
④《OK》をクリック
※7件のレコードが抽出されます。

⑧
①「住所1」の▼をクリック
②《(すべて選択)》を□にする
③「東京都」を✓にする
④《OK》をクリック
※4件のレコードが抽出されます。

第11章　練習問題

①
①PowerPointを起動し、PowerPointのスタート画面を表示
②《新しいプレゼンテーション》をクリック

②
①《デザイン》タブを選択
②《テーマ》グループの▼(その他)をクリック
③《Office》の《ファセット》をクリック

③
①《デザイン》タブを選択
②《ユーザー設定》グループの (スライドのサイズ)をクリック
③《標準(4:3)》をクリック
④《最大化》をクリック

④
①《デザイン》タブを選択
②《バリエーション》グループの▼(その他)をクリック
③《配色》をポイントし、《マーキー》をクリック

⑤
①「タイトルを入力」をクリック
②「出退勤システムの導入」と入力
③「サブタイトルを入力」をクリック

④「情報システム部」と入力
※プレースホルダー以外の場所をクリックし、選択を解除しておきましょう。

⑥
①タイトルの文字をクリック
②プレースホルダーの枠線をクリック
③《ホーム》タブを選択
④《フォント》グループの 54 (フォントサイズ) の をクリックし、一覧から《44》を選択
⑤同様に、サブタイトルのフォントサイズを変更

⑦
①《ホーム》タブを選択
②《スライド》グループの (新しいスライド) の をクリック
③《タイトルとコンテンツ》をクリック
④タイトルと箇条書きテキストを入力
※プレースホルダー以外の場所をクリックし、選択を解除しておきましょう。

⑧
①スライド2を選択
②《挿入》タブを選択
③《図》グループの (図形) をクリック
④《星とリボン》の《爆発：14pt》(左から2番目、上から1番目) を選択
※お使いの環境によっては、表示名が異なる場合があります。
⑤左上から右下に向けてドラッグ
⑥図形が選択されていることを確認
⑦「不満！」と入力

⑨
①図形を選択
②《ホーム》タブを選択
③《フォント》グループの 18 (フォントサイズ) の をクリックし、一覧から《28》を選択

⑩
①図形を選択
②《書式》タブを選択
③《図形のスタイル》グループの (その他) をクリック
④《テーマスタイル》の《光沢-赤、アクセント6》(左から7番目、上から6番目) をクリック

⑪
①スライド2を選択
②《ホーム》タブを選択
③《スライド》グループの (新しいスライド) の をクリック
④《タイトルとコンテンツ》をクリック
⑤タイトルと箇条書きテキストを入力
※プレースホルダー以外の場所をクリックし、選択を解除しておきましょう。

⑫
①スライド3を選択
②《挿入》タブを選択
③《画像》グループの (図) をクリック
④フォルダー「第11章」を開く
⑤一覧から「利用者」を選択
⑥《挿入》をクリック
⑦画像の○ (ハンドル) をドラッグして、サイズ変更
⑧画像をドラッグして、移動

⑬
①スライド3を選択
②《ホーム》タブを選択
③《スライド》グループの (新しいスライド) の をクリック
④《タイトルとコンテンツ》をクリック
⑤タイトルと箇条書きテキストを入力
⑥2～3行目の箇条書きテキストを選択
⑦《段落》グループの (インデントを増やす) をクリック
⑧同様に、5～6行目、8行目のレベルを1段階下げる
※プレースホルダー以外の場所をクリックし、選択を解除しておきましょう。

⑭
①スライド4を選択
②箇条書きテキストのプレースホルダーを選択
③《ホーム》タブを選択
④《段落》グループの (SmartArtグラフィックに変換) をクリック
⑤《その他のSmartArtグラフィック》をクリック
⑥左側の一覧から《リスト》を選択
⑦中央の一覧から《縦方向リスト》(左から2番目、上から2番目) を選択
⑧《OK》をクリック

⑮

①SmartArtグラフィックを選択

②《SmartArtツール》の《デザイン》タブを選択

③《SmartArtのスタイル》グループの (色の変更)をクリック

④《カラフル》の《カラフル-全アクセント》(左から1番目)をクリック

⑤《SmartArtのスタイル》グループの (その他)をクリック

⑥《ドキュメントに最適なスタイル》の《グラデーション》(左から1番目、上から2番目)をクリック

第12章 練習問題

①

①スライド1を選択

②《画面切り替え》タブを選択

③《画面切り替え》グループの (その他)をクリック

④《シンプル》の《ランダムストライプ》をクリック

⑤《タイミング》グループの すべてに適用 (すべてに適用)をクリック

②

①スライド2を選択

②図形を選択

③《アニメーション》タブを選択

④《アニメーション》グループの (その他)をクリック

⑤《開始》の《バウンド》をクリック

③

①スライド4を選択

②SmartArtグラフィックを選択

③《アニメーション》タブを選択

④《アニメーション》グループの (その他)をクリック

⑤《開始》の《フェード》をクリック

④

①スライド1を選択

② (スライドショー)をクリック

※最後のスライドまで確認できたら、クリックしてスライドショーを終了しておきましょう。

⑤

①スライド4を選択

② ノート (ノート)をクリック

③ノートペイン内に文字を入力

※ ノート (ノート)をクリックして、ノートペインを非表示にしておきましょう。

⑥

①《ファイル》タブを選択

②《印刷》をクリック

③《設定》の《フルページサイズのスライド》をクリック

④《印刷レイアウト》の《ノート》をクリック

⑤《部数》が「1」になっていることを確認

⑥《プリンター》に出力するプリンターの名前が表示されていることを確認

⑦《印刷》をクリック

Answer 総合問題解答

総合問題1

①
①Wordを起動し、Wordのスタート画面を表示
②《白紙の文書》をクリック

②
①《レイアウト》タブを選択
②《ページ設定》グループの (ページ設定)をクリック
③《用紙》タブを選択
④《用紙サイズ》が《A4》になっていることを確認
⑤《余白》タブを選択
⑥《印刷の向き》の《縦》をクリック
⑦《文字数と行数》タブを選択
⑧《行数だけを指定する》を ◉ にする
⑨《行数》を「25」に設定
⑩《OK》をクリック

③
省略

④
①「平成30年3月9日」の行にカーソルを移動
②《ホーム》タブを選択
③《段落》グループの ≡ (右揃え)をクリック
④「株式会社よくわかるパソコン教室　竹芝校」の行にカーソルを移動
⑤ F4 を押す

⑤
①「無料体験」を選択
②《ホーム》タブを選択
③《クリップボード》グループの (コピー)をクリック
④「セミナーをご用意…」の前にカーソルを移動
⑤《クリップボード》グループの (貼り付け)をクリック

⑥
①「無料体験セミナーのご案内」の行を選択
②《ホーム》タブを選択
③《フォント》グループの 游明朝(本文((フォント)の をクリックし、一覧から《HGP明朝B》を選択
④《フォント》グループの 10.5 ▼ (フォントサイズ)の ▼ をクリックし、一覧から《20》を選択
⑤《フォント》グループの B (太字)をクリック
⑥《段落》グループの ≡ (中央揃え)をクリック

⑦
①「ご参加ください。」の前にカーソルを移動
②「ふるって」と入力

⑧
①「開催日…」で始まる行から「お問い合わせ…」で始まる行までを選択
②《ホーム》タブを選択
③《段落》グループの (インデントを増やす)を8回クリック

⑨
①「開催日」を選択
② Ctrl を押しながら、「時間」「コース名」「場所」を選択
③《ホーム》タブを選択
④《段落》グループの (均等割り付け)をクリック
⑤《新しい文字列の幅》を《6字》に設定
⑥《OK》をクリック

⑩
①「開催日…」で始まる行から「お問い合わせ…」で始まる行までを選択
②《ホーム》タブを選択
③《段落》グループの (箇条書き)の ▼ をクリック
④《■》をクリック

総合問題2

①
①「知床取材□協力者募集！」の行を選択
②《ホーム》タブを選択
③《フォント》グループの 游明朝 (本文（▼（フォント）の▼をクリックし、一覧から《HGP創英角ゴシックUB》を選択
④《フォント》グループの 10.5 ▼ （フォントサイズ）の▼をクリックし、一覧から《36》を選択
⑤《フォント》グループの （文字の効果と体裁）をクリック
⑥《塗りつぶし：青、アクセントカラー5；輪郭：白、背景色1；影（ぼかしなし）：青、アクセントカラー5》（左から3番目、上から3番目）をクリック
※お使いの環境によっては、表示名が異なる場合があります。
⑦《段落》グループの （中央揃え）をクリック

②
①「募集人員…」の上の行にカーソルを移動
②《挿入》タブを選択
③《図》グループの （ファイルから）をクリック
④フォルダー「総合問題」を開く
⑤一覧から「知床」を選択
⑥《挿入》をクリック

③
①画像を選択
② （レイアウトオプション）をクリック
③《文字列の折り返し》の （上下）をクリック
④ （閉じる）をクリック

④
①画像を選択
②《書式》タブを選択
③《図のスタイル》グループの （その他）をクリック
④《回転、白》（左から2番目、上から4番目）をクリック

⑤
①画像を選択
②画像の○（ハンドル）をドラッグして、サイズ変更
③画像を移動先までドラッグ

⑥
①「募集人員」で始まる行から「応募者多数の…」で始まる行までを選択
②《ホーム》タブを選択
③《段落》グループの （インデントを増やす）を4回クリック

⑦
①「申込用紙」の行を選択
②《ホーム》タブを選択
③《フォント》グループの 游明朝 (本文（▼（フォント）の▼をクリックし、一覧から《HGP創英角ゴシックUB》を選択
④《フォント》グループの 10.5 ▼ （フォントサイズ）の▼をクリックし、一覧から《14》を選択
⑤《フォント》グループの （文字の効果と体裁）をクリック
⑥《塗りつぶし：黒、文字色1；影》（左から1番目、上から1番目）をクリック
※お使いの環境によっては、表示名が異なる場合があります。

⑧
① Ctrl + End を押す
②《挿入》タブを選択
③《表》グループの （表の追加）をクリック
④下に5マス分、右に2マス分の位置をクリック
⑤表に文字を入力

⑨
①表の1列目の右側の罫線を左方向にドラッグ
②表の2列目の右側の罫線を左方向にドラッグ

⑩
①表の1列目を選択
②《表ツール》の《デザイン》タブを選択
③《表のスタイル》グループの （塗りつぶし）の 塗りつぶし▼ をクリック
④《テーマの色》の《青、アクセント1、白＋基本色60％》（左から5番目、上から3番目）をクリック

⑪
①表の1列目を選択
②《表ツール》の《レイアウト》タブを選択
③《配置》グループの （中央揃え）をクリック

⑫
①表全体を選択
②《ホーム》タブを選択
③《段落》グループの ≡（中央揃え）をクリック

⑬
①《デザイン》タブを選択
②《ページの背景》グループの （罫線と網掛け）をクリック
③《ページ罫線》タブを選択
④左側の《種類》の《囲む》をクリック
⑤《絵柄》の をクリックし、一覧から 🌲🌲🌲🌲 を選択
⑥《OK》をクリック

総合問題3

①
①「ひまわりスポーツクラブ入会申込書」の行を選択
②《ホーム》タブを選択
③《フォント》グループの 游明朝(本文(（フォント）の をクリックし、一覧から《HG創英角ゴシックUB》を選択
④《フォント》グループの 10.5 （フォントサイズ）の をクリックし、一覧から《18》を選択
⑤《フォント》グループの A （フォントの色）の をクリック
⑥《テーマの色》の《オレンジ、アクセント2、黒+基本色25％》（左から6番目、上から5番目）をクリック
⑦《フォント》グループの U （下線）の をクリック
⑧《━━━━━》（二重下線）をクリック
⑨《段落》グループの ≡ （中央揃え）をクリック

②
①「※丸印を付けてください。」の前にカーソルを移動
②《挿入》タブを選択
③《表》グループの （表の追加）をクリック
④下に2マス分、右に2マス分の位置をクリック
⑤文字を入力

③
①「●入会コース」の表の1列目の右側の罫線を左方向にドラッグ

④
①「●入会コース」の表の1列目を選択
②《表ツール》の《デザイン》タブを選択
③《表のスタイル》グループの （塗りつぶし）の 塗りつぶし をクリック
④《テーマの色》の《緑、アクセント6、白+基本色40％》（左から10番目、上から4番目）をクリック

⑤
①「●会員情報」の表内にカーソルを移動
②5行目と6行目の間の境界線をポイント
③ をクリック
④挿入した行の1列目に「緊急連絡先」と入力

⑥
①「●会員情報」の表内をポイント
② □（表のサイズ変更ハンドル）を下方向にドラッグ
③「ご住所」の行の下側の罫線を下方向にドラッグ
④「備考」の行の下側の罫線を下方向にドラッグ

⑦
①「●会員情報」の表の1列目を選択
②《表ツール》の《レイアウト》タブを選択
③《配置》グループの ≡（中央揃え）をクリック
④「印」のセルにカーソルを移動
⑤《配置》グループの ≡（中央揃え（右））をクリック
⑥「年月日」のセルにカーソルを移動
⑦《配置》グループの ≡（両端揃え（中央））をクリック

⑧
①「【弊社記入欄】」の表の3～5列目を選択
② Back Space を押す

⑨
①「【弊社記入欄】」の表全体を選択
②《ホーム》タブを選択
③《段落》グループの ≡（右揃え）をクリック

⑩
①「【弊社記入欄】」の行にカーソルを移動
②《ホーム》タブを選択
③《段落》グループの （インデントを増やす）を25回クリック

総合問題4

①
①Excelを起動し、Excelのスタート画面を表示
②《空白のブック》をクリック

②
省略

③
①セル【C9】をクリック
②《ホーム》タブを選択
③《編集》グループの Σ (合計) をクリック
④数式バーに「=SUM(C4:C8)」と表示されていることを確認
⑤ Enter を押す
⑥セル【C9】をクリック
⑦セル【C9】の右下の■(フィルハンドル)をセル【F9】までドラッグ

④
①セル【G4】をクリック
②《ホーム》タブを選択
③《編集》グループの Σ (合計) をクリック
④数式バーに「=SUM(C4:F4)」と表示されていることを確認
⑤ Enter を押す

⑤
①セル【H4】をクリック
②《ホーム》タブを選択
③《編集》グループの Σ▼ (合計) の ▼ をクリック
④《平均》をクリック
⑤セル範囲【C4:F4】をドラッグ
⑥数式バーに「=AVERAGE(C4:F4)」と表示されていることを確認
⑦ Enter を押す
⑧セル範囲【G4:H4】を選択
⑨セル範囲【G4:H4】の右下の■(フィルハンドル)をセル【H9】までドラッグ

⑥
①セル【I4】をクリック
②「=G4/$G$9」と入力
③ Enter を押す
④セル【I4】をクリック
⑤セル【I4】の右下の■(フィルハンドル)をセル【I9】までドラッグ

⑦
①セル【B1】をクリック
②《ホーム》タブを選択
③《フォント》グループの 11▼ (フォントサイズ) の ▼ をクリックし、一覧から《12》を選択
④《フォント》グループの A▼ (フォントの色) の ▼ をクリック
⑤《標準の色》の《濃い赤》(左から1番目)をクリック
⑥《フォント》グループの B (太字)をクリック

⑧
①セル範囲【B3:I9】を選択
②《ホーム》タブを選択
③《フォント》グループの ▼ (下罫線) の ▼ をクリック
④《格子》をクリック

⑨
①セル範囲【B3:I3】を選択
②《ホーム》タブを選択
③《フォント》グループの ▼ (塗りつぶしの色) の ▼ をクリック
④《テーマの色》の《緑、アクセント6、白+基本色40%》(左から10番目、上から4番目)をクリック
⑤《配置》グループの ≡ (中央揃え) をクリック

⑩
①セル範囲【C4:H9】を選択
②《ホーム》タブを選択
③《数値》グループの , (桁区切りスタイル) をクリック

⑪
①セル範囲【I4:I9】を選択
②《ホーム》タブを選択
③《数値》グループの % (パーセントスタイル) をクリック
④《数値》グループの (小数点以下の表示桁数を増やす) をクリック

⑫
①列番号【I】の右側の境界線をダブルクリック

総合問題5

①
①列番号【C】から列番号【I】を選択
②選択した列を右クリック
③《列の幅》をクリック
④《列幅》に「11」と入力
⑤《OK》をクリック

②
①セル【I4】をクリック
②《ホーム》タブを選択
③《配置》グループの ≡ (右揃え)をクリック

③
①セル範囲【C6:H9】を選択
②《ホーム》タブを選択
③《編集》グループの Σ (合計)をクリック

④
①セル【C10】をクリック
②《ホーム》タブを選択
③《編集》グループの Σ▼ (合計)の▼ をクリック
④《平均》をクリック
⑤セル範囲【C6:C8】を選択
⑥数式バーに「=AVERAGE(C6:C8)」と表示されていることを確認
⑦ Enter を押す
⑧セル【C10】をクリック
⑨セル【C10】の右下の■(フィルハンドル)をセル【H10】までドラッグ

⑤
①セル【I6】をクリック
②「=H6/$H$9」と入力
③ Enter を押す
④セル【I6】をクリック
⑤セル【I6】の右下の■(フィルハンドル)をセル【I9】までドラッグ

⑥
①セル範囲【C6:H10】を選択
②《ホーム》タブを選択
③《数値》グループの , (桁区切りスタイル)をクリック

⑦
①セル範囲【I6:I9】を選択
②《ホーム》タブを選択
③《数値》グループの % (パーセントスタイル)をクリック
④《数値》グループの (小数点以下の表示桁数を増やす)をクリック

⑧
①セル範囲【B5:G8】を選択
②《挿入》タブを選択
③《グラフ》グループの (縦棒/横棒グラフの挿入)をクリック
④《2-D縦棒》の《集合縦棒》(左から1番目)をクリック

⑨
①グラフを選択
②グラフタイトルを2回クリック
③「グラフタイトル」を削除し、「DVDジャンル別売上金額」と入力
※グラフタイトル以外の場所をクリックし、選択を解除しておきましょう。

⑩
①グラフを選択
②《デザイン》タブを選択
③《場所》グループの (グラフの移動)をクリック
④《新しいシート》を◉にする
⑤《OK》をクリック

⑪
①グラフを選択
②《デザイン》タブを選択
③《グラフスタイル》グループの ▼ (その他)をクリック
④《スタイル7》(左から1番目、上から2番目)をクリック

⑫
①グラフを選択
②《デザイン》タブを選択
③《グラフのレイアウト》グループの (グラフ要素を追加)をクリック
④《軸ラベル》をポイント
⑤《第1縦軸》をクリック
⑥軸ラベルが選択されていることを確認

⑦軸ラベルをクリック

⑧「**軸ラベル**」を削除し、「**単位：千円**」と入力

※軸ラベル以外の場所をクリックし、選択を解除しておきましょう。

⑬

①軸ラベルを選択

②《**ホーム**》タブを選択

③《**配置**》グループの (方向) をクリック

④《**左へ90度回転**》をクリック

⑤軸ラベルの枠線をドラッグして、移動

⑭

①グラフエリアをクリック

②《**ホーム**》タブを選択

③《**フォント**》グループの (フォントサイズ) の をクリックし、一覧から《**12**》を選択

④グラフタイトルをクリック

⑤《**フォント**》グループの (フォントサイズ) の をクリックし、一覧から《**16**》を選択

総合問題6

①

①セル範囲【F6:G49】を選択

②《**ホーム**》タブを選択

③《**数値**》グループの (桁区切りスタイル) をクリック

②

①セル【H6】をクリック

②「**=G6/F6**」と入力

③ Enter を押す

③

①セル【H6】をクリック

②《**ホーム**》タブを選択

③《**数値**》グループの % (パーセントスタイル) をクリック

④《**数値**》グループの (小数点以下の表示桁数を増やす) をクリック

④

①セル【H6】をクリック

②セル【H6】の右下の ■ (フィルハンドル) をダブルクリック

⑤

①列番号【A】を右クリック

②《**列の幅**》をクリック

③《**列幅**》に「**2**」と入力

④《**OK**》をクリック

⑥

①セル【B5】をクリック

※表内であれば、どこでもかまいません。

②《**挿入**》タブを選択

③《**テーブル**》グループの (テーブル) をクリック

④《**テーブルに変換するデータ範囲を指定してください**》が「**=$B$5:$H$49**」になっていることを確認

⑤《**先頭行をテーブルの見出しとして使用する**》を ✔ にする

⑥《**OK**》をクリック

⑦

①セル【B6】をクリック

※テーブル内であれば、どこでもかまいません。

②《**デザイン**》タブを選択

③《**テーブルスタイル**》グループの (テーブルクイックスタイル) をクリック

④《**中間**》の《**緑,テーブルスタイル（中間）21**》（左から7番目、上から3番目）をクリック

※お使いの環境によっては、表示名が異なる場合があります。

⑧

①「**氏名**」の をクリック

②《**昇順**》をクリック

⑨

①「**地区**」の をクリック

②《**昇順**》をクリック

⑩

①「**入社年**」の をクリック

②《**日付フィルター**》をポイント

③《**指定の値より後**》をクリック

④左上のボックスに「**2012/4**」と入力

⑤右上の をクリックし、一覧から《**以降**》を選択

⑥《**OK**》をクリック

※6件のレコードが抽出されます。

⑪
①《データ》タブを選択
②《並べ替えとフィルター》グループの ![クリア] (クリア)をクリック

⑫
①セル範囲【H6：H49】を選択
②《ホーム》タブを選択
③《スタイル》グループの ![条件付き書式] (条件付き書式)をクリック
④《セルの強調表示ルール》をポイント
⑤《指定の値より大きい》をクリック
⑥《次の値より大きいセルを書式設定》に「100%」と入力
※「1」と入力してもかまいません。
⑦《書式》の ![▼] をクリックし、一覧から《濃い緑の文字、緑の背景》を選択
⑧《OK》をクリック

⑬
①セル【B6】をクリック
※テーブル内であれば、どこでもかまいません。
②《デザイン》タブを選択
③《テーブルスタイルのオプション》グループの《集計行》を にする
④集計行の「今期実績」のセル（セル【G50】）をクリック
⑤ ![▼] をクリックし、一覧から《合計》を選択
⑥集計行の「達成率」のセル（セル【H50】）をクリック
⑦ ![▼] をクリックし、一覧から《なし》を選択

総合問題7

①
①PowerPointを起動し、PowerPointのスタート画面を表示
②《新しいプレゼンテーション》をクリック

②
①《デザイン》タブを選択
②《ユーザー設定》グループの （スライドのサイズ）をクリック
③《標準（4：3）》をクリック

③
①《デザイン》タブを選択
②《テーマ》グループの ![▼] (その他)をクリック
③《Office》の《レトロスペクト》をクリック

④
①《デザイン》タブを選択
②《バリエーション》グループの ![▼] (その他)をクリック
③《配色》をポイント
④《Office》の《マーキー》をクリック

⑤
①「タイトルを入力」をクリック
②「会社説明会」と入力
③「サブタイトルを入力」をクリック
④「株式会社FOM不動産」と入力
※プレースホルダー以外の場所をクリックし、選択を解除しておきましょう。

⑥
①《ホーム》タブを選択
②《スライド》グループの （新しいスライド）の ![新しいスライド▼] をクリック
③《タイトルとコンテンツ》をクリック
④タイトルと箇条書きテキストを入力
※プレースホルダー以外の場所をクリックし、選択を解除しておきましょう。

⑦
①スライド2を選択
②《ホーム》タブを選択
③《スライド》グループの （新しいスライド）の ![新しいスライド▼] をクリック
④《タイトルとコンテンツ》をクリック
⑤タイトルと箇条書きテキストを入力
※プレースホルダー以外の場所をクリックし、選択を解除しておきましょう。

⑧
①スライド3を選択
②《挿入》タブを選択
③《図》グループの （図形）をクリック
④《星とリボン》の ![スクロール:横] （スクロール：横）（左から6番目、上から2番目）をクリック
※お使いの環境によっては、表示名が異なる場合があります。

⑤左上から右下に向けてドラッグ

⑨
①図形を選択
②「「もっと住みやすく」をサポートします」と入力
③図形の枠線をクリック
④《ホーム》タブを選択
⑤《フォント》グループの 18 (フォントサイズ)の をクリックし、一覧から《24》を選択

⑩
①図形を選択
②《書式》タブを選択
③《図形のスタイル》グループの (その他)をクリック
④《テーマスタイル》の《パステル-アクア、アクセント1》（左から2番目、上から4番目）をクリック

⑪
①スライド3を選択
②《ホーム》タブを選択
③《スライド》グループの (新しいスライド)の をクリック
④《タイトルとコンテンツ》をクリック
⑤タイトルを入力
※プレースホルダー以外の場所をクリックし、選択を解除しておきましょう。

⑫
①コンテンツ用のプレースホルダーの (SmartArtグラフィックの挿入)をクリック
②左側の一覧から《集合関係》を選択
③中央の一覧から《基本ベン図》（左から2番目、上から9番目）を選択
④《OK》をクリック
⑤テキストウィンドウに文字を入力

⑬
①SmartArtグラフィックを選択
②《SmartArtツール》の《デザイン》タブを選択
③《SmartArtのスタイル》グループの (色の変更)をクリック
④《カラフル》の《カラフル-全アクセント》（左から1番目）をクリック
⑤《SmartArtのスタイル》グループの (その他)をクリック

⑥《ドキュメントに最適なスタイル》の《グラデーション》（左から1番目、上から2番目）をクリック

⑭
①SmartArtグラフィックを選択
②《ホーム》タブを選択
③《フォント》グループの 20 (フォントサイズ)の をクリックし、一覧から《28》を選択

⑮
①スライド1を選択
② (スライドショー)をクリック
※最後のスライドまで確認できたら、クリックしてスライドショーを終了しておきましょう。

総合問題8

①
①スライド2を選択
②コンテンツ用のプレースホルダー内をクリックし、枠線をクリック
③《ホーム》タブを選択
④《段落》グループの (行間)をクリック
⑤《1.5》をクリック

②
①《挿入》タブを選択
②《画像》グループの (図)をクリック
③フォルダー「総合問題」を開く
④一覧から「筆」を選択
⑤《挿入》をクリック

③
①画像を選択
②画像の○(ハンドル)をドラッグして、サイズ変更
③画像をドラッグして、移動

④
①《挿入》タブを選択
②《図》グループの (図形)をクリック
③《基本図形》の (ブローチ)（左から11番目、上から2番目）をクリック
④左上から右下に向けてドラッグ

⑤
①図形を選択
②「自由な発想で楽しい作品づくり」と入力
③図形の枠線をクリック
④《ホーム》タブを選択
⑤《フォント》グループの 18 (フォントサイズ)の をクリックし、一覧から《24》を選択

⑥
①図形を選択
②《書式》タブを選択
③《図形のスタイル》グループの (その他)をクリック
④《枠線のみ-濃い赤、アクセント1》(左から2番目、上から1番目)をクリック

⑦
①図形を選択
②《アニメーション》タブを選択
③《アニメーション》グループの (その他)をクリック
④《強調》の《パルス》をクリック

⑧
①スライド4を選択
②SmartArtグラフィックを選択
③《アニメーション》タブを選択
④《アニメーション》グループの (その他)をクリック
⑤《開始》の《ズーム》をクリック

⑨
①スライド1を選択
②《画面切り替え》タブを選択
③《画面切り替え》グループの (その他)をクリック
④《ダイナミックコンテンツ》の《観覧車》をクリック
⑤《タイミング》グループの すべてに適用 (すべてに適用)をクリック

⑩
①スライド1を選択
② (スライドショー)をクリック
※最後のスライドまで確認できたら、クリックしてスライドショーを終了しておきましょう。

総合問題9

①
①セル【B2】をクリック
②《ホーム》タブを選択
③《フォント》グループの 11 (フォントサイズ)の をクリックし、一覧から《14》を選択

②
①セル範囲【B2:F2】を選択
②《ホーム》タブを選択
③《配置》グループの (セルを結合して中央揃え)をクリック

③
①セル範囲【B4:E9】を選択
②《挿入》タブを選択
③《グラフ》グループの (縦棒/横棒グラフの挿入)をクリック
④《3-D縦棒》の《3-D集合縦棒》(左から1番目)をクリック
⑤グラフエリアをドラッグして、移動
　(目安:セル【B12】)
⑥グラフエリアの右下をドラッグして、サイズ変更
　(目安:セル【G26】)

④
①グラフを選択
②グラフタイトルを2回クリック
③「グラフタイトル」を削除し、「CDジャンル別売上金額」と入力
※グラフタイトル以外の場所をクリックし、選択を解除しておきましょう。

⑤
①グラフを選択
②《デザイン》タブを選択
③《グラフスタイル》グループの (グラフクイックカラー)をクリック
④《カラフル》の《カラフルなパレット3》(上から3番目)をクリック
※お使いの環境によっては、表示名が異なる場合があります。

⑥
①グラフを選択

②《デザイン》タブを選択
③《グラフのレイアウト》グループの (グラフ要素を追加)をクリック
④《軸ラベル》をポイント
⑤《第1縦軸》をクリック
⑥軸ラベルが選択されていることを確認
⑦軸ラベルをクリック
⑧「軸ラベル」を削除し、「単位:千円」と入力
※軸ラベル以外の場所をクリックし、選択を解除しておきましょう。

⑦
①軸ラベルを選択
②《ホーム》タブを選択
③《配置》グループの (方向)をクリック
④《左へ90度回転》をクリック
⑤軸ラベルの枠線をドラッグして、移動

⑧
①プロットエリアを選択
②プロットエリアの○(ハンドル)をドラッグ

⑨
①セル【C7】に「1008」と入力
②グラフが更新されることを確認

⑩
①セル範囲【B3:F10】を選択
②《ホーム》タブを選択
③《クリップボード》グループの (コピー)をクリック
④Wordの文書に切り替え
⑤「1.売上表」の下の行にカーソルを移動
⑥《ホーム》タブを選択
⑦《クリップボード》グループの (貼り付け)をクリック

⑪
①Excelのブックに切り替え
②グラフを選択
③《ホーム》タブを選択
④《クリップボード》グループの(コピー)をクリック
⑤Wordの文書に切り替え
⑥「2.売上グラフ」の下の行にカーソルを移動
⑦《ホーム》タブを選択
⑧《クリップボード》グループの (貼り付け)をクリック

総合問題10

①
①《表示》タブを選択
②《表示》グループの アウトライン (アウトライン表示)をクリック
③「お電話」の行を選択
④ Ctrl を押しながら、「ホームページ」「メール」の行を選択
⑤《アウトライン》タブを選択
⑥《アウトラインツール》グループの 本文 (アウトラインレベル)の をクリックし、一覧から《レベル2》を選択
⑦「フリーダイヤル:0120-XXX-XXX」の行を選択
⑧ Ctrl を押しながら、「http://www.fom.xx.xx/」「fom-fuji.taro@cs.jp.fujitsu.com」の行を選択
⑨《アウトラインツール》グループの 本文 (アウトラインレベル)の をクリックし、一覧から《レベル3》を選択

②
①PowerPointを起動し、PowerPointのスタート画面を表示
②《他のプレゼンテーションを開く》をクリック
③《参照》をクリック
④フォルダー「総合問題」を開く
⑤《すべてのPowerPointプレゼンテーション》をクリックし、一覧から《すべてのファイル》を選択
⑥一覧から「総合問題10アウトライン完成」を選択
⑦《開く》をクリック

③
①スライド1を選択
② Shift を押しながら、スライド5を選択
③《ホーム》タブを選択
④《スライド》グループの (リセット)をクリック

④
①《デザイン》タブを選択
②《ユーザー設定》グループの (スライドのサイズ)をクリック
③《標準(4:3)》をクリック
④《最大化》をクリック

⑤
①《デザイン》タブを選択
②《テーマ》グループの ▼ (その他)をクリック
③《Office》の《インテグラル》をクリック

⑥
①《デザイン》タブを選択
②《バリエーション》グループの ▼ (その他)をクリック
③左から4番目、上から2番目のバリエーションをクリック
④《バリエーション》グループの ▼ (その他)をクリック
⑤《配色》をポイントし、《シック》をクリック

⑦
①スライド1を選択
②《ホーム》タブを選択
③《スライド》グループの レイアウト▼ (スライドのレイアウト)をクリック
④《タイトルスライド》をクリック
⑤「オープン3周年」の後ろにカーソルを移動
⑥ Enter を押す

⑧
①スライド2を選択
②《挿入》タブを選択
③《画像》グループの 画像 (図)をクリック
④フォルダー「総合問題」を開く
⑤一覧から「温泉」を選択
⑥《挿入》をクリック

⑨
①画像を選択
②画像の〇(ハンドル)をドラッグして、サイズ変更
③画像をドラッグして、移動

⑩
①画像を選択
②《アニメーション》タブを選択
③《アニメーション》グループの ▼ (その他)をクリック
④《開始》の《図形》をクリック

⑪
①スライド3を選択
②《挿入》タブを選択
③《画像》グループの 画像 (図)をクリック
④フォルダー「総合問題」を開く
⑤一覧から「和室」を選択
⑥《挿入》をクリック

⑫
①画像を選択
②画像の〇(ハンドル)をドラッグして、サイズ変更
③画像をドラッグして、移動

⑬
①画像を選択
②《アニメーション》タブを選択
③《アニメーション》グループの ▼ (その他)をクリック
④《開始》の《図形》をクリック

⑭
①スライド1を選択
②《画面切り替え》タブを選択
③《画面切り替え》グループの ▼ (その他)をクリック
④《シンプル》の《出現》をクリック
⑤《タイミング》グループの すべてに適用 (すべてに適用)をクリック

⑮
①スライド1を選択
② ▽ (スライドショー)をクリック
※最後のスライドまで確認できたら、クリックしてスライドショーを終了しておきましょう。

⑯
①スライド4を選択
② ≘ ノート (ノート)をクリック
③ノートペイン内に文字を入力
※ ≘ ノート (ノート)をクリックして、ノートペインを非表示にしておきましょう。

⑰
①《ファイル》タブを選択
②《印刷》をクリック
③《設定》の《フルページサイズのスライド》をクリック
④《印刷レイアウト》の《ノート》をクリック
⑤《部数》が「1」になっていることを確認
⑥《プリンター》に出力するプリンターの名前が表示されていることを確認
⑦《印刷》をクリック